U0800557

高等教育面向“四新”服务的信息技术课程系列教材

首批国家级一流本科课程配套教材

Python语言及其应用

（第2版）

赵广辉◎主　编

周　钢　凌　莉　李　岫◎副主编

中国铁道出版社有限公司
CHINA RAILWAY PUBLISHING HOUSE CO., LTD.

内 容 简 介

本书秉承"先能力、后知识"的"轴反转"教学理念，采用支架式教学方法，通过精选120个真实案例，将学习者置于更复杂、更贴近实际的任务情境。该教学理念和方法不仅强化了各知识领域的有机联系，而且通过统一任务情境促进知识点的交叉融合与协同使用，提升了学习内容的连贯性。这样的教学设计旨在帮助学生建立一套完整的编程思维框架和问题解决方法论。

本书基于Python 3.12编写，讲解Python概述、对象与人机交互、常用运算、函数、程序流程控制、序列、字典与集合、文件、数据分析与可视化、面向对象程序设计。通过学习本书，读者能够深入理解编程的核心原理，进一步提高创新思维和数据分析能力。

本书适合作为高等院校Python程序设计课程的教材，也可作为Python语言程序设计爱好者及计算机等级考试（二级）的参考资料。

图书在版编目（CIP）数据

Python 语言及其应用 / 赵广辉主编. -- 2 版.
北京 : 中国铁道出版社有限公司, 2024. 11（2025. 7 重印）. --（高等教育面向"四新"服务的信息技术课程系列教材）.
ISBN 978-7-113-31422-4

Ⅰ. TP311. 561

中国国家版本馆CIP数据核字第2024WH8460号

书　　名：Python语言及其应用
作　　者：赵广辉

策　　划：秦绪好　翟玉峰　　　编辑部电话：（010）51873135
责任编辑：翟玉峰　彭立辉
封面设计：张　璐
封面制作：刘　颖
责任校对：安海燕
责任印制：赵星辰

出版发行：中国铁道出版社有限公司（100054，北京市西城区右安门西街8号）
网　　址：https://www.tdpress.com/51eds
印　　刷：河北宝昌佳彩印刷有限公司
版　　次：2019年7月第1版　2024年11月第2版　2025年7月第2次印刷
开　　本：850 mm×1 168 mm 1/16　印张：15.75　字数：380千
书　　号：ISBN 978-7-113-31422-4
定　　价：48.00元

版权所有　侵权必究

凡购买铁道版图书，如有印制质量问题，请与本社教材图书营销部联系调换。电话：（010）63550836

打击盗版举报电话：（010）63549461

高等教育面向“四新”服务的信息技术课程系列教材

编审委员会

主　任： 李凤霞（北京理工大学）

副主任： 张　钢（天津大学）　　王志强（深圳大学）

甘　勇（郑州工程技术学院）　　薛静锋（北京理工大学）

王移芝（北京交通大学）　　赵广辉（武汉理工大学）

委　员：（按姓氏笔画排序）

马晓敏（烟台大学）　　王若宾（北方工业大学）

王春枝（湖北工业大学）　　吉根林（南京师范大学）

朱惠娟（南京理工大学紫金学院）　　刘光洁（长春师范大学）

刘光蓉（武汉轻工大学）　　刘珊珊（甘肃中医药大学）

李继容（五邑大学）　　李骏扬（东南大学）

杨海丰（湖北中医药大学）　　余建国（郑州航空工业管理学院）

胡胜红（湖北经济学院）　　秦绪好（中国铁道出版社有限公司）

袁　方（河北大学）　　贾宗福（哈尔滨学院）

夏　瑜（常熟理工学院）　　翁　彧（中央民族大学）

高　尚（江苏科技大学）　　高志强（武警工程大学）

渠慎明（河南大学）　　魏霖静（甘肃农业大学）

序

在科技革命和产业变革加速演进的背景下，高等教育的新工科、新文科、新农科、新医科“四新”建设被教育界高度重视，并且迅速从理念走向实践探索，成为引领中国高等教育改革创新的重大举措。“四新”建设从学科专业优化开始，强调交叉融合，再将其落实到课程体系中，最终将推动人才培养模式的重大变革。高校的计算机基础教育作为信息素养和能力培养的一个重要组成部分，将面临着新一轮的机遇与挑战。探索高等教育面向“四新”服务的信息技术课程建设问题，落实现代信息技术与学科领域深度融合的教学改革新思路，在课程深度改革中促进学科交叉融合，重构教学内容以面向“四新”服务，是一项重要而艰巨的工作。

教材建设作为课程建设的重要组成部分，首先要以“四新”需求为核心，脱胎换骨地重构教学内容，将多学科交叉融合的思路融于教材中，支持课程从内容到模式再到体系的全面改革。党的二十大报告提出，“深化教育领域综合改革，加强教材建设和管理”。为贯彻党的二十大精神，加快建设中国特色高水平教材，探索高等教育面向“四新”服务实践，全国高等院校计算机基础教育研究会和中国铁道出版社有限公司特组织编写出版“高等教育面向‘四新’服务的信息技术课程系列教材”。本套教材在编写理念、教材体系、内容构建、资源建设等方面都做了大胆探索，主要体现在以下几个方面：

1. 在价值塑造上做到铸魂育人

党的二十大报告指出：“教育是国之大计、党之大计。培养什么人、怎样培养人、为谁培养人是教育的根本问题。育人的根本在于立德。”本套教材注重把握教材建设的政治方向和价值导向，注重创新素养、工匠精神与家国情怀的养成，把政治认同、国家意识、文化自信、人格养成等思想政治教育导向与各类信息技术课程固有的知识、技能传授有机融合，实现显性与隐性教育的有机结合，促进学生的全面发展。应用马克思主义立场观点方法，提高学生正确认识问题、分析问题和解决问题的能力。强化学生工程伦理教育，培养学生精益求精的大国工匠精神，激发学生科技报国的家国情怀和使命担当。

2. 在教材体系上追求宽口径体系化

教材体系是配合指定的课程体系构建的，而课程体系是围绕专业设置规划的。“四新”背景下各专业课程的重塑或新建都需要信息科学和技术给予高度融合。所以本系列教材规划思路是：在教育部大学计算机课程教学指导委员会制订的《大学计算机基础课程教学基本要求》基础上，使教材在覆盖面和内容先进性方面都有突破，构成有宽度的体系化教材。这个体系是面向多学科、多专业教学需求，可以灵活搭建不同课程体系的系列教材。在这个规划中，教材是体系化的，无论是教材种类、教材形态，还是资源配套等方面都方便组合，以生成不同专业需求的教材体系，支持不同学科和专业体系。

3. 在内容上追求深度融合

如何从新一代信息技术的原理和应用视角，构建适合“四新”课程体系的教材内容是一个难题。在当前社会需求剧增、应用领域不断扩大之际，如何给予非计算机专业的多种学科更强的支撑，以往的方法是在教材里增加一章新内容，而本套教材的规划是将新内容融于不同的课程中，落实在结合专业内容的案例设计上。例如，本系列已经出版的《Python 语言及其应用》一书，以百余个结合不同专业的实际问题求解案例为纽带，强化新教材知识点与专业的交叉融合，也强化了程序设计课程对不同学科的普适性。这种教材支持宽口径培养模式下，学生通过不断地解决问题而获得信息类课程与专业之间的关联。

4. 在教学资源上同步建设

党的二十大报告提出“推进教育数字化”。教学资源特别是优质数字资源的高效集成是其具体落实的一个组成部分。本套教材规划起步于国家政策落实的高起点，除了“四新”的需求牵引之外，在一流课程建设等大环境方面也要求明确，与教材同步的各种数字化资源建设及教学、实践同步进行，为教学一线教师提供完整的教学资源，努力实现集成创新，深入推进教与学的互动。我们相信这必将有助于实现新时代的人才培养目标。

5. 在教材编写与教学实践上做到高度统一与协同

非常高兴的是，本套教材的作者大多是教学与科研两方面的带头人，具有高学历、高职称，更是具有教学研究情怀的教学一线实践者。他们设计教学过程，创新教学环境，实践教学改革，将相关理念、经验与成果呈现在教材中。更重要的是，在这个分享的新时代，教材编写组开展了多种形式的多校协同建设，采用尽可能大的样本做教改探索。

在当今“四新”理念日益凸显其重要性的形势下，与之配合的教育模式以及相关的诸多建设都还处在探索阶段，教材建设无疑是一个重要的落地抓手。本套教材就是计算机基础教学探索服务“四新”的很好的实践方案，既遵循了计算思维能力培养的指导思想，又融合了“四新”交叉融合思维，同时支持在线开放模式。本系列教材理念先进，内容前瞻，体系灵活，资源丰富，是值得关注的一套好教材。

全国高等院校计算机基础教育研究会副会长
首批国家级线上一流本科课程负责人　李凤霞

2022 年 12 月

前言

随着大数据与人工智能技术日益普及，尤其是生成式人工智能技术的飞速发展，程序设计成为人与计算机交互的关键技能，其重要性日益突出。随着技术的演进和应用场景的不断拓展，编程技能成为日益紧迫的需求。本书旨在通过系统而深入的编程教学，培养学生的程序设计能力，提升他们解决实际问题的能力。

本书秉承“先能力、后知识”的“轴反转”教学理念，通过紧密融合理论知识与实践应用，使学生在掌握编程基础知识的同时，学会将知识和算法灵活运用于解决实际问题。真正的编程能力不仅仅在于掌握语法和算法，更在于能够将所学知识应用于实际场景中，解决现实生活和工作中的难题，鼓励学生在学习的过程中勇于探索、勇于实践，不断提升自己的编程水平和综合素质，在解决问题的基础上不断优化代码，寻求优质高效的解决方案。通过本书的学习，学生将能够深入理解编程的核心原理，培养出扎实的逻辑思维能力和创新精神，成为具有解决实际问题能力的未来工程师和创新者。

本书第1版自2019年7月出版以来，获得了广大师生的一致好评。其配套的“Python 程序设计基础”课程于2020年获批首批国家级一流本科课程。本书在第1版的基础上改版，版本由Python 3.7版本升级到Python 3.12，更新内容，优化调整章节顺序，增加了面向对象程序设计和实训的内容。

本书在系统讲解Python语言语法和程序设计基本思想的同时，改变传统教学中以知识讲授为中心的教学组织模式。全书以120个实际问题求解案例为纽带，在各知识点间建立有机的联系，强化各知识点间的交叉融合与协同工作，帮助学生建立起完整的编程思维和解决问题的方法论，在实现问题求解的同时逐渐掌握相关的知识。通过不断地解决从简单到复杂的各种问题，赋予读者不停探索的动力，激发读者的学习兴趣和学习热情。

本书基于Python 3.12编写，讲解Python概述、对象与人机交互、常用运算、函数、程序流程控制、序列、字典与集合、文件、数据分析与可视化、面向对象程序设计。通过学习本书，读者能够深入理解编程的核心原理，进一步提高创新思维和数据分析能力。本书适合作为高等院校Python程序设计课程的教材，也可作为Python语言程序设计爱好者及计算机等级考试（二级）的参考资料。

本书由首批国家级一流课程负责人、武汉理工大学赵广辉任主编，海军工程大学周钢、武汉工程职业技术学院凌莉、武汉理工大学李屾任副主编，秦珀石、汪朝霞、董丽杰参与编写，全书由赵广辉负责统稿校订。本书在编写过程中查阅了大量的图书资料、科技文献和网络资源，在此对资料和文献的作者表示诚挚感谢。

本书在“头歌实践教学平台”提供了相关数字教程、教学视频、实训项目及相关的数据文件，该平台支持作业与实验项目的在线自动评测，可搜索“赵广辉”或“Python 程序设计”进行查询。本书提供配套的教学课件、源代码和实例数据文件，可在中国铁道出版社有限公司教育资源数字化平台 https://www.tdpress.com/51eds 中下载，也可发送电子邮件到 vasp@qq.com 向编者索取，也可加入 QQ 群 2324769 获取。

在本书的编写过程中，我们本着科学、严谨的态度，力求精益求精，但由于水平有限，疏漏与不妥之处在所难免，欢迎广大读者批评指正。

编　者

2024 年 2 月

目　录

第 1 章

Python 概述

本章简单介绍Python程序设计语言的历史、优点、开发环境的配置和简单程序的编写，以利用turtle模块绘图为例，介绍第三方库的导入，学习简单的流程控制和程序的缩进结构。

思维导图

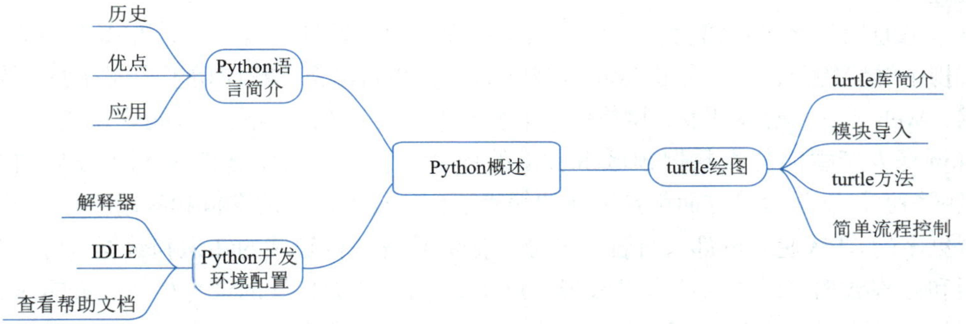

1.1 Python 语言简介

计算机从诞生发展到现在，全世界有超过 2 500 种有文档资料的计算机语言，但真正活跃的语言不到 100 种，而最活跃的Python、C/C++、Java、C# 和 JavaScript 等 20 种语言大约占据80% 的市场。

Python 程序设计语言的作者吉多•范•罗瑟姆（Guido van Rossum）是荷兰人。1982年，罗瑟姆从阿姆斯特丹大学获得了数学和计算机硕士学位。当时他接触并使用如 Pascal、C 和 Fortran 等语言，这些语言的基本设计原则是让计算机能更高效的运行，程序员要尽可能像计算机一样思考，以便能写出更符合计算机特点的程序，使得编程需要耗费大量的时间。

1989年，罗瑟姆开始写Python语言的解释器，他希望Python 语言成为一种介于 C 语言和 Shell 之间，功能全面、易学易用、可拓展的语言。Python 来自罗瑟姆所挚爱的电视剧 *Monty Python's Flying Circus*，1991 年公开发行了第一个 Python 版本。Python 语言从诞生便具有类（class）、函数（function）、异常处理（exception）、包括列表（list）和词典（dictionary）在内的核心数据类型，以及模块（module）为基础的拓展系统，最初的 Python Logo 如图 1.1 所示。

图 1.1　最初的 Python Logo

Python 语言隐藏了许多机器层面上的细节，交给编译器处理，使得程序员可以花更多的时间用于思考程序的逻辑，而不是具体的实现细节，这一优异的特性吸引了广大的程序员。

2000 年 10 月，Python 2.0 正式发布，开启了 Python 语言广泛应用的新时代，这个版本最终版本号是 2.7.18，目前已经停止更新。早期Linux 各发行版和 Mac OS 都内置了 Python 2，目前较新的发行版正在将内置Python替换为Python 3。

2008 年 12 月，Python 3.0 正式发布，相对于Python 2.0 做了较大的升级且没有考虑向下兼容，目前被广泛使用的基本上都是Python 3。本书以较新的版本Python 3.12.0为基础进行讲解，书中的示例和讲解内容都是基于这个版本进行的，绝大多数示例都可以在Python 3.6以上的版本中调试通过。

Python是通用程序设计语言，是目前最受欢迎的程序设计语言之一，在多个主流程序设计语言排行榜中雄居榜首，5 次获得Tiobe年度语言。Python语言广泛应用于验证算法、快速开发、测试运维、Web开发、游戏开发、网络爬虫、数据分析、可视化和人工智能等领域。

Python是人工智能与大数据领域事实上的标准语言，在人工智能（AI）领域内的机器学习、神经网络、深度学习等方面都是主流的编程语言，得到广泛的支持和应用。在AI产业领域，95%甚至更多的AI从业人员都来自各行各业，他们掌握各自领域的知识和数据资源，其主要工作是分析和处理数据。对于这些人员来说，Python 拥有非常良好的计算生态，拥有丰富的数字算法和强悍的数据处理方法，拥有易学易用、高效开发的特点，加之基于Python的PyTorch和TensorFlow等深度学习框架的广泛应用，使得Python成为人工智能与大数据领域事实上的标准程序设计语言。

Python也被广泛应用于办公自动化领域，Python 之父罗瑟姆加盟微软后，Python已经被嵌入到Excel，在Excel中可以轻松实现数据清理、预测分析、可视化等任务，甚至可以直接进行机器学习。

众多名校都用Python替代C语言作为编程的入门语言。传统教学中认为C语言能帮学生更好地掌握计算机的底层原理，但实际上，一门编程语言能让读者更好地了解计算机的硬件底层原理，并不代表就应该用这门语言入门。对于初学编程的人来讲，最应该培养的是问题的求解思路，一门语言越是能够精简地描述问题求解思路，就越适合体现编程和计算机科学的本质。这也是全球计算机四大名校麻省理工学院、卡耐基梅隆大学、斯坦福大学和加州大学伯克利分校选择Python语言作为编程入门语言的原因。通常情况下，通过Python语言快速掌握编程的本质，再通过后续课程讲授计算机底层原理。

用Python做程序设计入门语言的优点：

1. Python 代码非常简洁

例如，用Python输出“Hello world!”只用一行代码就可以实现，清晰又直观：

```
print("Hello world!")
```

相同的逻辑用C语言来实现，代码明显复杂得多。如果用C语言来入门编程，不得不花更多的时间去了解和掌握其他语句的功能、用法和在程序中存在的必要性。代码如下：

```
#include  <stdio.h>

int main(){
    printf("Hello world!\n");
    return 0;
}
```

用Python入门编程可以让读者节约更多的时间，专注于学习编程的本质，而不是学习语言本身，从而提高学习效率。

2. Python 代码可读性非常高

Python代码最接近自然语言，相对而言更容易理解。例如，下面两段代码都是输出1到10这十个数字。

Python语言程序：

```
# 输出1到10的Python程序
for i in range(1, 11):
    print(i)
```

以下为相同功能的C语言程序：

```
#include  <stdio.h>

int main(){
    for (int i = 1; i <= 10; i++){
        printf("%d\n", i);
    }
    return 0;
}
```

Python代码比C语言简洁很多，而且Python的for循环的写法明显更接近英文语法。这就是说，如果有英文基础，阅读Python代码会觉得更自然、更容易看懂。很多英文描述的算法，可以非常容易地用Python编程实现。

3. Python 提供了丰富的标准库

利用这些标准库，很多功能实现起来都非常容易。例如，在程序中创建一个列表，Python中直接用一个方括号就可以实现，阅读非常直观。若用C语言来实现，C语言的标准库并不支持列表，需要找支持列表的第三方库或者自己编码实现一个列表的数据结构，这对初学者来说都很困难。所以，用C语言来入门编程会遇到更多的障碍。再如，用Python编写一个文件下载器只需要以下5行代码：

```
import urllib.request

url = 'https://www.python.org/×××/python/3.12.4/python-3.12.4-amd64.exe'
                                                    # 文件下载链接
filename = 'python-3.12.4-amd64.exe'                # 保存到本地的文件名

urllib.request.urlretrieve(url, filename)
print("文件下载完成！")
```

而用C语言来实现这项功能，即使应用第三方库，代码也烦琐得多，需要20多行代码才能实现。所以相对而言，用Python语言入门编程更容易产生成就感，激励读者进一步学习。

4. Python 具有很强的交互性

Python 环境提供“交互读取-评估-打印-循环”（read-eval-print loop，REPL）窗口，这是一种交互式Shell，是一个简单的、交互式的编程环境。在REPL中输入的每一行代码，都可以马上执行，立即返回执行结果，实现从写代码到看结果的快速反馈，对于初学者来说，这种快速反馈会节约大量的时间。C、C++、Java程序不提供这种快速反馈，其代码通常需要额外的编译才能运行。

1.2 Python 开发环境配置

Python是解释型编程语言，其开发环境也比较简单，只需要安装Python解释器就可以利用内置的IDLE编写Python程序。

1.2.1 安装解释器

Python解释器可在Python官方网站下载，如图1.2所示。

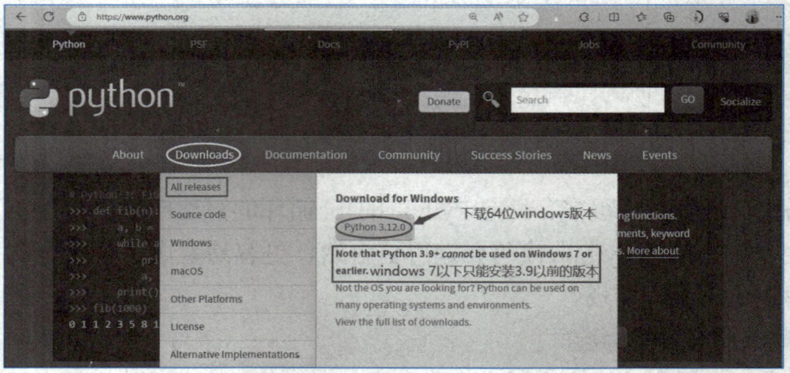

图 1.2　Python 官方网站下载页面

在下载页面上下载默认为64位Windows版本的Python解释器，单击All releases选项后进入下载列表，根据操作系统和硬件类型选择合适的版本。64位的Windows 10操作系统，单击Windows installer (64-bit)下载python-3.12.0-amd64.exe。苹果计算机，单击macOS 64-bit universal2 installer下载python-3.12.0-macos11.pkg。Windows XP或更早期的系统只能安装3.5及更早的版本，Windows 7系统只能安装Python 3.9及更早的版本。

在安装过程中，特别需要注意的是，第一个界面上的Add python.exe to PATH默认是未选中状态，需要选中，以便可以在任何路径下调用Python解释器和pip命令，如图1.3所示。

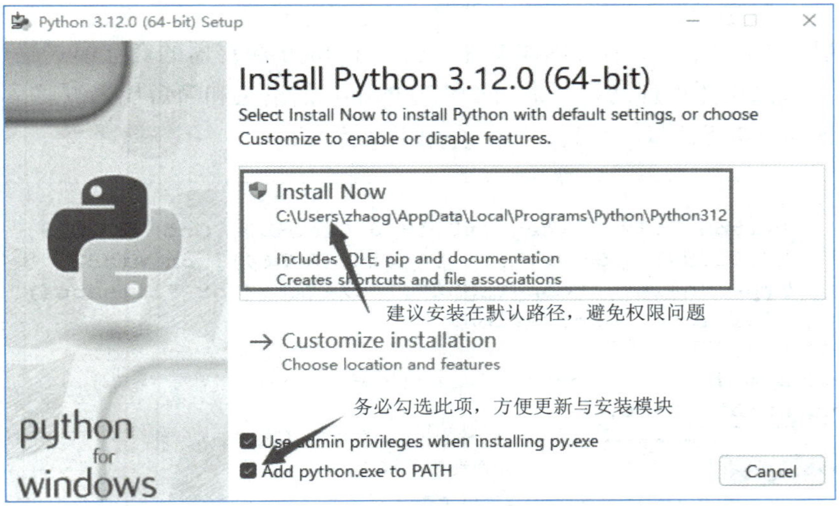

图 1.3 安装 Python 选项

安装成功后可以在“开始”菜单中找到Python 3.12，里面有 IDLE、Python 3.12（Python解释器）和Python 3.12 Module Docs（文档）。

1.2.2 编写程序

IDLE是一个纯Python的集成开发和学习环境，支持Windows、UNIX和Mac OS 等多个操作系统环境。IDLE具有两种类型的主窗口：Python Shell窗口和文件编辑窗口，分别用于交互式编程和文件式编程。

1. 交互式编程

交互式编程指解释器即时响应用户输入的代码并输出运行结果。可通过选择“开始”菜单中的IDLE进入Python Shell交互环境。也可以在Windows操作系统的控制台中输入“python”进入交互环境。在“>>>”提示符后输入如图1.4所示的程序语句，按【Enter】键后，会在下一行输出运行结果。

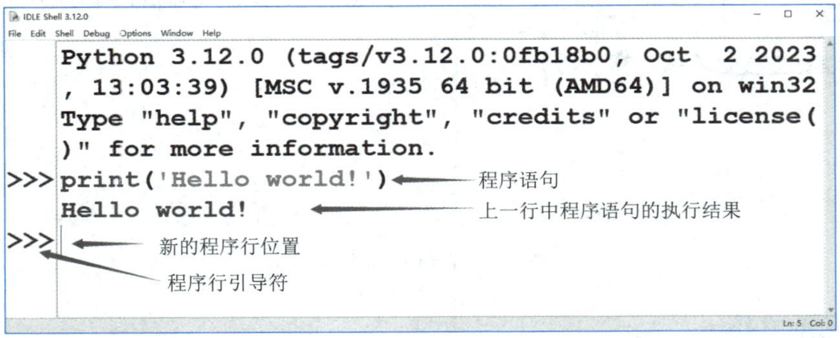

图 1.4 第一个 Python 程序

注意： 在输入代码时，括号和引号都是半角，即在英文状态下输入，程序中所有符号都是半角符号。

交互式编程（见图1.5）不需要创建文件，通过 Python 解释器的交互模式编写代码，输入/输出比较直观，可以快速得到结果，常用于熟悉Python的语法和简短代码测试，但此方式不便于修改代码，且退出也无法保存代码，不适合用于编程实践。

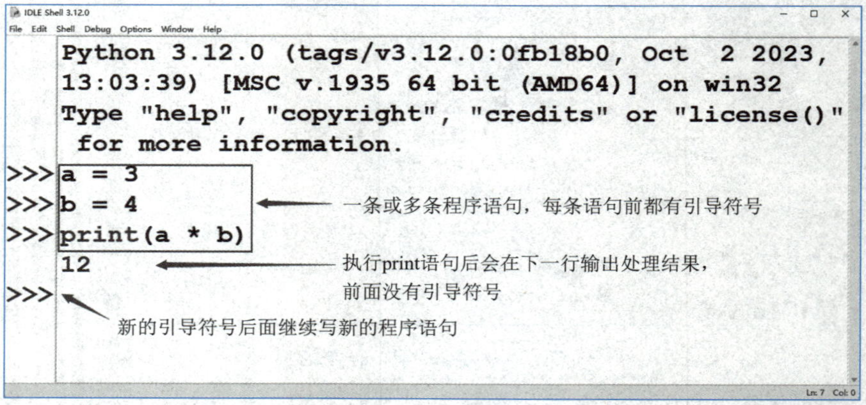

图 1.5　Shell 交互编程环境

2. 文牛式编程

文件式编程是把程序代码保存在一个文件中，这样可以长期保存，反复调用，避免交互时每次需要重复输入代码的问题，适用于编程实践和开发。

在IDLE的File菜单中选择New File命令（或按【Ctrl+N】组合键）会打开一个新的编辑窗口，在这个窗口中编程代码可以直接保存成扩展名为“.py”的文件。按【F5】键或选择Run菜单中的Run Module命令就可以在Shell里输出程序运行结果，保存的源代码文件可以反复运行。

若无特殊说明，本书中的代码都采用文件式编程，图1.6所示为文件式编程窗口。

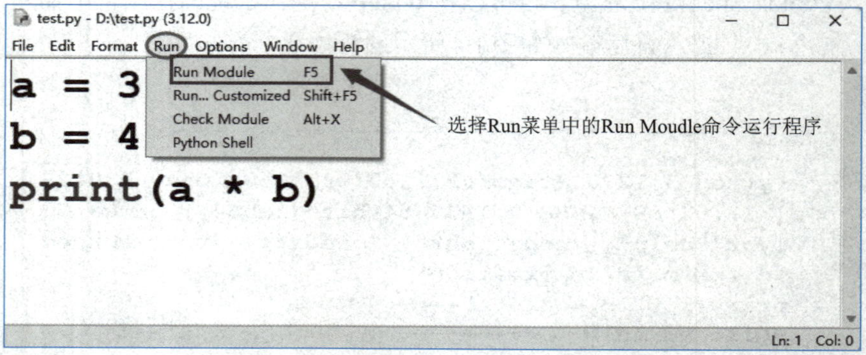

图 1.6　文件式编程窗口

1.2.3　查看帮助文档

在交互环境下，输入help()函数后按【Enter】键，可以进入帮助模式，在help>后输入要查看的主题、关键词、函数名或模块名等信息便可以查看相关文档。

```
>>>help()   # 交互环境下输入help()函数并按【Enter】键
Welcome to Python 3.12's help utility!
…           # 此处省略提示信息若干行
help> abs   # 在>后输入要查看的函数名或关键词并按【Enter】键会返回帮助信息
Help on built-in function abs in module builtins:
abs(x, /)
    Return the absolute value of the argument.
```

1.3 turtle 绘图

1.3.1 turtle 库简介

turtle 又称为海龟绘图，是 Python 内置库中的一个程序框架，最初来自 Logo 编程语言的绘制几何图像的函数库，可以用简单的代码轻松地绘制出精美的形状和图案，适合初学者入门学习。在 Python 中，海龟绘图提供了一个带有画笔的实体“海龟”形象，假定它在平铺的纸张上画线。

对于初学者来说，这是一种接触编程概念和与软件交互的高效方式，它能提供即时、可见的反馈，还能提供方便直观的图形输出。

1.3.2 模块导入

turtle 是一个专门绘制图像的模块，要使用这个模块里的绘图方法，必须先引入这个模块到当前的程序中。

Python 中引入 turtle 模块的方法有两种，下面以引入 turtle 模块绘制一个圆为例进行讲解。

第一种引入模块的方法：

```
import  <模块名>
```

此时，程序可以调用模块名中的所有方法，调用模块中方法时方法名前需要加模块名指定该方法来源。应用示例如下：

```
import turtle           # 引入turtle模块，引入之后一般空一行或两行

turtle.circle(100)      # 绘制半径100的圆，指明circle()方法来自于turtle模块
turtle.done()           # 结束程序
```

若感觉重复输入 turtle 过于烦琐，可以在引用模块的同时用 as 为模块起别名，如 import turtle as t 等。

```
import turtle  as t     # 引入turtle模块并起别名为t，下面程序中用t代表turtle

t.circle(100)           # 绘制半径100的圆，指明circle()方法来自于turtle模块
t.done()                # 结束程序
```

绘制结果如图 1.7（a）所示。

第二种引入库函数的方法：

```
from <库名> import <方法名, 方法名, ..., 方法名>
from <库名> import  *   # 其中*是通配符，代表该库中所有方法
```

用这种方法引入的是指定模块中的方法，可以同时引入多个方法，各方法间用半角逗号分隔，也可以用通配符“*”代替多个方法名，表示引入该模块中的所有方法。此时，调用该模块的方法时不需要指明方法所在模块的名称，采用第二种引用的方式修改示例代码，完成图形绘制并增加一条隐藏海龟画笔的语句，代码如下：

```
from turtle import *    # 引用turtle模块中的全部方法

circle(100)             # 绘制半径100的圆，不需要指定方法circle()来自turtle模块
hideturtle()            # 隐藏海龟画笔
done()                  # 结束程序语句
```

绘制结果见图 1.7（b）。

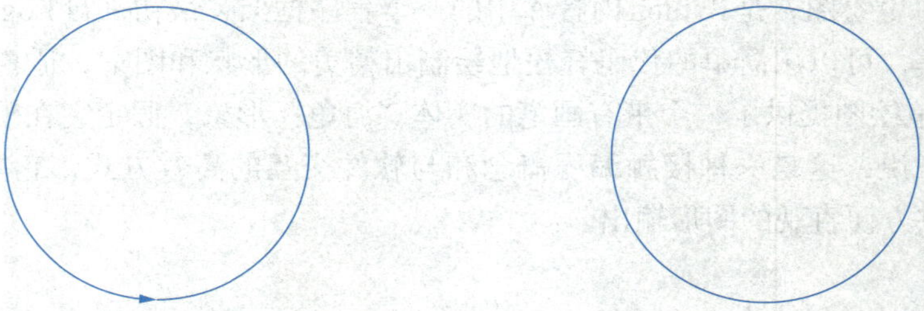

（a）显示画笔　　（b）隐藏画笔

图 1.7　绘制圆形

当程序较简单时，只引入一个模块或所引用的所有方法仅在一个模块中存在时，两种方法都可以使用。当编写的程序较复杂引用多个模块时，可能在多个模块中存在同名方法。而这些同名方法的功能可能不同时，建议使用第一种方法，明确指出所引用的方法来自哪个模块，以免出现错误。

1.3.3　turtle 方法

turtle 中内置了大量的方法，包括画笔状态、颜色控制、填充、移动与绘图命令、turtle 状态等，本节进行简要介绍。

1. 移动与绘制

移动与绘制命令是 turtle 库中最主要、应用最多的方法，用于控制画笔的前进、后退、转向、直接移动到某位置、绘制圆和正多边形等，还包括控制绘图速度、刷新速度等。移动与绘制的说明见表 1.1。

表 1.1　移动与绘制

方　法	说　明
forward(distance) | fd()	向当前方向移动 distance 像素长度，可简写为 fd(distance)，distance 为整数
backward(distance) | bk() | back()	向当前画笔相反方向移动 distance 像素长度，distance 为整数，函数名可简写为 bk() 或 back()
right(degree) | rt()	degree 为角度数值，表示顺时针移动 degree 度，可简写为 rt()

续表

方 法	说 明
left(degree) | lt()	degree 为角度数值，表示逆时针移动 degree 度，可简写为 lt()
goto(x, y=None) | setpos() | setposition()	将画笔移动到坐标为（x，y）的位置，保持海龟方向不变；也可用 setpos(x, y=None) 或 setposition(x, y=None)
circle(radius, extent=None, steps=None)	画圆，半径为正（负），表示圆心在画笔的左边（右边）画圆。 • radius：半径，数值。 • extent：角度数值，画圆的一段弧。 steps：整数，表示用几条边的正多边形近似表示这个圆，加这个参数可绘制正多边形，省略时表示画圆。例如，step=4 时画正方形
speed(speed=None)	speed 值为画图速度，值为 0～10 或以下表示速度的单词，0 速度最快。 fastest: 0；fast: 10；normal: 6；slow: 3；slowest: 1
home()	控制海龟返回坐标原点（0, 0），朝向 x 轴正方向
dot(r)	绘制一个直径为 r 的圆点
setheading(angle) | seth()	设置当前朝向为 angle 角度，可简写为 seth(angle)

实例 1.1 绘制五角星。

实例说明：绘图区有一只海龟，起始位置在平面的坐标原点 (0, 0) 处，朝向为 x 轴正方向。执行 turtle.forward(100)，它将朝所面对的 x 轴正方向前进 100 像素单位，随着它的移动画出一条线段；再执行 turtle.right(144)，它将原地右转 144 度；然后执行 forward(100) 再前进 100 像素，再执行 left(72) 向左旋转 72 度。

这 4 条语句放到 for i in range(5) 下面缩进语句块中，可以重复执行这组动作 5 次，海龟爬行的路径正好可以构成一个五角星。

实例代码如下：

```
from turtle import *      # 导入turtle中的函数

for i in range(5):        # 控制循环，缩进块中的语句重复执行5次
    forward(100)          # 海龟前进100像素
    right(144)            # 海龟向右转144度
    forward(100)          # 海龟前进100像素
    left(72)              # 海龟向左转72度
done()                    # 结束程序语句
```

绘制结果如图 1.8 所示。

图 1.8　绘制五角星

实例 1.2　绘制 XRD 曲线。

实例说明：读取文件 xrd.txt 中的数据，根据数据绘制曲线，执行以下程序，循环读取每行数据，再令画笔经过这些数据点绘图，可以看到动态的绘制过程。

实例数据：xrd.txt

实例代码如下：

```
from turtle import *                              # 导入turtle库中全部方法

pensize(2)                                        # 设置画笔粗细为2像素
color('blue')                                     # 设置画笔颜色为蓝色
with open('xrd.txt') as data:                     # 读文件'xrd.txt'，创建文件对象命名为 data
    for line in data:                             # 读文件每一行的数据
        x, y = line.strip().split(',')            # 每行数据根据空格切分成两个数
        goto(float(x)* 20, float(y)/30)           # 画笔沿数据点行走绘线，调整纵横比例
done()                                            # 结束绘制
```

绘制结果如图 1.9 所示。

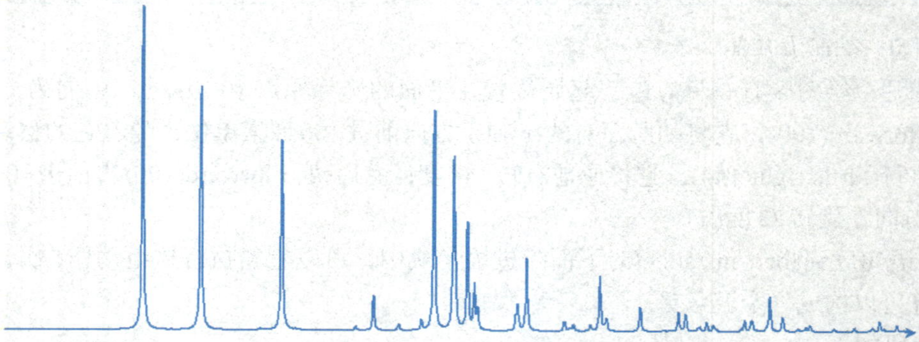

图 1.9　绘制 XRD 曲线

2. 海龟状态

在绘图过程中，经过一系列的绘图动作后，经常不确认海龟的位置、方向等状态参数，此时可用表 1.2 所示方法获取相关参数，以便于后续操作。

表 1.2　常用获取海龟状态方法

方　法	说　明
position() | pos()	返回值为海龟当前位置坐标，也可以是以二维向量表示的该点到原点的距离
towards(x, y=None)	返回当前位置到坐标（x, y）之间连线与当前海龟方向之间的夹角
heading()	返回海龟朝向
distance(*x*, *y*=*None*)	返回当前位置到坐标（x, y）之间的距离
xcor()/ycor()	分别返回海龟当前位置的 x/y 值

3. 画笔绘图状态

画笔状态包括提起画笔、放下画笔、画笔宽度、查看画笔状态、显示与隐藏画笔等。画笔绘图状态方法见表 1.3。

表 1.3 画笔绘图状态方法

方 法	说 明
penup() | pu() | up()	提起画笔，移动时不绘制图形，简写为 pu() 或 up()
pendown() | pd() | down()	移动时绘制图形，简写为 pd() 或 down()
pensize() | width()	画笔宽度，默认值为 1
pen()	返回画笔当前的各种属性
isdown()	返回画笔是否放下的状态，True 为放下的状态

在绘图过程中，经常需要控制画笔在绘图区域移动以绘制不同部分或线条，此时，需要使用 penup() 方法抬起画笔，使移动时不绘制线条；到目标位置后再用 pendown() 方法将画笔放回到画布上，可以继续绘制。

4. 画笔颜色控制

常用颜色控制方法见表 1.4。turtle 通过 pencolor() 方法控制画笔颜色，当没有参数传入时，该方法返回当前画笔颜色。传入参数将被设置为画笔颜色，参数可以是字符串如 "green"、"red"，也可以是 RGB 三元组。默认参数是 3 个 0～1.0 之间的小数，若需要用 0～255 表示 3 个颜色的分量，需要同时使用 colormode(255) 方法。

表 1.4 常用颜色控制方法

方 法	说 明
pencolor(color)	设置画笔颜色
fillcolor(color)	绘制图形的填充颜色
color(color1, color2)	同时设置画笔颜色为 color1，填充颜色为 color2
filling()	返回当前是否在填充状态
colormode()	函数传入参数为 1.0 或 255，对应 RGB 分量值为 0～1.0 或 0～255

5. 绘制颜色填充

需要用指定的颜色填充一个封闭的区域时，先用 fillcolor() 方法指定用于填充的颜色，再用 begin_fill() 和 end_fill() 方法将绘制封闭区域的语句包括在其间。颜色填充方法见表 1.5。

表 1.5 颜色填充方法

方 法	说 明
begin_fill()	准备开始填充图形
end_fill()	填充完成

6. 海龟可见性

可见性方法见表 1.6，showturtle() 用于设置显示画笔，在绘图结束时，经常需要用 hideturtle() 隐藏画笔的箭头。

表 1.6　可见性方法

方　法	说　明
hideturtle() | ht()	隐藏画笔的 turtle 形状
showturtle() | st()	显示画笔的 turtle 形状

实例 1.3　绘制填充红色的五角星。

实例说明： 绘制一个线宽度为2、线颜色为黄色、填充红色的五角星，绘制结束后隐藏画笔。在实例1.1代码的基础上，增加画笔宽度、画笔和填充颜色、隐藏画笔的代码。

实例代码如下：

```
from turtle import *              # 导入turtle中的所有方法

pensize(5)                        # 画笔宽度5像素
color('yellow', 'red')            # 画笔黄色，填充红色
begin_fill()                      # 开始填充
for i in range(5):                # 控制循环，重复做5次
    forward(100)                  # 海龟前进100像素
    right(144)                    # 海龟向右转144度
    forward(100)                  # 海龟前进100像素
    left(72)                      # 海龟向左转72度
end_fill()                        # 结束填充
hideturtle()                      # 隐藏海龟
done()                            # 结束程序语句
```

pensize(5) 用于设置画笔宽度为 5 像素，color('yellow', 'red') 用于设置画笔颜色为黄色、填充颜色为红色，begin_fill() 和 end_fill() 表示开始填充颜色和结束填充颜色，其中的语句要求绘制一个封闭的区域。hideturtle() 用于隐藏海龟画笔，使绘制的图上不再有表示画笔的小箭头。绘制效果如图 1.10 所示。

图 1.10　绘制填充五角星

7. 动画控制

动画控制方法见表 1.7，计算机的输入和输出一般是性能瓶颈，绘制较复杂的图时显示绘制结果较慢，可以用动画控制方法提升绘制的显示速度。

表 1.7　动画控制方法

方　法	说　明
delay()	设置或返回以毫秒数表示的延迟值 delay，延迟越长，动画速度越慢
tracer(n)	启用/禁用海龟动画并设置刷新图形的延迟时间。如果指定 n 值，则只有每第 n 次屏幕刷新会实际执行，可被用来加速复杂图形的绘制
update()	执行一次 TurtleScreen 刷新，在禁用追踪时使用

8. 辅助绘图控制

turtle 提供了一些用于辅助绘图的方法，主要用于清空窗口、重置 turtle 状态和启动事件循环等。常用的辅助绘图控制方法见表 1.8。

表 1.8 辅助绘图控制方法

方　法	说　明
clear()	清空 turtle 窗口，但是 turtle 的位置和状态不会改变
reset()	清空窗口，重置 turtle 状态为起始状态
done()	启动事件循环，必须是绘图程序中的最后一条语句
write(s [,font=("font-name", font_size, "font_type")])	写文本，s 为文本内容，font 是字体的参数，分别为字体名称、大小和类型

小结

本章主要介绍Python的历史发展和优点，简单介绍开发环境的配置和IDLE的基本使用。以turtle模块绘图为例介绍第三方模块的导入和引入方法，通过几个简单的绘图程序，以直观的方式向读者展示基本代码编写和简单的流程控制。turtle只用于展示编码和控制过程，不作为学习重点，通过模仿例程了解相关的方法和操作即可。

实训

实训要求：在计算机上安装Python解释器，创建一个文件，导入turtle模块，绘制一个自己喜欢的图案并保存成程序文件，要求尽可能多地应用turtle库中的方法。

第2章 对象与人机交互

本章介绍Python程序设计中对象的概念、基本数据类型、对象的基本属性、赋值和变量命名规范。重点学习和掌握人机交互中输入和输出函数的用法、输出格式的控制。

思维导图

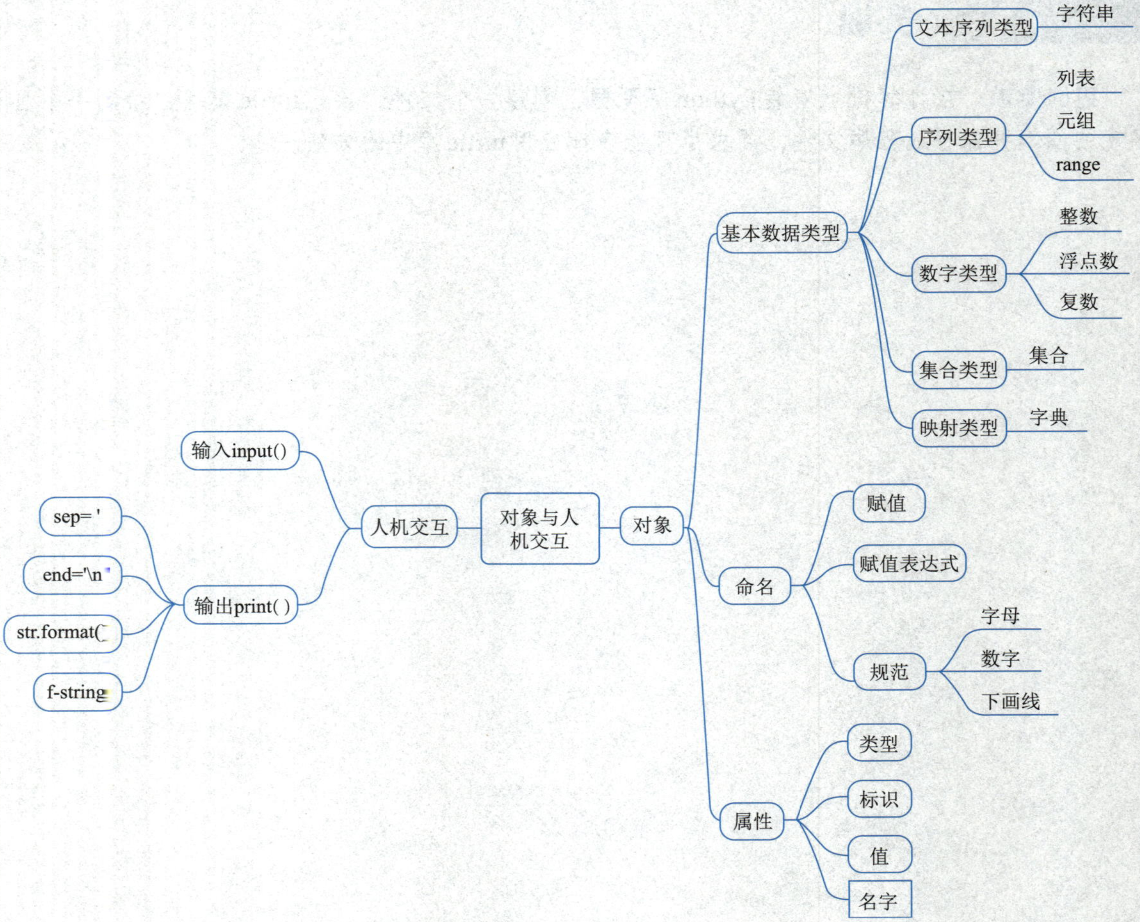

2.1 对象

Python中把每个数据都抽象为一个对象，所有数据都用对象或对象之间的关系表示。Python中所有数字、序列、集合、映射、类、实例、异常、模块、类与类的实例、函数、方法、布尔值、空值等都称为对象。数据的存储和管理都是以对象为单位进行的，系统会为每个新创建的对象分配一个块内存空间，并用该段内存的首地址编号作为对象的身份标识，此值可以用id()函数获取。

2.1.1 基本数据类型

数据是对客观事物的性质、状态以及相互关系等进行记载的物理符号或这些物理符号的组合。数据可以是连续的（如声音、图像），也可以是离散的（如符号、文字等）。我们要处理的所有客观对象都要抽象成数据，才能在计算机中进行存储和处理。在计算机中，所有数据最终都以二进制的形式存储和表示。

根据需要对数据进行操作和处理的不同，可以将数据和操作定义成若干种类型。Python解释器内置的常用标准类型包括：

（1）逻辑值检测（truth value testing）。

（2）布尔运算（boolean operations）：and、or、not。

（3）比较运算（comparisons）：<、<=、>、>=、==、!=、is、is not。

（4）数字类型（numeric types）：整数（int）、浮点数（float）、复数（complex）。

（5）布尔类型（boolean type）：常量True、False。

（6）迭代器类型（iterator types）：迭代器对象、生成器（generator）。

（7）序列类型（sequence types）：列表（list）、元组（tuple）、range。

（8）文本序列类型（text sequence type）：字符串（str）。

（9）集合类型（set types）：集合（set）、不可变集合（frozenset）。

（10）映射类型（mapping types）：字典（dictionary）。

（11）上下文管理器类型（context manager types）：with。

Python中，数据类型分为可变数据类型和不可变数据类型。

（1）不可变数据类型主要有四种：numeric（数字）、string（字符串）、tuple（元组）和range。

Python中的不可变数据类型，不允许对象的值发生变化。如果改变了对象的值，就相当于新建了一个对象，其id值或者其引用的内存地址就会发生变化。

（2）可变数据类型主要有三种：list（列表）、dictionary（字典）、set（集合）。

可变数据类型自有一些方法可以在原地进行操作，支持插入、删除、更新等方法，不需要重新创建对象就可以修改对象内部的值。

Python中应用最广泛的主要有数值类型（整型、浮点型、复数）、文本序列（字符串）、序列类型（列表、元组和range）、映射类型（字典）和集合类型等。其中，用input()函数接收到的数据都是字符串类型，字符串是Python中使用最广泛的数据类型之一。常用数据类型见表2.1。

表 2.1　常用数据类型

类　型		对　象	示　例	说　明
不可变数据类型	数值类型	整型	1024、79	整数大小无限制（仅受内存大小限制）
		浮点型	123.45、12. 、23.0、0.78	取值范围：$2.225\ 073\ 858\ 507\ 201\ 4 \times 10^{-308}$ ～ $1.797\ 693\ 134\ 862\ 315\ 7 \times 10^{308}$
		复数	a+bj	a、b均为浮点类型
	序列类型	字符串	'1024' 、"test"、'''10test''' """I've got it. "Yes ,ma'am," the waiter said."""	使用成对的单引号、双引号或三引号界定
		range	range(5) range(1,10,2)	range(stop])返回从0到stop，步长为1的整数序列 range(start, stop[, step])返回的从start到stop，步长为step的整数序列，常用于控制循环
		元组	(1,2,3,4)、(1,2, 'a', 'b')、(1,)	用一对圆括号界定，元素间逗号分隔，元素可为任意数据类型
可变数据类型		列表	[1,2,3,4]、[1,2,'a',"b"]	用一对方括号界定，元素间逗号分隔，元素可为数字、字符串、列表、元组等任意数据类型
	集合	集合	{1,2,3,4}、{'you','me','he'}	用一对大括号界定，元素无顺序，集合中元素具有唯一性，元素间用逗号分隔
	映射类型	字典	{'age':40, 'name':'zhao'}	用一对大括号界定，元素间用逗号分隔，每个元素包括包含“键”和“值”两部分

2.1.2　对象属性

每个对象都有3个基本属性：类型（type）、身份标识（id）和值（value）。例如：

```
a = 3                   # 对象是3，名字是a，值也是3
b = 5                   # 对象是5，名字是b，值也是5
sum_of_ab = a + b       # 对象是一个表达式，名字是sum_of_ab，值是8
# id()和type()函数可用于获取对象的身份标识和类型
print(f'身份标识{id(a)}，数据类型{type(a)}，值为{a}')
# 身份标识140710807331688，数据类型<class 'int'>，值为3
print(f'身份标识{id(sum_of_ab)}，数据类型{type(sum_of_ab)}，值为{sum_of_ab}')
# 身份标识140710807331848，数据类型<class 'int'>，值为8
```

type(object) 函数可以返回括号中对象的数据类型，对象一旦创建其类型便不可再变。id(object) 函数可返回表示对象的身份标识，也就是系统为这个对象分配的内存首地址编号，用一个整数表示。对象创建后，其身份标识 id 绝对不会改变。value就是这个对象存储的值。

列表、字典和集合等对象的值可以改变，称为可变数据类型，与之相对，值不可以改变的对象称为不可变数据类型。

对象基本属性如图2.1所示。

每个对象除了3个基本属性以外，在使用过程中，用

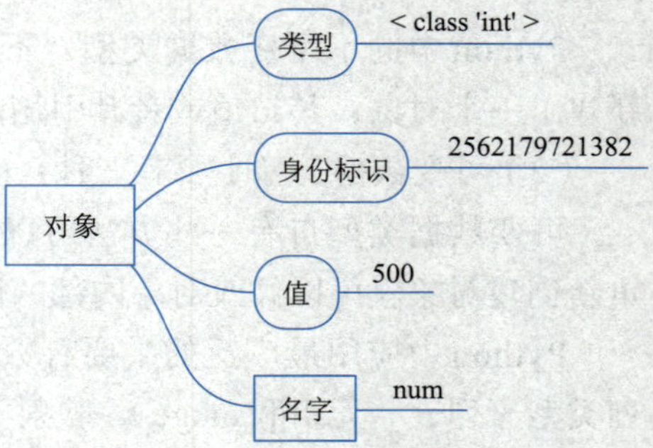

图 2.1　对象基本属性

户经常会通过加标签的方式给对象附加一个标识符，也称为名字（name），以方便在程序中通过这个名字引用该对象。这个名字与其他程序设计语言中的变量作用相似，所以 Python 中也经常称之为变量。

2.1.3 赋值

对象被创建后存储在内存中的一块区域，为方便再次访问对象，经常赋予一个用于访问该对象的名字，这个操作称为赋值。赋值的本质是指将一个名字绑定到一个对象上的操作，赋值后可以用这个名字来引用该对象，这个操作用赋值符号“=”实现，也可以说是给对象增加名字或标识符，同一个对象可以命多个名字。

Python 中先有对象后有名字，所以每个变量在使用前都必须先有值才可以使用，即变量首次出现必须是在赋值符号的左侧，右侧为对象。只有当一个对象被赋值给一个变量后，该变量才会被创建。例如：

```
x = 5                 # 名字x绑定到整数5上，后面可用变量名x引用整数对象5
y = 'hello'           # 名字y绑定到字符串上，后面可用变量名y引用字符串对象'hello'
z = [1, 2, 3, 4]      # 名字z绑定到列表上，后面可用变量名z引用列表对象[1, 2, 3, 4]
x = (16 + (8 ** 2 - 4 * 6 * 2) ** 0.5) / (2 * 5) # 名字x 绑定到表达式求值得到的对象
```

不同对象命名相同时，应用时访问最邻近命名的那个对象。也就是说，在同一个程序中对一个变量重复赋值，或者说重复使用同一个变量名时，起作用的是最近的语句。

下面程序中先将浮点型对象 3.141592653589793 和整型对象 6371 分别与变量名 pi 和 radius 绑定，此时计算地球表面积时，参与运算的半径值是 6371，得到的浮点型对象 510064471.90978825 与变量名 earth_area 绑定。当程序执行到 radius = 12.3 时，radius 这个名字将先与对象 6371 解绑，再重新绑定到对象 12.3 上。下面计算篮球面积时，应用 12.3 这个新值进行计算。

```
pi = 3.141592653589793                                 # 圆周率值取3.14
radius = 6371                                          # 地球半径6371千米
earth_area = 4 * pi * radius * radius                  # 计算地球表面积
print(f'地球表面积约为{earth_area}平方千米')
# 地球表面积约为510064471.90978825平方千米
radius = 12.3       # 篮球半径12.3厘米，同一个变量名赋不同值，后面代码引用这个新值
basketball_area = 4 * pi * radius * radius             # 计算篮球表面积
print(f'篮球表面积约为{basketball_area}平方厘米')
# 篮球表面积约为1901.1662102463995平方厘米
```

需要命名的对象可以是包含于圆括号、方括号、大括号或引号内的可迭代对象。如果赋值号左边是一个名字，则将名字直接绑定到右侧对象上。当左边名字多于一个时，名字数量必须与右侧的可迭代对象中的元素或字符数量相同，这些名字将按从左至右的顺序绑定到对应元素或字符，这种操作称为同步赋值。

```
x = 1, 2            # 左侧只有1个名字时，右侧必须为1个对象，逗号分隔的多个对象被打包为一个元组
print(x)            # 输出(1, 2)

x, y = 1, 2         # 左侧有2个名字，右侧元组对象中有2个元素1和2，数量相同
print(x, y)         # 输出1 2，要求右侧对象中元素数量与左侧变量数量相同
```

```
x, y = [1, 2]     # 左侧有2个名字，右侧列表对象中有2个元素1和2，数量相同
print(x, y)       # 输出1 2，要求右侧对象中元素数量与左侧变量数量相同
x, y, z = 'abc'   # 左侧有3个名字，右侧字符串对象中有3个字符，数量相同
print(x, y, z)    # 输出a b c，要求右侧对象中字符数量与左侧变量数量相同
```

利用同步赋值方法可以实现两个变量指向对象的交换：

```
m, n = 5, 10      # m,n = (5,10)，将5 赋值给m，将10赋值给n
print(m, n)       # 输出 5 10
m, n = n, m       # 交换变量 m 和 n 所指向的对象
print(m, n)       # 输出 10 5
```

Python提供了+=、-=、*=、/=、//=、%=、**%=等增强赋值符号，在单条语句中将二元运算和赋值语句合为一体，具体描述参见表2.2。

表 2.2　赋值符号

符　号	实　例	解　释
=	c = 100 c = a + b	将数字100命名为c 将 a + b 的运算结果命名为 c
+=	c += a	c = c + a
-=	c -= a	c = c - a
*=	c *= a	c = c * a
/=	c /= a	c = c / a
%=	c %= a	c = c % a
**=	c **= a	c = c ** a
//=	c //= a	c = c // a

Python 3.8 以后的版本增加了一个称为赋值表达式的新特性，赋值表达式把一个表达式的值赋给一个标识符，返回表达式的值。语法如下：

```
variable_name := expression
```

例如，经常需要重复输入并进行处理，当输入回车时结束输入。实现代码如下：

```
# 输入回车时，input()值是空字符串，空字符串的布尔值为False
while user_name := input():          # 输入回车时，while后条件表达式值为False，结束循环
    print(f'你的姓名是{user_name}')   # 输入不是回车时进入循环执行输出语句
```

输入：李白

输出：你的姓名是李白

输入：杜甫

输出：你的姓名是杜甫

输入：白居易

输出：你的姓名是白居易

输入：直接按键盘上的【Enter】键

结束程序。

2.1.4 变量命名规范

在程序设计过程中，一般不建议直接使用a或b这样的无明确语义的简单字母命名变量。比较好的命名是使用单词及单词的组合作为变量名称，使其具有一定的语义，可提高程序的可读性和可维护性，也便于团队的协作与沟通。

Python 变量的命名支持使用大小写字母、数字和下画线，数字不能为首字符。一般来说，变量的命名要以字母开头，变量名区分大小写字母。

常用的规范是用单词或下画线连接多个小写字母的单词作为变量名。例如：

```
number、id_check、get_birthday_by_id
```

Python 3.12 中有35个关键字（见表2.3），这些关键字不能用作变量名。不能使用系统内置的模块名、类型名或函数名作为变量名。例如，用sum做变量名会导致sum() 函数不可用。

表 2.3 关键字

False	await	else	import	pass
None	break	except	in	raise
True	class	finally	is	return
and	continue	for	lambda	try
as	def	from	nonlocal	while
assert	del	global	not	with
async	elif	if	or	yield

2.2 人机交互

人机交互是指计算机能接收用户的输入，并且把处理结果通过字符或图像等形式返回给用户。一般来说，一个程序可以没有输入，但至少要有一个输出，其作用是将程序的处理结果返回给调用程序处。Python 中使用内置函数 input() 接收用户输入的字符串，使用内置函数 print() 将程序的处理结果以字符的形式输出到显示器或写入到文件中。利用这两个函数，可以实现简单的人机交互。

2.2.1 输出函数

Python 主要有两种输出值的方式：表达式语句和 print() 函数。

表达式语句主要用于交互模式，在交互模式下输入变量或表达式将可以直接输出变量或表达式的值。表达式语句直接输出仅用于极少计算或测试时，更普遍的方式是用 print() 函数进行输出。

print() 函数的语法如下：

```
print(*objects, sep=' ', end='\n')
```

print() 函数主要用于将一个对象或多个对象输出到屏幕上。输出多个对象时，用半角逗号

“,”将要输出的对象隔开作为print()函数的参数，输出时默认用空格对输出值进行分隔。输出多个对象时，可以用sep参数指定分隔符号，sep参数的值必须是字符串。例如：

```
print(2023, 6, 16)              # 输出多个对象时默认用空格分隔，输出 2023 6 16
print(2023, 6, 16, sep='/')     # sep参数值为字符串'/'，输出 2023/6/16
print(23, 59, 30, sep=':')      # sep参数值为字符串':'，输出 23:59:30
```

print()函数中end参数默认值是换行符（'\n'），此参数值缺省时，执行print()函数后会自动输出一个换行。

如果希望多条print()语句的输出在同一行中，可以给print()函数中的end参数设置一个字符串类型的值。例如，设置end=' '或end=','，使每条print()语句输出后用空格或逗号代替默认的回车符，实现多条print()语句输出在同一行内的效果。

```
for i in range(1, 10)                       # i取值从1到9
    print(f'{1}×{i}={1*i}', end=' ') # 输出后不换行，在同一行内输出9个运算式
print()                             # 无参数的print()函数中end='\n'起作用，实现换行效果
# 1×1=1 1×2=2 1×3=3 1×4=4 1×5=5 1×6=6 1×7=7 1×8=8 1×9=9
```

print()函数只能输出用特定分隔符分隔的值，当需要更多的控制输出格式时，可以使用str.format()方法格式化字符串。

str.format()方法的格式如下：

```
<模板字符串>.format(<逗号分隔的参数>)
```

<模板字符串>由字符串和若干个用大括号“{}”表示的替换域组成，大括号用来控制修改字符串中嵌入值出现的位置。

format()括号中放置的与替换域数量相同的参数值，运行时默认按参数出现的顺序一一对应填入前面的替换域中。

```
a = 5
b = 3
print('{} + {} = {}'.format(a, b, a + b))  # 参数值按出现顺序填入替换域，输出5+3=8
```

如果替换域中标有序号，将根据序号到format()括号中查找其对应的值进行填入。

```
a = 5
b = 3
print('{} * {} = {}'.format(a, b, a * b))  # 参数值按出现顺序填入替换域，输出5*3=15
print('{2} * {1} = {0}'.format(a * b, b, a))# 参数序号依次为：0，1，2，输出5*3=15
print('{2} * {0} = {1}'.format(b, a * b, a))# 括号中序号根据参数序号调整，输出5*3=15
```

这三条语句输出相同格式的信息：

```
5 * 3 = 15
5 * 3 = 15
5 * 3 = 15
```

Python 3.6以后提供的一个称为“格式化字符串字面值”的新方法，又称f-strings，用f或F做前缀格式化字符串输出。使用时，在字符串开始的引号前加上f或F，字符串中可放置大括号“{}”作为替换域，输出时，字符串将被原样输出，替换域中的变量或表达式在程序运行时会被

变量和表达式的值代替。相当于将str.format()的format缩写为f，将format()括号中的对象直接填到前面模板字符串的替换域中。例如：

```
a = 5
b = 3
# 将对象a、b的值和a-b的运算结果填入到字符串的替换域{}中输出
print(f'{a} - {b} = {a - b}')          # 严格按照字符串格式，输出 5 - 3 = 2
```

大括号中的变量值可以为任意类型。例如：

```
user_name = 'Tom'
gender = 'male'                         # 传入大括号的对象可以为字符串
age = 20                                # 传入大括号的对象可以为整数或其他任意类型
# 将对象user_name、gender、age的值填入字符串的替换域{}中输出
print(f'姓名：{user_name}，性别：{gender}，年龄：{age}')
# 输出：姓名：Tom，性别：male，年龄：20
```

在Python 3.12以前的版本中，当大括号中的值为字符串时，该字符串的引号需要使用与f-strings的外层不同的引号，外面使用单引号时内部使用双引号，外面使用双引号时内部使用单引号。Python 3.12.0以后的版本中，大括号里面的字符串可以使用与括号外面相同的引号。

```
# 3.12以前版本中大括号中的值为字符串时加的引号要与f-string的引号不同
print(f'姓名：{"Tom"}，性别：{"male"}，年龄：{40}')  # 外面单引号内部双引号
print(f"姓名：{'Tom'}，性别：{'male'}，年龄：{40}")  # 外面双引号内部单引号
# 输出：姓名：Tom，性别：male，年龄：20

# 3.12以前的版本的写法：
print(f"""{f'''{f'{f"{1+1}"}'}'''}""")
# 3.12.0以后可以简单写作：
print(f"{f"{f"{f"{f"{f"{1+1}"}"}"}"}"}")
```

除用于字符串的输出外，此方法还可用于格式限定，使用方法是在大括号中加冒号和“格式限定符”。例如，在冒号后面加“.mf”可以控制输出保留浮点数小数点后m位数字，m表示保留小数位数，小数不足m位时末尾补0，f表示作用于浮点数（float）对象上。例如：

```
a = 5
b = 3
print(f'{a} / {b} = {a / b}')         # 原样输出：5 / 3 = 1.6666666666666667
print(f'{a} / {b} = {a / b:.2f}')     # 输出保留2位小数：5 / 3 = 1.67
```

2.2.2　输入函数

input()函数的作用是从标准输入设备（键盘）获得用户输入的一行数据，无论用户输入的是哪种类型的数据，input()函数都会将其作为一个字符串类型处理。例如：

```
a = input()               # 输入一个整数字符串，例如：'5'
b = input()               # 输入一个整数字符串，例如：'3'

# 通过input()输入得到的都是字符串，int()函数可将整数字符串转为整数类型，用于数值计算
print(type(a))            # 输出<class 'str'>，a的类型是字符串
print(a + b)              # 输出 '53'，'+' 作用是将两个字符串拼接为一个字符串
print(a * int(b))         # 输出 '555'，'*'的作用是将字符串重复整数b次
```

当用户输入为5和3时，输出结果分别为53和555，而不是直接进行数学运算而得到8和15，这表明即使输入数字型数据，系统也会将其作为字符串进行处理。

为了提高程序的用户友好性，input()可以包含一些提示性的文字，提示性文字以双引号或单引号引起来放于input()函数后的括号内。若需要运用输入的数据进行数值运算，可以用int()或float()函数将整数或浮点数的字符串转为整数或浮点数类型。

```
a = input('请输入一个整数：')                    # 输入一个整数字符串，如'4'
b = input('请输入一个浮点数：')                  # 输入一个浮点数字符串，如'2.5'

# int()函数可将整数字符串转为整数类型，float()函数可将浮点数字符串转为浮点数类型，用于数值计算
print(f'{a} + {b} = {int(a) + float(b)}')     # 4 + 2.5 = 6.5,字符串中的空格原样输出
print(f'{a} - {b} = {int(a) - float(b)}')     # 4 - 2.5 = 1.5,字符串中的空格原样输出
print(f'{a} * {b} = {int(a) * float(b)}')     # 4 * 2.5 = 10.0,字符串中的空格原样输出
print(f'{a} / {b} = {int(a) / float(b)}')     # 4 / 2.5 = 1.6,字符串中的空格原样输出
```

如果需要在一行内输入分隔开的多个数据，可以用字符串的split()方法根据指定分隔符将input()函数获取的字符串对象切分为列表。split()不加参数时，默认用空格切分对象，如果指定了分隔符为参数，则用分隔符进行切分。例如：

```
# 在同一行内输入鸡和兔的数量，例如输入：12 25或12,25
chicken, rabbit = input().split()    # split()无参数时根据空格将输入切分为列表
# chicken, rabbit = input().split(',')       # 若输入为12, 25则用此语句切分为列表
# 计算并输出头和脚的总数
head = int(chicken) + int(rabbit)             # int()的作用是将字符串转为整数
feet = int(chicken) * 2 + int(rabbit) * 4
print(f'共有头{head}个，脚{feet}只')           # 输出，共有头37个，脚124只
```

实例 2.1 日期格式化输出。

实例说明： 日期的常用表示方法有5种。

（1）数字型：20230616。

（2）年/月/日型：2023/06/16。

（3）年-月-日型：2023-06-16。

（4）年.月.日型：2023.06.16。

（5）年月日型：2023年06月16日。

在3行中分别输入当前的年、月、日的整数值，按顺序输出上述5种方法表示的日期。

input()函数可接收用户从键盘输入的字符串，年、月、日分别用3条语句输入；print()函数可以将用逗号分隔的多个对象在一行内输出，分隔符用sep参数指定，sep参数省略时用空格分隔输出的多个对象。

实例代码如下：

```
year = input()                          # 输入年，2023
month = input()                         # 输入月，06
date = input()                          # 输入日，16
print(year, month, date, sep='')        # 用空字符串消除分隔，输出 20230616
print(year, month, date, sep='/')       # sep参数值为字符串'/'，输出 2023/06/16
print(year, month, date, sep='-')       # sep参数值为字符串'-'，输出 2023-06-16
```

```
print(year, month, date, sep='.')     # sep参数值为字符串'.'，输出 2023.06.16
print(f'{year}年{month}月{date}日')   # f-string 格式化字符串，输出 2023年06月16日
```

有些情况下，需要在一行内输入多个数据，可以用split()将输入的字符串切分成列表，再用同步赋值的方法为每个元素命名。

实例代码如下：

```
year, month, date = input().split()        # 输入空格分隔的当前年月日，2023 06 16
symbol = input()                           # 输入一个分隔符号，例如输入“/”
print(year, month, date, sep=symbol)       # sep参数值为用户输入的字符串，如输入“/”时，
                                           # 输出2023/06/16
hour, minute, second = input().split()    # 输入空格分隔的当前时间，13 20 45
print(hour, minute, second, sep=':')      # sep参数值为字符串':'，输出 13:20:45
```

小结

本章介绍了Python的基本数据类型，其中整数、浮点数、字符串、列表、range、集合和字典为常用数据类型，字符串、列表和range常用于控制循环。对象命名时，要求使用字母开头，仅包含字母、数字和下画线的字符，不要用关键字和内置的函数名做变量名，对象名尽量用单词组合，使之具有语义。输出多个对象时，可用sep参数指定分隔符号。输出时推荐使用f-string设置输出格式。

实训

实训要求：设计一个程序，接收用户输入的个人信息，包括但不限于姓名、性别、出生年月日、城市、爱好等信息，以自己认为较好的方式格式化输出个人信息。要求尽可能充分利用输入函数和输出函数的各个参数，变量名要有语义并用注释说明变量的语义是什么，鼓励使用尽可能多的输出方式和格式控制方式，在需要的地方写清晰注释。

第3章 常用运算

本章主要介绍数字字符串转为数字类型的方法，重点介绍整数和浮点数的加、减、乘、除、取模及幂运算等常用的数学运算方法，讲解逻辑值检测、比较运算、成员运算和布尔运算的应用和运算优先级，以及利用math 库中的函数进行数学运算的方法。

思维导图

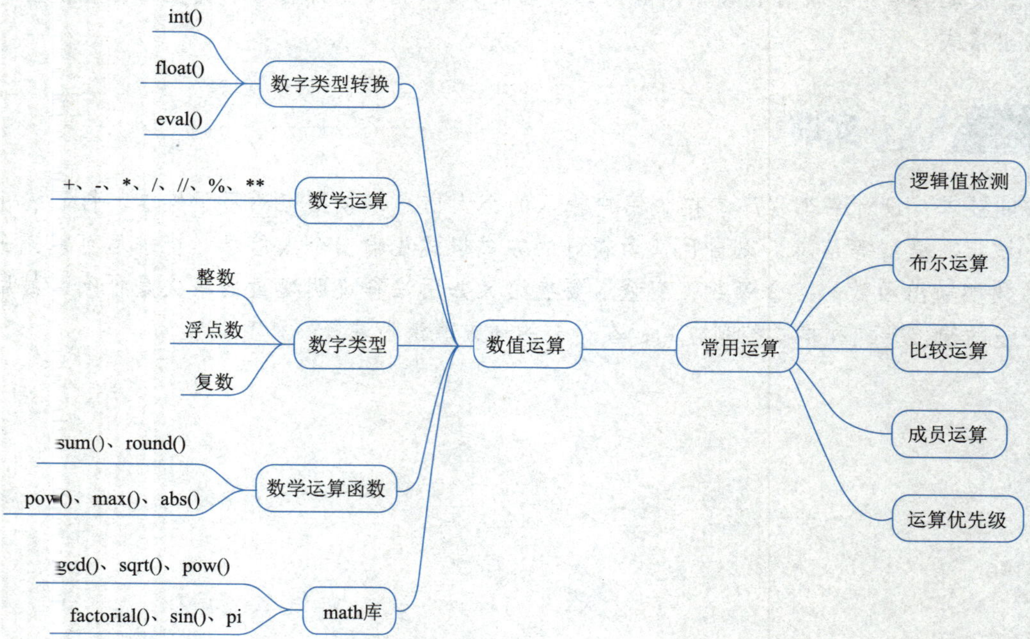

3.1 数值运算

3.1.1 数字类型

Python 中可参与数值运算的数字类型主要有3种：

1. 整数

整数（int）是不包含小数点的数字，包括十进制的0、正整数和负整数以及其他进制的整数。计算机领域除了十进制整数外，常见的还有二进制、八进制和十六进制整数表示，见表3.1。

表 3.1 常见的 4 种进制整数表示

进制种类	引导符号	描述与示例
十进制	无	由字符0～9组成，遇 10 进 1，如99、156、-45
二进制	0b 或 0B	由字符 0 和 1 组成，遇 2 进 1，如0b1010、0B1111
八进制	0o 或 0O	由字符 0～7 组成，遇 8 进 1，如0o107、0O777
十六进制	0x 或 0X	由字符 0 ～ 9 及 a、b、c、d、e、f 或 A、B、C、D、E、F 组成，遇16进1，如0xFF、0xff、0X10A

Python 中整数几乎没有大小限制，可以存储计算机内存能够容纳的无限大整数，而且整数永远是精确的。

除了通常意义上的整数以外，布尔值也属于整数的子类型。布尔值是两个常量对象True和False，用来表示逻辑上的“真值”或“假值”。在数值类型的上下文中，分别以整数“0”和“1”为值参与运算。

```
print(5 + True)                # 5 + 1，输出值为6
print(True + False)            # 1 + 0，输出值为1
print(True * 5 + False * 2)    # 1 * 5 + 0 * 2，输出值为5
print(True * 2 + 3)            # 输出 5
```

2. 浮点数

浮点数（float）有两种表示方法：

（1）十进制表示法：十进制表示的浮点数由整数部分、小数点与小数部分组成。其整数和小数部分可以没有数字，但小数点必须要有，此时相当于小数部分为0，如123.45、0.78 、23.0、12.、.89。

（2）科学计数法：浮点数的科学计数法表示为 <a>e<n>，等价于数学中的 $a \times 10^n$。例如，0.48e-5、2e3、2.53e3（$2.53e3 = 2.53 \times 10^3 = 2530.0$）。

计算机中数字的表示采用的是二进制方式，浮点小数转二进制采用的是乘2取整的方法，不能保证所有十进制浮点小数能精确转为二进制，转换过程可能会带来精度损失。例如，浮点数0.3转为二进制后约等于0.01001100110011，再转回十进制后值为0.29998779296875。

Python中浮点数占8字节（64位）存储空间，能表示的最大数字为 $1.797\ 693\ 134\ 862\ 315\ 7 \times 10^{308}$，超过这个范围时会触发溢出异常（OverflowError）。例如：

```
print(pow(809.0, 106)) # 结果约为1.748007496839708e+308，超过浮点数范围
print(pow(810.0, 106)) # 触发异常OverflowError: (34, 'Result too large')
```

Python对于浮点数默认提供大约17位数字的精度。从下面输出结果可以发现，整数会被完整精确地输出。而浮点数存储和输出时将只保留大约17位有效数字，其余的截断丢弃，所以在计算机中浮点数经常无法精确表示。

```
a = 3.1415926535897932384626433832795   # 超出精度的数据存储时会被丢弃
b = 31415926535897.932384626433832795
c = 31415926535897932384626433832795    # 整数可以无限大小，精确存储
print(a)                  # 输出 3.141592653589793
print(b)                  # 输出 31415926535897.934
print(c)                  # 输出 31415926535897932384626433832795
```

实例 3.1　计算地球体积。

实例说明：地球半径为 6 371 千米，圆周率值取 3.141592653589793，计算地球体积。

此处可将地球近似看作一个规则球体，然后利用球体积计算公式 $v=\frac{4}{3}\pi R^3$ 近似计算地球体积。需要注意的是浮点数超过 17 位有效数字后面的数字没有精确意义，若有浮点数参与计算，不同的计算顺序结果可能略有不同。

实例代码：

```
pi = 3.141592653589793                       # 圆周率值，17位数字
radius = 6371000                             # 地球赤道半径，单位为米
volume = 4/3 * pi * radius ** 3              # 球体积计算公式
print(f'地球体积约为{int(volume)}立方米')    # 1 083 206 916 845 753 597 952立方米
volume = 4 * pi * radius ** 3 / 3            # 球体积计算公式，计算顺序不同，结果不同
print(f'地球体积约为{int(volume)}立方米')    # 1 083 206 916 845 753 729 024立方米
```

3. 复数

复数（complex）由实数部分和虚数部分构成，可以用 $a+bj$ 或者 complex(a,b) 表示，复数的实部 a 和虚部 b 都是浮点数。可以用 real 和 imag 方法分别获取复数的实部和虚部，用 abs(a+bj) 获得复数的模。例如：

```
n = 3.5 + 4j
print(n.real)             # 输出实部 3.5
print(n.imag)             # 输出虚部 4.0，注意复数的实部和虚部都是浮点数
print(abs(n))             # 输出复数的模 5.315072906367325
```

3.1.2　数字类型转换

在程序设计过程中，经常需要转换数字类型。不同数字类型的转换，可以将数据类型作为函数名，将要转换的数字作为函数的参数。

1. int() 函数

```
int([x])                  # 将浮点数 x 转换成十进制整数
int(x, base=10)           # 将base指定进制的整型字符串转为十进制整数
```

将浮点数 x 或整数类型字符串转换为一个整数。当 x 是一个浮点数且没有参数 base 时，int() 函数可以将这个浮点数转换成十进制整数，无参数时返回整数 0。例如：

```
print(int())              # 浮点数转整数，只保留整数部分，输出0
print(int(3.14))          # 浮点数转整数，只保留整数部分，输出3
print(int(3.99))          # 浮点数转整数，只保留整数部分，输出3
```

给定了参数 base 时，x 必须是一个整型的字符串，此时 int() 函数将这个整型的字符串转成整数，base可以取的值为表示进制的整数，如2、8、10、16分别代表二进制、八进制、十进制和十六进制。缺省情况下 base=10，默认将一个十进制的整数形式的字符串转成十进制的整数。参数 x 为浮点数字符串时，系统会返回 ValueError 异常。

base省略时，按位置传递参数。当 base 取值为 0 时，系统根据字符串前的进制引导符确定该数的进制。例如：

```
print(int('11111111',base=2))      # 二进制11111111转成十进制整数是255
print(int('11111111',2))           # base可省，二进制11111111转成十进制
print(int('0o107', base=8))        # '0o'表示这是八进制的整数，输出 71
print(int('0x107', base=16))       # '0x'表示这是十六进制的整数，输出 263
print(int('0b1001', base=0))       # '0b'表示这是二进制的整数，输出 9
print(int('0xff', base=0))         # '0x'表示这是十六进制的整数，输出 255
```

实例 3.2 IP 地址转换。

实例说明：每一个接入互联网的设备都有一个IP地址，IPv4标准的IP地址是32位二进制数，每8位可以转为一个十进制数，现在IP地址为10111101 10101100 11110011 10000011，请将其中每8位转为一个十进制整数，再用点连接起来输出。

实例代码：

```
ip_bin1 = '10111101'                  # 每8位二进制数切分开
ip_bin2 = '10101100'
ip_bin3 = '11110011'
ip_bin4 = '10000011'
# 将二进制字符串转换为十进制整数
ip_oct1 = int(ip_bin1, 2)
ip_oct2 = int(ip_bin2, 2)
ip_oct3 = int(ip_bin3, 2)
ip_oct4 = int(ip_bin4, 2)
# 输出点分十进制IP：189.172.243.131
print(f'{ip_oct1}.{ip_oct2}.{ip_oct3}.{ip_oct4}')
```

2. float() 函数

```
float([x])
```

float([x]) 将整数 x 或浮点数类型字符串 x 转换为一个浮点数，没有参数 x 时返回 0.0。例如：

```
print(float())                  # 无参数时返回浮点数0.0，输出0.0
print(float(3))                 # 整数转浮点数，增加小数位，输出3.0
print(float('+1.23'))           # 将字符串'+1.23'转为浮点数1.23
print(float('   -12345\n'))     # 将字符串开头结尾的空白字符过滤掉，输出-12345.0
print(float(1e-003))            # 科学计数法转十进制浮点数0.001
print(float('+1E6'))            # 1000000.0
```

3. complex() 函数

```
complex([real[, imag]])
```

complex([real[, imag]]) 函数将 real 和 imag 转换为一个复数，实数部分为 real，虚数部分为

imag。real 和 imag 是数字表达式。没有 imag 参数时，复数虚数部分为 0，real 和 imag 参数都没有时，返回 0j。只有 real 参数时，real 可以是能转为复数的字符串，但其中的“+”“-”前后不能存在空白字符。

```
print(complex())                      # 无参数，输出0j
print(complex(3))                     # 只有一个数值参数，虚部为0，输出(3+0j)
print(complex(3, 4.5))                # 两个数值参数，输出(3+4.5j)
print(complex('+3'))                  # 字符串转复数，输出(3+0j)
print(complex('1+2j'))                # 字符串转复数，输出(1+2j)
```

4. eval() 函数

```
eval(expression)
```

eval(expression) 将数值型的字符串对象 expression 转换为其对应的数值，也可以将表达式字符串转为可计算的表达式。例如，expression 为字符串‘3’时，转换结果为数值 3；当 expression 为字符串‘3.0’时，转换结果为数值 3.0；当 expression 为字符串表达式‘3 + 4’时，直接转为计算式并进行运算。

```
a = eval('100')                       # 字符串 '100' 被转换为数值 100
print(a * 3)                          # 100 * 3 = 300
a = eval('100.0')                     # 字符串 '100.0' 被转换为数值 100.0
print(a * 3)                          # 100.0 * 3 = 300.0
print(eval('3 + 4'))                  # 返回表达式求值结果7
print(eval('3, 4'))                   # 返回元素为数值的元组(3, 4)
```

eval() 函数还可以把用逗号分隔的多个数值型数据的字符串转换为一个元素为数值类型的元组。例如，eval('3.5, 3, 2.0')的结果为元素为数值类型的元组 (3.5, 3, 2.0)。利用这个特性，可以实现在一条语句中将用逗号分隔的 *n* 个数值型输入分别赋值给 *n* 个变量，一条语句实现多变量的同步赋值和数值类型的转换。

```
width, height = eval(input()) # 输入用逗号分隔的长和宽，两个数值分别赋值
```

实例 3.3 计算矩形面积。

实例说明： 矩形的面积等于其长与宽的乘积，用户输入长和宽的值，按输入要求编程计算矩形的面积。

按输入要求分如下情况：

（1）若要求输入两个正整数，输出结果为整数。

Python 中任何输入都会被当作字符串进行处理，字符串无法参与数学运算，所以在程序中需要将输入的字符串转为数值类型。可将 input() 函数作为 int() 函数的参数，可以将输入的非空整数字符串转为整数。当用户的输入确定是整数时，程序中可以用 int() 函数将输入转为整数类型，计算结果也是整数。代码如下：

```
# 输入整数表示的矩形的长和宽，计算并输出矩形的面积
width = int(input())                  # 用int()函数将输入转成整数，例如输入3
height = int(input())                 # 用int()函数将输入转成整数，例如输入4
area = width * height                 # 利用面积公式计算面积
print(f'面积为{area}')                 # 输出：面积为12
```

（2）若要求输入两个浮点数，输出结果为浮点数。

可将 input() 函数作为 float() 函数的参数，可以将输入的非空浮点数字符串转为浮点数。当输入为整数时，也会转为浮点数，计算结果也是浮点数。

```
# 输入浮点数表示的矩形的长和宽，计算并输出矩形的面积
width = float(input())          # 用float()函数将输入转成浮点数，例如输入'3.6'转为3.6
height = float(input())         # 用float()函数将输入转成浮点数，例如输入'4.8'转为4.8
area = width * height           # 利用面积公式计算面积
print(f'面积为{area}')          # 输出：面积为17.28
```

（3）若要求输出的数据类型与输入的数据类型保持一致，可将 input() 函数作为 eval() 函数的参数，可以将输入浮点数字符串转为浮点数类型，将输入的整数字符转为整数类型。

```
# 输入矩形的长和宽，计算并输出矩形的面积，结果与输入的类型一致
width = eval(input())           # 用eval()函数将输入转成数值类型，例如输入3.6
height = eval(input())          # 用eval()函数将输入转成数值类型，例如输入4.8
area = width * height           # 利用面积公式计算面积
print(f'面积为{area}')          # 输出：面积为17.28
# 若输入是'3'和'4'，则会转为整数3和4，输出：面积为12
```

（4）在一行内输入用逗号分隔的两个数，分别表示长与宽，计算矩形面积。

明确说明输入是用逗号分隔的多个数值字符串时，可以直接将 input() 函数作为 eval() 函数的参数，此时逗号分隔的数值被转为元组，再用同步赋值的方法分别赋值给长和宽。该函数在将输入转为可计算对象时，会保持数据类型与输入一致。输入整数时，转化后还是整数；输入浮点数时，转化后还是浮点数。

实例代码：

```
# 在一行内输入半角逗号分隔的两个整数表示矩形的长和宽，计算并输出矩形的周长和面积
width, height = eval(input())    # 输入用逗号分隔的长和宽，例如输入：3,4
perimeter = 2 * (width + height)# width、height值分别为整数3、4,不需要用int()转换
area = width * height            # 计算面积
print(f'边长为{width}和{height}的矩形的周长为{perimeter}，面积为{area}')
# 输出：边长为3和4的矩形的周长为14，面积为12
```

3.1.3 数学运算

数学运算是用运算符将对象连接起来构成表达式来实现。运算符是一些特殊符号的集合，Python 内置了 +、–、*、/、//、% 和 ** 等数学运算操作符，分别用于加、减、乘、除、整除、取模和幂运算。程序设计中，表达式的写法与数学中的表达式稍有不同，需要按照程序设计语言规定的表示方法进行构造，见表 3.2。

表 3.2 数学运算操作符（表中 a=8，b=5）

优先级	运算	函数	运算符	符号运算	实例	解释
低	加	add(a, b)	+	a + b	print(a + b)	两个数加和，结果为 13
	减	sub(a, b)	–	a – b	print(a – b)	两个数相减，结果为 3
中	乘	mul(a, b)	*	a * b	print(a * b)	两个数相乘，结果为 40

续表

优先级	运算	函数	运算符	符号运算	实例	解释
中	除	truediv(a, b)	/	a / b	print(a / b)	两个数相除，结果为 1.6
	整除	floordiv(a, b)	//	a // b	print(a // b)	两个数整除，返回整数商 1
	取模	mod(a, b)	%	a % b	print(a % b)	模运算，返回整除的余数 3
高	幂	pow(a, b)	**	a ** b	print(a ** b)	幂运算，32768

这里的加、减、乘与数学上同类运算意义相同，下面介绍其他几种运算。

1. 精确除法（/）

不论参与运算的数是整数还是浮点数，是正数还是负数，都直接进行除法运算，运算结果的类型总是浮点数。

```
print(12 / 4)              # 精确除的结果永远为浮点数 3.0
print(-10 / 4)             # -2.5
```

2. 整除（//）

采用向下取整的算法得到整数结果。所谓向下取整，是在计算过程中，向负无穷大的方向取整。需要注意的是，当参与运算的两个操作数都是整型数字时，结果是整型；当有浮点数参与运算时，结果为浮点型的整数。例如：

```
print(10 // 4)             # 取负无穷大方向最接近 2.5的那个整数 2
print(10.0 // 4)           # 2.0，结果为浮点类型的整数
print(-10 // 4)            # 取负无穷大方向最接近 -2.5的那个整数 -3
```

3. 模运算（%）

模运算在数论和程序设计中都有着广泛的应用，主要应用于具有周期性规律的场景，从奇偶数的判别到素数的判定都会用到模运算。例如，根据 x % n 结果是否为 0 可判定 x 能否被 n 整除；根据 x % 2 的结果是 0 还是 1 判断整数 x 的奇偶性。模运算数学定义如下：

```
r = a - (a // b) * b
```

取模运算的结果为表达式 a - (a // b) * b 的值。操作数 a 和 b 可以是整数，也可以是浮点数。Python 采取的向下取整算法决定了模运算的一个规律：模非零时，其符号与操作数 b 相同。

```
print(-11 % 4)             # 输出：1
print(-11 % -4)            # 输出：-3
print(11 % 4)              # 输出：3
print(11 % -4)             # 输出：-1
print(3.5 % -2)            # 输出：-0.5
print(4 % -2)              # 输出：0
```

4. 幂运算（**）

Python 中用双星号“**”表示幂运算，a 的 b 次幂的表达式是 a ** b。幂运算优先级比乘、除、模运算和取反高。例如，–3 ** 2 的运算顺序与 –(3 ** 2) 相同，即先进行幂运算，再取反，最终的值为 –9。在复杂表达式中适当加括号是较好的编程习惯，既可确保运算按自己预定的顺序进行，又可提高程序的可读性和可维护性。例如：

```
print(-(3 ** 2))              # 先进行幂运算，再取反，结果为 -9
print((-3) ** 2)              # 3先取反，再进行幂运算，结果为 9
```

实例 3.4 一元二次方程求解。

实例说明： 一元二次方程可以用求根公式进行求解。现有一元二次方程 $ax^2 + bx + c = 0$，当 a、b、c 的值分别为5、8、3时，编程求其实根。

此题中，判别式 $b^2 - 4ac = 8 \times 8 - 4 \times 5 \times 3 = 4 > 0$，该方程有两个不相等的实数解，可利用一元二次方程的求根公式进行计算：

$$x = \frac{-b \pm \sqrt{b^2 - 4ac}}{2a}$$

根据正负号将求根公式拆分为两个程序中的表达式：

x1 = (−b + (b * b − 4 * a * c) ** (1/2))/(2 * a)

x2 = (−b − (b * b − 4 * a * c) ** (1/2))/(2 * a)

表达式中的乘号不可以省略，分母中的 (2 * a) 的括号不能省略，否则因乘除运算的优级相同，会按先后顺序进行运算，结果就变成了除以2再乘以a，与要求不符。如果一定要去掉括号，可以将2 * a中的乘号改为除号（/）以保持数学上的运算顺序不变。

分子里 (1 / 2) 的括号不可以省略，因为幂运算优先级高于除法运算，没有括号时会先计算 1 次幂，再除 2，计算顺序错误。为避免这个问题，可以将 (1 / 2) 改写为 0.5。

实际上，最可靠的写法是当有分数时，分子和分母各加一组小括号，有开方运算时，被开方的对象放在一组括号里，这样就不会出现计算顺序错误。

实例代码：

```
a, b, c = 5, 8, 3                       # 同步赋值，5、8、3分别赋值给a、b、c
x1 = (-b + (b * b - 4 * a * c) ** (1 / 2)) / (2 * a)        # 分母的括号不能省略
x2 = (-b - (b ** 2 - 4 * a * c) ** 0.5) / 2 / a             # 用0.5代替1/2，用两个除
                                                            # 法代替分母中的乘法
print(x1, x2)                           # 在一行内输出-0.6 -1.0，输出结果用空格分隔
```

实例 3.5 计算斐波那契数列中特定的项。

实例说明： 斐波那契数列的通项公式如下。

$$a_n = \frac{1}{\sqrt{5}}\left[\left(\frac{1+\sqrt{5}}{2}\right)^n - \left(\frac{1-\sqrt{5}}{2}\right)^n\right]$$

利用这个公式可以计算数列中特定的项，输入一个整数 n，计算数列第 n 项的值并取整就是该项的值。

实例代码：

```
n = int(input())                        # 将输入的整数字符串转为整数
fibonacci = 1 / 5 ** 0.5 * (((1 + 5 ** 0.5) / 2) ** n - ((1 - 5 ** 0.5) / 2) ** n)
print(int(fibonacci))                   # 输入12时输出144，输入48时输出4807526976
```

这样实现，第二条语句较长，容易导致优先级或括号不匹配等错误。更好的实现方法是将

公式的各部分单独计算，再组合到一起，这样每条语句都更简洁且易于理解，也不容易出错。

实例代码：

```
n = int(input())          # 将输入的整数字符串转为整数
sqrt_5 = 5 ** 0.5
phi = (1 + sqrt_5) / 2
psi = (1 - sqrt_5) / 2
fibonacci =  int((phi ** n - psi ** n) / sqrt_5)
print(fibonacci)
```

3.1.4 数学运算函数

Python 内置了一系列与数学运算相关的函数可以直接使用，常用函数的功能描述见表3.3。

表 3.3 常用数学运算相关函数

序号	函数	描述
1	int(x=0) int(x, base=10)	返回一个基于数字或字符串 x 构造的整数对象，无参数时返回 0，对于浮点数，返回整数部分
2	float(x=0.0)	返回从数字或字符串 x 生成的浮点数
3	complex(real=0, imag=0) complex(string)	返回值为 real + imag*1j 的复数，或将字符串或数字转换为复数。如果两个实参都省略，则返回 0j。
4	abs(x)	返回参数 x 的绝对值，如果参数是一个复数，则返回它的模
5	pow(base, exp, mod=None)	返回 base 的 exp 次幂；如果 mod 存在，则返回 base 的 exp 次幂对 mod 取余（比 pow(base, exp) % mod 更高效）
6	divmod(a, b)	以两个（非复数）数字为参数作整数除法，以元组形式返回商和余数
7	sum(iterable, /, start=0)	自左向右对 iterable 的项求和再与 start 加和，返回总和，“/” 表示后面的 start 可以是位置参数也可以是关键字参数
8	round(number, ndigits=None)	返回 number 舍入到小数点后 ndigits 位精度的值。ndigits 省略或为 None 时，返回最接近输入值的整数
9	max(iterable, *, key=None) max(iterable, *, default, key=None) max(arg1, arg2, *args, key=None)	返回可迭代对象中最大的元素，或者返回两个及以上实参中最大的。key 可用于指定比较大小的依据
10	min(iterable, *, key=None) min(iterable, *, default, key=None) min(arg1, arg2, *args, key=None)	返回可迭代对象中最小的元素，或者返回两个及以上实参中最小的。key 可用于指定比较大小的依据
11	bin(x)	将整数转变为以 0b 为前缀的二进制字符串
12	oct(x)	将一个整数转变为 0o 为前缀的八进制字符串
13	hex(x)	将整数转换为以 0x 为前缀的小写十六进制字符串
14	chr(i)	返回 Unicode 码值为整数 i 的字符的字符串格式。例如，chr(97) 返回字符串 'a'，是 ord() 的逆函数
15	ord(c)	对表示单个 Unicode 字符的字符串，返回代表其 Unicode 码值的整数。例如，ord('a') 返回整数 97，是 chr() 的逆函数

1. abs(x)

返回 x 的绝对值，x 可以是整数或浮点数，当 x 为复数时返回复数的模。例如：

```
print(abs(-3))                          # 返回整数绝对值，输出 3
print(abs(-3.45))                       # 返回实数绝对值，输出 3.45
print(abs(3 + 4j))                      # 计算复数的模，输出 5.0
```

2. pow(x, y[, z])

返回 x 的 y 次幂，当 z 存在时，返回 x 的 y 次幂计算结果再对 z 取模，pow(x, y , z) 函数在进行幂运算的同时可以进行模运算，比先计算 x 的 y 次幂，然后再对 z 取模效率高。例如：

```
print(pow(2,3))                         # 计算23，输出8
print(pow(1999,1998,1997))              # 1999 ** 1998 % 1997 输出 4
```

3. sum(iterable, /, start=0)

从 start 开始自左向右对 iterable 的项求和并返回总计值。iterable 的项通常为数字，而 start 值则不允许为字符串。例如：

```
print(sum([1999, 1998, 1997]))          # 计算列表中元素的和5994
print(sum(range(101)))                  # 计算从0到100之间整数的和5050
print(sum(range(101), start=5000))      # 计算从0到100之间整数的和，加到5000上输出10050
```

4. round(number[, n])

返回浮点数 number 保留 n 位小数的形式，n 为整型，默认值是 0，n 值必须是整型数字，当 n 为浮点数时，会触发 TypeError。当省略参数 n 时，返回最接近输入数字的整数。Python 中采用的末位取舍算法为“四舍六入五考虑，五后非零就进一，五后为零看奇偶，五前为偶应舍去，五前为奇要进一。”例如：

```
print(round(3.1415))                    # 3,返回最接近输入数字的整数
print(round(-3.1415))                   # -3,返回最接近输入数字的整数
print(round(3.8415))                    # 4,返回最接近输入数字的整数
print(round(3.1250001,2))               # 3.13 五后非零就进一
print(round(3.125,2))                   # 3.12 五前为偶应舍去
print(round(3.115,2))                   # 3.12 五前为奇要进一
```

绝大多数浮点数无法精确转为二进制，会导致部分数字取舍与期望不符。例如：

```
# 0.1425计算机中存0.14250000000000002
print(round(3.1425,3))                  # 期望输出3.142,实际输出3.143
print(round(2.675,2))                   # 期望输出2.68,实际输出2.67
```

当 n 超过小数位数时，返回该数的最短表示。Python 将 12.000000 和 12.0 认为是同一个对象，所以输出时会输出其最短表示 12.0。例如：

```
print(round(3.0000,2))                  # 期望输出3.00，实际输出其浮点数的最短表示3.0
print(round(3.14,4))                    # 期望输出3.1400，实际输出3.14
```

5. max(arg1,arg2,⋯) 和 max(iterable)

从多个参数或一个可迭代对象中返回其最大值，有多个最大值时返回第一个。参数 key 可以设置比较依据。

```
print(max(80, 100, 1000))              # 80, 100, 1000这三个整数对象中 1000 最大
print(max([49, 25, 88]))               # 列表[49,25,88]是可迭代对象，最大值是88
print(max('Hello'))                    # 字符串'Hello'是可迭代对象，值最大的字符是'o'
print(max('80', '100', '9'))           # '80', '100', '9'三个字符串中最大的是'9'
print(max('80', '100', '9', key=len))  # '80', '100', '9'三个字符串中最长的是'100'
print(max('80', '100', '9', key=int))  # '80', '100', '9'三个字符串对应整数最大的是'100'
```

6. min(arg1,arg2,⋯) 和 min(iterable)

从多个参数或一个可迭代对象中返回其最小值，有多个最小值时返回第一个。

```
print(min(80, 100, 1000))              # 80、100、1000这三个整数对象中 80 最小
print(min([49,25,88]))                 # 列表[49,25,88]是可迭代对象，最小值是25
```

实例 3.6 数学四则运算。

实例说明： 用户输入两个数，编程实现简单的加、减、乘、除四则运算。数学意义上的加、减、乘、除和整除分别为符号+、-、*、/、//表示。

（1）当输入数值都是整数时，可将 input() 函数作为 int() 函数的参数，用 int(input()) 可以把输入转为整数，加、减、乘和整除计算结果均为整数，除法运算结果为浮点数。

实例代码：

```
# 输入的整数字符串转为整数
a = int(input())                       # 输入10
b = int(input())                       # 输入4
# 分5行输出和、差、积、商和整数商
print(a + b)                           # 输出14
print(a - b)                           # 输出6
print(a * b)                           # 输出40
print(a / b)                           # 输出2.5
print(a // b)                          # 输出2，整除，只保留商的整数部分
```

当需要按某种格式输出时，可以用 f-string 方法对输出进行格式化，例如想输出格式为 a + b = c 时，先把输出作为一个字符串，前面加一个字母 f，形如：f'a + b = c'，再把 a、b、c 等值会发生变化的对象放到大括号中，其他地方保持格式不变。

实例代码：

```
# 输入的整数字符串转为整数
a = int(input())                       # 输入10
b = int(input())                       # 输入4
# 带格式四则运算，输出时保留引号中的空格等全部字符
print(f'{a} + {b} = {a + b}')          # 输出10 + 4 = 14
print(f'{a} - {b} = {a - b}')          # 输出10 - 4 = 6
print(f'{a} * {b} = {a * b}')          # 输出10 * 4 = 40
print(f'{a} / {b} = {a / b}')          # 输出10 / 4 = 2.5
print(f'{a} // {b} = {a // b}')        # 输出10 // 4 = 2，整除，只保留商的整数部分
```

（2）当输入数值是浮点数时，float(input()) 将输入转为浮点数，全部运算结果均为浮点数。

实例代码：

```
# 输入的整数或浮点数字符串转浮点数
a = float(input())                     # 输入13.2
```

```
b = float(input())                     # 输入4，转为浮点数，b值为4.0
# 带格式四则运算，输出时保留引号中的空格等全部字符
print(f'{a} + {b} = {a + b}')          # 输出13.2 + 4.0 = 17.2
print(f'{a} - {b} = {a - b}')          # 输出13.2 - 4.0 = 9.2
print(f'{a} * {b} = {a * b}')          # 输出13.2 * 4.0 = 52.8
print(f'{a} / {b} = {a / b}')          # 输出13.2 / 4.0 = 3.3
print(f'{a} // {b} = {a // b}')        # 输出13.2 // 4.0 = 3.0
```

（3）若不确定输入类型，可以将input()作为eval()函数的参数，此时，若输入是整数，则转为整数，若输入为浮点数，则转为浮点数。

实例代码：

```
# 输入的整数或浮点数字符串转数字类型
a = eval(input())                      # 输入浮点数字符串'13.2'，转为浮点数，a值为13.2
b = eval(input())                      # 输入整数字符串'4'，转为整数，b值为4
# 带格式四则运算，输出时保留引号中的空格等全部字符
print(f'{a} + {b} = {a + b}')          # 输出13.2 + 4 = 17.2
print(f'{a} - {b} = {a - b}')          # 输出13.2 - 4 = 9.2
print(f'{a} * {b} = {a * b}')          # 输出13.2 * 4 = 52.8
print(f'{a} / {b} = {a / b}')          # 输出13.2 / 4 = 3.3
print(f'{a} // {b} = {a // b}')        # 输出13.2 // 4 = 3.0
```

（4）round(num, n) 可以把num近似保留小数点后n位，小数有效数字少于n位时，舍去末尾无意义的 0，保留浮点数的最短表示。在f-string的大括号中用“:.nf”可以精确控制输出保留小数点后n位，末尾为0时也正常保留并输出。

实例代码：

```
# 输入的整数或浮点数字符串转浮点数
a = float(input())                            # 输入13.2
b = float(input())                            # 输入4，转为浮点数，b值为4.0
# 精确保留小数点后n位，不足n位按实际有效数字输出
print(f'{a} / {b} = {round(a / b, 2)}')       # 输出13.2 / 4.0 = 3.3
# 精确保留小数点后n位，不足n位补0
print(f'{a} / {b} = {a / b:.2f}')             # 输出13.2 / 4.0 = 3.30
```

3.1.5 math 模块及其应用

在数学运算之中，除了加、减、乘、除运算之外，还有其他更多的运算，如乘方、开方、对数运算等。要实现这些运算，可以使用Python 中的math模块。

模块（module）是Python 中非常重要的组成，可以将其理解为 Python 的扩展工具，可提供面向特定领域或方向的程序功能。Python 安装好之后，内置的、不需要额外安装就可以使用的一些模块称为标准库，Python中库着重强调其功能性，具有某些功能的模块和包都可以称作库，所以导入模块也经常称为导入库。

1. 模块导入

Python 中导入模块的方法有两种。下面以导入math模块，并调用其中的常数 pi 和开平方函数 sqrt()为例介绍这两种方法。

（1）导入模块名：此时，程序可以调用模块名中的所有函数。语法表示如下：

```
import <模块名>
```

调用模块中函数时，需要在函数名前加模块名，明确指出函数所在模块的名称。格式如下：

```
import math                       # 导入 math 模块,引用时函数名前加 math.

radius = 5
area = math.pi * radius ** 2      # 用 math.pi的值，计算半径为5的圆面积
print(math.pi)                    # 输出 math 模块中的 pi 值 3.141592653589793
print(area)                       # 输出圆的面积 78.53981633974483
```

（2）直接导入模块中的函数：可以同时引用多个函数，各函数间用逗号分隔，也可以用通配符“*”导入该模块中的全部函数。语法表示如下：

```
# 导入模块中的多个函数，用逗号分隔
from <模块名> import <函数名，函数名,...，函数名>

# 导入模块中所有函数
from <模块> import *              # * 是通配符，代表全部函数
```

此时，调用该模块的函数时不需要指明函数所在模块的名称。

```
from math import pi,sqrt          # 导入math中的常数pi和sqrt()函数
# from math import *              # 导入math中所有函数,引用时直接引用函数名

radius = 5
area = pi * radius ** 2           # 计算半径为5的圆的面积
print(pi)                         # 输出math中pi值3.141592653589793
print(area)                       # 输出圆的面积78.53981633974483
print(sqrt(5))                    # 输出 5 的平方根2.23606797749979
```

一般程序较简单时，只导入一个模块或所引用的函数仅在一个库中存在时，两种方法都可以使用。当编写的程序较复杂、引用多个模块时，可能在多个模块中存在同名函数，而这些同名函数功能可能不同。这时建议使用第一种方法，明确指出所引用的函数来自哪个模块，以免出现错误。

2. math 模块主要函数

math 模块中包括 26 个数论与表示函数、10 个幂函数和对数函数、9 个三角函数、6 个双曲函数、2 个角度转换函数、4 个特殊函数和 5 个常数。这些函数一般都是对 C 语言库中同名函数进行简单封装，仅支持整数和浮点数，不支持复数运算。如果需要复数支持，可以使用 cmath 模块。

数论与表示函数见表 3.4。

表 3.4　数论与表示函数

序　号	函　数	描　述
1	math.ceil(x)	返回 x 的向上取整，即大于或等于 x 的最小的整数
2	math.comb(n, k)	返回不重复且无顺序地从 n 项中选择 k 项的方式总数
3	math.copysign(x, y)	返回一个基于 x 的绝对值和 y 的符号的浮点数
4	math.fabs(x)	返回 x 的绝对值
5	math.factorial(n)	返回非负整数 n 的阶乘
6	math.floor(x)	返回 x 的向下取整，小于或等于 x 的最大整数

续表

序 号	函 数	描 述
7	math.fma(x, y, z)	融合乘加运算，返回 (x * y) + z，比直接表达式 (x * y) + z 更精确（在 3.13 版中添加）
8	math.fmod(x, y)	返回由 C 库定义的模运算
9	math.frexp(x)	以 (m, e) 对的形式返回 x 的尾数和指数。m 是一个浮点数，e 是一个整数
10	math.fsum(iterable)	返回可迭代对象中各项的和精确浮点值
11	math.gcd(*integers)	返回给定的整数参数的最大公约数，如果所有参数为零，则返回值为 0。不带参数的 gcd() 返回 0
12	math.isclose(a, b, *, rel_tol=1e-09, abs_tol=0.0)	若 a 和 b 的值比较接近则返回 True，否则返回 False
13	math.isfinite(x)	如果 x 既不是无穷大，也不是 NaN，则返回 True，否则返回 False
14	math.isinf(x)	如果 x 是正或负无穷大，则返回 True，否则返回 False
15	math.isnan(x)	如果 x 是 NaN（不是数字），则返回 True，否则返回 False
16	math.isqrt(n)	返回非负整数 n 的整数平方根，就是对 n 的实际平方根向下取整
17	math.lcm(*integers)	返回给定的整数参数的最小公倍数。如果参数之一为零，则返回值为 0。不带参数的 lcm() 返回 1
18	math.ldexp(x, i)	返回 x * (2**i)，基本上是函数 frexp() 的反函数
19	math.modf(x)	返回 x 的小数和整数部分，两个结果都带有 x 的符号并且是浮点数
20	math.nextafter(x, y)	返回 x 趋向于 y 的最接近的浮点数值，如果 x 等于 y 则返回 y
21	math.perm(n, k=None)	返回不重复且有顺序地从 n 项中选择 k 项的方式总数
22	math.prod(iterable, *, start=1)	计算输入的 iterable 中所有元素的积。积的默认 start 值为 1
23	math.remainder(x, y)	返回 IEEE 754 风格的 x 相对于 y 的余数
24	math.sumprod(p, q)	返回两个可迭代对象 p 和 q 中值的乘积的总计值
25	math.trunc(x)	返回去除小数部分的 x，只留下整数部分
26	math.ulp(x)	返回浮点数 x 的最小有效比特位的值

幂函数与对数函数见表 3.5。

表 3.5　幂函数与对数函数

序 号	函 数	描 述
1	math.cbrt(x)	返回 x 的浮点数立方根
2	math.exp(x)	返回 e 的 x 幂，其中 e = 2.718281... 是自然对数的基数
3	math.exp2(x)	返回 2 的 x 次幂
4	math.expm1(x)	返回 e 的 x 次幂减 1。这里 e 是自然对数的基数
5	math.log(x[, base])	返回给定的 base 的对数 x，计算为 log(x)/log(base)，base 省略时返回 x 的自然对数（底为 e）
6	math.log1p(x)	返回 1+x 的自然对数（以 e 为底）

续表

序　号	函　数	描　述
7	math.log2(x)	返回 x 以 2 为底的对数，通常比 log(x, 2) 更准确
8	math.log10(x)	返回 x 以 10 为底的对数，通常比 log(x, 10) 更准确
9	math.pow(x, y)	返回 x 的 y 次幂
10	math.sqrt(x)	返回 x 的浮点数平方根

三角函数见表 3.6。

表 3.6　三角函数

序　号	函　数	描　述
1	math.acos(x)	返回以弧度为单位的 x 的反余弦值，结果在 0 到 pi 之间
2	math.asin(x)	返回以弧度为单位的 x 的反正弦值，结果在 -pi/2 到 pi/2 之间
3	math.atan(x)	返回以弧度为单位的 x 的反正切值，结果在 -pi/2 到 pi/2 之间
4	math.atan2(y, x)	以弧度为单位返回 atan(y / x)，结果在 -pi 和 pi 之间
5	math.dist(p, q)	返回 p 与 q 两点之间的欧几里得距离，以一个坐标序列（或可迭代对象）的形式给出，sqrt(sum((px - qx) ** 2.0 for px, qx in zip(p, q)))
6	math.hypot(*coordinates)	返回欧几里得范数，sqrt(sum(x**2 for x in coordinates))
7	math.sin(x)	返回 x 弧度的正弦值
8	math.cos(x)	返回 x 弧度的余弦值
9	math.tan(x)	返回 x 弧度的正切值

角度转换函数见表 3.7。

表 3.7　角度转换函数

序　号	函　数	描　述
1	math.degrees(x)	将角度 x 从弧度转换为度数
2	math.radians(x)	将角度 x 从度数转换为弧度

双曲函数见表 3.8。

表 3.8　双曲函数

序　号	函　数	描　述
1	math.acosh(x)	返回 x 的反双曲余弦值
2	math.asinh(x)	返回 x 的反双曲正弦值
3	math.atanh(x)	返回 x 的反双曲正切值
4	math.cosh(x)	返回 x 的双曲余弦值
5	math.sinh(x)	返回 x 的双曲正弦值
6	math.tanh(x)	返回 x 的双曲正切值

特殊函数见表3.9。

表 3.9 特殊函数

序 号	函 数	描 述
1	math.erf(x)	返回 x 处的误差函数
2	math.erfc(x)	返回 x 处的互补误差函数
3	math.gamma(x)	返回 x 处的伽马函数值
4	math.lgamma(x)	返回 Gamma 函数在 x 绝对值的自然对数

常量见表3.10。

表 3.10 常量

序 号	函 数	描 述
1	math.pi	数学常数 π = 3.141592653589793
2	math.e	数学常数 e = 2.718281828459045
3	math.tau	数学常数 τ = 6.283185307179586，tau 是圆周常数，等于 2π
4	math.inf	浮点正无穷大，对于负无穷大，使用 -math.inf
5	math.nan	一个浮点的“非数字”（not a number）值，要检查一个数字是否为 nan，可使用 math.isnan() 函数，而不是 is 或 ==

本章仅需要掌握常数里的 pi 和 e；数值函数里的 factorial()；幂函数里的 pow()、exp()、sqrt()；三角函数里的 sin()、cos()等常用函数。其他函数进行一般了解，在需要时通过查文档了解其用法即可。下面对部分常用的函数进行简单介绍。

（1）math.factorial(x)：返回x的阶乘，要求x为非负整数，x为负数或浮点数时返回错误。例如：

```
import math

print(math.factorial(6))        # 值为1*2*3*4*5*6，输出720
```

（2）math.gcd(*integers)：返回给定的一个或多个整数参数的最大公约数。

（3）math.lcm(*integers)：返回给定的一个或多个整数参数的最小公倍数。

例如：

```
import math

print(math.gcd(88, 44, 22))     # 输出22
print(math.gcd(0, 0))           # 输出0
print(math.lcm(44, 22, 5))      # 输出220
print(math.lcm())               # 输出1
```

（4）math.floor(x)：返回不大于x的最大整数。

（5）math.ceil(x)：返回不小于x的最小整数。

例如：

```
import math
```

```
print(math.floor(9.99))          # 向下取整，输出9
print(math.ceil(9.01))           # 向上取整，输出10
```

（6）math.exp(x)：返回 e 的 x 次幂。

（7）math.pow(x, y)：返回 x 的 y 次幂，结果为浮点数，pow(1.0, x) 和 pow(x, 0.0) 总返回 1.0。

（8）math.sqrt(x)：返回非负整数 x 的平方根。

（9）math.isqrt(x)：返回非负整数 x 的整数平方根，即对 x 的实际平方根向下取整。

例如：

```
import math

print(math.exp(2))               # 输出 e 的2次方7.38905609893065
print(math.pow(2,3))             # 输出 2 的 3 次方 8.0
print(math.sqrt(100))            # 输出 100的正数平方根 10.0
print(math.isqrt(99))            # 输出 99的整数平方根 9
```

（10）math.cos(x)：返回 x 的余弦函数，x 为弧度。

（11）math.sin(x)：返回 x 的正弦函数，x 为弧度。

实例 3.7 三角函数公式求值。

实例说明： 在两行中分别输入一个浮点数 a 和 b，根据下面公式计算 x 的值，输出结果最多保留 2 位小数：

$$x=\frac{-b+\sqrt{2a\times\sin(60)\times\cos(60)}}{2a}$$

公式中存在正余弦公式，可以用 math 库中的对应函数进行计算。需要注意的是，公式中三角函数括号中的数字是角度值，而 math 库中函数的参数要求是弧度，所以计算时要先将角度值转为弧度值，60 度的弧度值为 math.pi/3。输出结果最多保留 2 位小数，可以用函数 round(x, 2) 实现，这个函数可以保留 2 位小数，末位是 0 时，可以省略。

实例代码：

```
import math                    # 导入math模块

a = float(input())             # 输入一个浮点数a
b = float(input())             # 输入一个浮点数b
x = (-b + math.sqrt(2 * a * math.sin(math.pi / 3) * math.cos(math.pi / 3))) / (2 * a)
# math.sqrt()表示开平方，math.cos()表示余弦函数，math.sin()表示正弦函数
print(round(x, 2))          # round()函数用于四舍五入，round(x,2)表示保留两位小数
```

实例 3.8 梅钦法计算圆周率。

实例说明： 1706 年，英国人约翰·梅钦（John Machin）发明了一个用于计算圆周率值的公式：

$$\frac{\pi}{4}=4\arctan\frac{1}{5}-\arctan\frac{1}{239}$$

根据梅钦公式计算圆周率，可以利用 math 库中的函数来完成。需要注意两点：一是数学上的 arctan 函数在 math 库中的表示为 math.atan(x)；二是参数是弧度。

实例代码：

```
import math                     # 导入math模块

pi =4 * ( 4 * math.atan(1 / 5) - math.atan(1 / 239) )     # 计算pi的值
print(pi)                       # 输出pi的值3.1415926535897936
```

实例3.9 计算弓形的面积。

实例说明：如图3.1所示，AB是圆的一条弦，ABC形成一个弓形，在两行中分别输入AB和CD的长度，计算弓形的面积，结果保留小数点后2位有效数字。

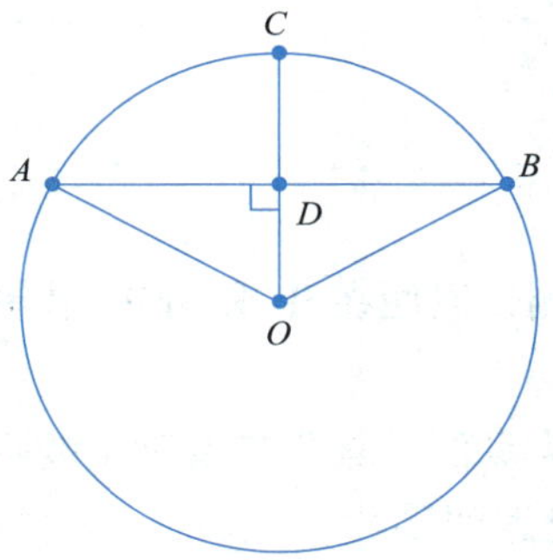

图 3.1 弓形面积示意图

提示：从图中可知

$AD = AB / 2$

$OA^2 = AD^2 + OD^2$

$OD = OC - CD = OA - CD$

代入后可得

$OA = (AD^2 + CD^2) / (2CD)$

$\sin(\angle AOB / 2) = AD / OA$

圆心角：

$\angle AOB = 2\arcsin(AD / OA)$

扇形AOB的面积为：

$area\_of\_sector = \angle AOB / (2\pi) \cdot \pi \cdot OA^2$

三角形AOB

$area\_of\_triangle = 1 / 2 \cdot OA^2 \cdot \sin(\angle AOB)$

弓形面积为扇形AOB面积减去三角形AOB面积之差：

$area\_of\_arch = area\_of\_sector - area\_of\_triangle$

因为涉及三角函数和反三角函数，很难通过笔算完成，但可以利用Python编程，借助math库中的math.sin(AOB)和math.arcsin(AD / OA)对其进行求值。

实例代码：

```
import math
```

```
ab = float(input())                      # 输入表示弦长度的浮点数，如26.4
cd = float(input())                      # 输入弓高度的浮点数，如8.7
ad = ab / 2                              # 计算半弦长
oa = (ad ** 2 + cd ** 2) / (2 * cd)      # 计算半径
aob = 2 * math.asin(ad / oa)             # 计算圆心角，注意反正弦函数的写法
area_of_sector = aob / (math.pi * 2) * math.pi * oa ** 2 # 拱形所在扇形的面积
area_of_triangle = 1 / 2 * oa * oa * math.sin(aob)       # 三角形面积
area_of_arch = area_of_sector - area_of_triangle         # 拱形面积
print(f'{area_of_arch:.2f}')             # 输出拱形面积，保留两位小数165.70
```

Python支持逻辑值检测、布尔运算、比较运算、成员运算等运算形式，下面分别介绍这几种运算。

3.2 逻辑值检测

任何对象都可以进行逻辑值检测，以便在if或while语句中作为条件或者下文所述布尔运算的操作数来使用。

一般对象在默认情况下均被视为真值，除非当该对象被调用时其所属类定义了bool()方法且返回False，或者定义了len()方法且返回零。

下面本完整地列出了会被视为假值的内置对象，除以下几种情形之外的对象逻辑值均为True：

1. 定义常量为None或者False

None是一个特殊的常量，起到空的占位作用，它有自己的数据类型NoneType。None不是False、0、空字符串。

2. 任何数值类型的0

任何数值类型的0包括0、0.0、0j、Decimal(0)、Fraction(0, 1)，这些值为0的对象的逻辑值均为False。

3. 空序列和多项集对象

空序列和多项集对象包括空序列、空字典、空集合、空对象等，如()、[]、{}、set()、range(0)等，这些对象的长度len()均为0，其逻辑值为False。

```
print(bool(0))            # 整数0，False
print(bool(0.0))          # 浮点数0.0，False
print(bool(''))           # 空字符串，False
print(bool(()))           # 空元组，False
print(bool([]))           # 空列表，False
print(bool({}))           # 空字典，False
print(bool(None))         # None类型，False
print(bool(False))        # False
```

3.3 布尔运算

布尔运算符也称为逻辑运算符，包括and（与）、or（或）、not（非）运算，见表3.11。

表 3.11 布尔运算符

运 算 符	表 达 式	功能描述
or	x or y	首先对表达式 x 求值，如果值为 True 则返回 x 的值，否则对表达式 y 求值并返回其结果值
and	x and y	首先对表达式 x 求值，如果值为 False 则返回 x 的值，否则对表达式 y 求值并返回其结果值
not	not x	表达式 x 值为 False 时返回 True，否则返回 False

在执行布尔运算或当表达式被用于流程控制语句时，False、None、各种 0、空序列和多项集对象会被解析为 False，所有其他值都会被解析为 True。

例如：

```
print(10 and 'hello')     # 输出 hello，非空字符串，布尔值为True
print(10 or 'hello')      # 输出整数 10，非0，布尔值为True
print(10 or '')           # 输出整数 10，非0，布尔值为True
print(10 and '')          # 输出''，空字符串，布尔值为False
```

逻辑运算符 or、and 和 not 中，not 优先级最高，or 最低，按优先级升序排序为 or < and < not。and 和 or 都是短路运算符，只有在第一个参数为假值时才会对第二个参数求值。当布尔运算符左侧的表达式已经可以决定布尔运算的结果时，该语句之后的所有代码都不会被执行。短路特性可以有效地提高效率，把容易判断、计算量较小的表达式或能对进入右侧的数据进行筛选的运算放在逻辑运算符的左侧，可以减少不必要的运算，提高程序执行效率。

实例 3.10 筛选回文数。

实例说明： 回文数是指其逆序后与该数字本身相同的数字，如 11、191 和 19891 等。筛选 20000 以内的数字，若某数字的阶乘能被 7 整除且是回文数，则输出这些数字。

回文数字可以用 str(num)==str(num)[::-1] 判定，阶乘可以用 math 模块中的 factorial(num) 函数计算，同时满足题目中两个条件的情况可以 and 运算表达式实现，可以先判定是否是回文数字再判定其阶乘是否能被 7 整除，也可以反过来，先判定其阶乘能否被 7 整除，再判定是否是回文数字。

两种方法都正确，但由于条件判定的顺序不同，执行效率会有所不同。两种实现方法的表达式代码如下：

```
str(num) == str(num)[::-1] and math.factorial(num) % 7 == 0
math.factorial(num) % 7 == 0 and str(num) == str(num)[::-1]
```

考虑到回文数的判定不需要循环，计算量小；阶乘需要循环，计算量大，且回数字数量远少于 20000，将回文数字判定放在 and 前面，仅当 str(num)==str(num)[::-1] 的值为 True 时，或者说只有在当前数字是回文数字时才进行阶乘计算和取模计算，减少不是回文数字时不必要的阶乘计算，可提高效率近百倍。

实例代码：

```
import math

for num in range(20000):
    if str(num) == str(num)[::-1] and math.factorial(num) % 7 == 0:
        print(num, end='')
```

在同一个表达式中同时出现 and 、or 和 not 时，由于 not 优先级最高，or优先级最低，先对not后面的对象的布尔值取反，再根据 and 两侧的表达式做与运算，得到的结果再与or另一侧的表达式进行运算。建议用加小括号的方法明确顺序，这样可以更准确地表达逻辑顺序，同时提高程序的可读性和易维护性。

布尔运算可放到 if 或 while 后面的条件表达式中，根据真值测试的结果决定是否执行分支下的语句。也可放到赋值语句中，将布尔运算的结果赋值给前面的变量。

实例 3.11 输出年龄。

实例说明： 用户输入自己的年龄并输出“你的年龄是**”。若用户在输入年龄时不输入任何字符，直接按【Enter】键，则输出“你的年龄是保密”。这个问题可以用分支语句实现。

实例代码：

```
age = input()              # 输入年龄，input()返回的是str类型
if age == '':              # 如果输入的是空字符串，执行下行缩进中的语句
    print(f'你的年龄是保密')
else:                      # 否则执行下行缩进中的语句
    print(f'你的年龄是{age}')
```

这个问题也可以用输入函数与字符串“保密”做布尔运算的结果用于赋值来实现。下述语句中，当input()函数接收到非空输入时，值为True，将接收到的字符串赋值给变量age；若直接按【Enter】键，接收到空字符串，字符串的逻辑值为False，此时布尔运算的值为or右侧的“保密”，将“保密”赋值给左侧的变量。利用布尔运算，将原来的5行代码的功能用2行代码实现，提升了开发效率，也使得代码更简洁。

```
age = input() or '保密' # 有输入时age得到输入的年龄
# 直接按【Enter】键时，input()接收到空字符串，空字符串为False，布尔运算结果是右侧的'保密'
print(f'你的年龄是{age}')
```

3.4 比较运算

比较运算符用于比较两个值，并确定它们之间的关系，结果是逻辑值True或False。

Python 中有 8 种比较运算，见表3.12。

表 3.12 比较运算表

类　型	符　号	语　义
一致性比较	==、!=	等于、不等于
次序比较	<、<= >、>=	严格小于、小于或等于； 严格大于、大于或等于
标识号比较	is is not	当且仅当 x 和 y 是同一对象时 x is y 为真，即当x和y的类型、值和id均相同时为True

比较运算符的优先级相同，比布尔运算优先级高。比较运算符可以连续使用，例如，x < y <= z 相当于同时满足条件 x < y 和 y <= z，可写为两个比较运算与布尔运算的组合，即 x < y and y <= z。

实例 3.12 判定成绩是否合格。

实例说明： 输入一个表示百分制成绩的整数，成绩不小于60分时为及格，根据输入输出考试是否及格。

百分制的成绩暗含了一个约束，输入的合法成绩应该是大于0且小于100的整数。因用户输入的未必是合法的成绩，所以在设置条件时，及格成绩的判定条件应该是60 <= score <= 100表示60 <= score and score <= 100，不及格的成绩的判定条件应该是if 0 <= score < 60。

实例代码：

```
score = int(input())                # 输入一个表示考试成绩的整数
if 60 <= score <= 100:              # 等价于if 0 <= score and score <= 100
    print('考试及格')
if 0 <= score and score < 60:       # 等价于if  0 <= score < 60
    print('考试不及格')
```

实例 3.13 判断是否构成三角形。

实例说明： 输入3个数a、b、c，判断能否以它们为3个边长构成三角形。若能构成三角形则输出Yes，否则输出No。

实例代码：

```
a = float(input())
b = float(input())
c = float(input())
# 三角形判定条件:边都为正数，任意两边之和大于第三边，有一条不满足就不能构成三角形
if a <= 0 or b <= 0 or c <= 0 or (a + b) <= c or (a + c) <= b or (b + c) <= a:
    print('No')
else:       # 其他情况都可以构成三角形
    print('Yes')
```

运用数字运算函数简化程序：

```
a = float(input())
b = float(input())
c = float(input())
shortest = min(a, b, c)                             # 获得最短边长度
longest = max(a, b, c)                              # 获得最长边长度
middle = sum([a, b, c]) - shortest - longest        # 计算第三边长度
# 若最小边为负值或长边小于等于其他两边之和，则不能构成三角形
if shortest <= 0 or shortest + middle <= longest:
    print('No')
else:
    print('Yes')
```

3.5 成员运算

运算符 in 和 not in 用于成员运算，检测in前面的对象是否在in后面的对象中存在，语法表示为：

```
obj [not] in sequence
```

sequence 可以是字符串，列表、元组、range、字典、集合等类型，如果 obj 是 sequence 的成员，即 obj 在 sequence 的元素中存在，则 obj in sequence 值为 True，否则为 False。当 sequence 为字典类型时，检测目标对象是否在字典的键中存在。

实例 3.14 判断字符类型。

实例说明：输入一个字符，判定是小写字母还是数字。

实例代码：

```
letter = input()                                # 输入一个字符，如'c','6'
lowercase = 'abcdefghijklmnopqrstuvwxyz'# 所有小写字母的字符串
if letter in lowercase:                         # 成员测试，输入字符在小写字母字符串中存在时
    print(f'{letter}是小写字母')                 # 输出:c是小写字母
if letter in '0123456789':                      # 成员测试，输入字符在数字字符串中存在时
    print(f'{letter}是数字')                     # 输出: 6是数字
```

3.6 运算优先级

运算符的优先级描述见表 3.13。

表 3.13 运算符的优先级（由高到低排列）

序　号	运 算 符	描　述
1	()、[]、{}	括号表达式，元组、列表、字典、集合
2	x[i],x[m:n]	索引、切片
3	**	幂运算
4	+x、-x	正、负
5	*、/ 、//、%	乘法、除法、整除与取模
6	+ 、-	加法与减法
7	in、not in、<、<=、>、>=、!=、==、is、is not	比较运算、成员运算和标识符测试
8	not x	逻辑非
9	and	逻辑与运算符
10	or	逻辑或运算符
11	if...else	条件表达式
12	lambda	lambda 表达式
13	:=	赋值表达式

例如：

```
print(4 * 2 ** 3)       # 先幂运算，再计算乘法，输出32
print(3 + 4 * -2)       # 2先取反、与4相乘，再做加法，输出-5
print(3 + 4 * 2 / 2)    # 先计算乘除法，除法运算结果为浮点数，输出7.0
```

括号的优先级最高，可以强制表达式按照需要的顺序求值。可以通过加入小括号的方法提

供弱优先级的优先执行。加了括号，无须比较哪个优先级更高，使程序和表达式更加易于阅读和维护。

实例 3.15 身份验证。

实例说明： 模拟用户登录某系统的行为，系统里有root和admin两个用户名，密码均为NoPassword。用户输入用户名和密码，当用户名为root和admin之一，且密码为NoPassword时，显示“登录成功”，否则显示“登录失败”。

实例代码：

```
user_name = input()      # 输入用户名字符串
password = input()       # 输入密码字符串
# 分别验证两个用户的用户名和密码是否正确，or 两边的条件只要有一个为真，整个表达式就为真
if (user_name == 'admin' and password == 'NoPassword') or (user_name == 
'root' and password == 'NoPassword'):
    print("登录成功")
else:
    print("登录失败")
```

也可以先分别验证两个用户的用户名是否正确，再验证密码是否正确。验证用户名时，or两边的条件只要有一个为真，就可以通过用户名的验证，再验证密码是否正确，and 两边条件要同时满足才能通过验证。例如：

```
user_name = input()      # 输入用户名字符串
password = input()       # 输入密码字符串

if (user_name == 'admin' or user_name == 'root') and password == 'NoPassword':
    print("登录成功")
else:
    print("登录失败")
```

此时括号不可去掉，若没有括号，因or 运算优先级低于and运算，表达式的逻辑变成了user_name == 'admin' or (user_name == 'root' and password == 'NoPassword')，此时，若用户名为'admin'时，or 左边结果为True，则触发短路，略过右侧的表达式的运算，即会跳过密码验证，使错误密码也可以进入系统。

小结

本章介绍了数值运算、逻辑值检测、布尔运算、比较运算、成员运算等常用运算和运算优先级。要求掌握用 int() 和 float() 函数将输入的数值字符串转为数值类型的方法，掌握常用的数学运算方法和应用 math 库中的主要函数进行数学运算的方法。

实训

实训要求： 计算不同类型的几何图形的面积、表面积和体积等数值，每种图形单独用一个程序实现。

每个程序输入一种几何图形的主要参数用于计算，结果保留3位小数。例如：输入长和宽，计算矩形的周长和面积；输入半径，可计算圆的周长、面积，球的体积和表面积；输入底面半径和高，可计算圆柱体和圆锥体的体积和表面积。尝试编程计算你了解的尽可能多的几何形状的这些数值。

第 4 章 函数

本章主要介绍函数的定义、调用和返回值。重点讲授按位置传递的函数的定义和调用方法，简要介绍函数变量的作用域、递归和匿名函数的基本用法。

思维导图

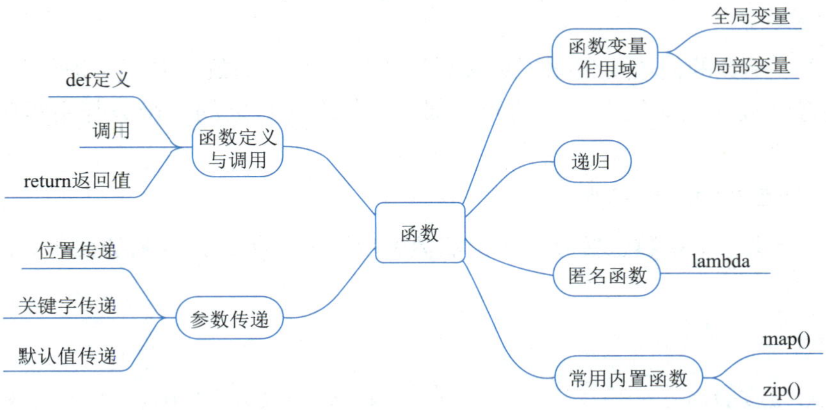

4.1 函数定义与调用

在程序设计中，函数是指用于进行某种计算或具有某种功能的一系列语句的名称组合。前面学习中经常用到的input()、print()等都是函数，这些函数把输入、输出功能语句封装并通过一个函数名提供给用户使用。用户在用到这些功能时，不需要再重复编写代码来实现，直接通过函数的调用和参数的传递来实现相关的功能。

当问题复杂性提高后，若把所有代码都写在一起，其编码实现、阅读和维护将会变得非常困难。一个比较好的方法是先把问题分解为若干简单的子问题，再将每个子问题编写成一个函数，以降低编程难度和逻辑复杂度，提高程序的可读性、可重用性。

Python中的函数必须具有一个名字、0个或多个参数、一组程序语句组成的函数体，函数返回值可有可无，函数定义时一般要求有文档注释。定义函数时，需要明确指定函数名称、可接受的参数以及实现函数功能的程序语句。函数定义格式如下：

```
def 函数名([参数列表]):
    """文档注释"""
    函数体语句
    return 返回值
```

其中，def是用于函数定义的关键字，该语句必须以半角冒号（:）结束，def后面是函数名。函数名必须由字母、下画线和数字组成，要求符合标识符命名规范，不能是关键字，也不能以数字开头。建议函数名要有一定的语义，能够简单说明函数的功能。函数名一般应该为小写，需要用多个单词时，可以将单词首字母大写或用下画线分隔单词以增加可读性，如add_number、find_number等。函数名后跟一个小括号，括号里面为0个或多个参数。

函数体是实现函数功能的一条或多条程序语句，相对于def 关键字要缩进一档。规范的写法，函数体内要写文档注释。文档注释作为函数中的第一条语句用三对双引号引起来。文档注释的内容主要包括该函数的功能、可接受参数的个数和数据类型、返回值的个数和类型等。

定义函数时希望可以将函数的处理结果返回给调用处进行更进一步的处理，此时可以使用return语句向外提供该函数的处理结果。函数的返回值语句由return 关键词开头，返回值没有类型限制，也没有个数限制。当函数返回值为多个时，以元组形式返回；当返回值个数为0 时，返回None。

Python程序中函数的使用要遵循先定义后调用的规则，函数的调用必须位于函数定义之后，一般的作法是将函数的定义放在程序的开头部分，每个函数之间、函数与主程序之间各留一个空行。

实例 4.1 计算圆的面积函数。

实例说明： 定义一个函数，接收一个浮点数表示圆的半径，计算圆的面积并返回。

实例代码：

```
import math

def circle_area(r):                          # 函数定义语句与参数，参数r值来自radius
    """接收圆的半径，计算并返回圆形的面积""" # 文档字符串（文档注释）
    area= math.pi * r ** 2                   # 返回圆的面积
    return area

radius = float(input())                      # 输入圆的半径，例如5.6
area = circle_area(radius)                   # 调用函数计算圆面积，radius值传递给函数中的r
print(f"圆形的面积为：{area:.2f}")           # 圆形的面积为：98.52
```

一般情况下，无返回值的函数其处理结果应该以其他形式呈现。例如，用print() 直接在函数中进行输出，或利用绘图语句直接绘制图形。返回值是多个时，默认以元组形式返回。return语句是函数在调用过程中执行的最后一条语句，每个函数可以有多条return 语句，但在执行过程中，只能有一个被执行到。一旦某条return 语句被执行，函数调用即结束，将返回值返回给调用函数的位置。一般来说，多个return语句需要与分支语句结合使用。

程序中定义的函数只有在被调用时才运行。定义好的函数可以通过名字来进行调用，函数被调用时，括号里要给出与函数定义时数量相同的参数，这些参数称为实际参数，调用时传入的参数必须具有确定的值，这些值会被传递给函数定义中的形式参数，相当于一个赋值的过程。

另一种更常用的方法是，将输入、输出和函数调用的语句写在 if __name__ == '__main__': 分支语句下面。if __name__ == '__main__':语句的作用就是控制执行代码的过程，当代码文件作为脚本直接执行时其“__name__”的值为“__main__”，if语句中比较运算的结果为True，此时执行该分支下面的代码。当这个文件被其他程序用 import 导入时，if __name__ == '__main__': 语句下面的代码块不会被执行，屏蔽位于if分支下的输入、输出和函数调用等功能，只使用其中定义的函数。在PyCharm中，输入main就会有自动补全的提示，按【Enter】键便可完成此分支语句的输入。代码如下：

```
import math

def circle_area(r):                             # 函数定义语句与参数
    """接收圆的半径，返回并返回圆形的面积"""         # 文档字符串（文档注释）
    return math.pi * r ** 2                     # 计算圆形的面积

if __name__ == '__main__':                      # 判断是否在主程序中运行
    radius = float(input())                     # 输入圆的半径，例如5.6
    area = circle_area(radius)                  # 调用函数计算圆面积
    print(f"圆形的面积为：{area:.2f}")            # 圆形的面积为：98.52
```

当代码中的函数和方法可能会被其他程序调用时，一般建议使用这种模式，使代码既可以作为单独的程序直接运行，又可以作为模块导入到其他程序中。

1. 无参无返回值函数

函数定义时无参数，也无返回值。一般在函数内部会有输出语句或绘图语句，函数的返回值是None。在调用函数时不需要使用赋值语句或者print() 函数。

实例4.2 输出“人生苦短，我用Python”

实例说明： 定义一个函数，无参数和返回值，函数的功能是在两行里用中英文分别输出“Life is short,you need Python”和“人生苦短，我用Python”。

实例代码：

```
def you_need_python():                          # 函数名用小写字母单词组合
    """无参数，作用是分别在两行用英文和中文输出'人生苦短，我用Python'，函数没有返回值"""
    print('Life is short,you need Python')      # 输出：'Life is short,you need Python'
    print('人生苦短，我用Python')                  # 输出：'人生苦短，我用Python'
you_need_python()                               # 调用函数，无参数，函数无返回值时
                                                # 调用时不需输出语句
```

2. 无参有返回值函数

定义函数时有返回值，调用函数时需要使用print() 函数输出，也可以赋值语句为函数返回值命名，以便重复使用。例如：

```
def you_need_python():                          # 函数名用小写字母
    """无参数，函数返回值为字符串'人生苦短，我用Python'"""
    return '人生苦短，我用Python'                   # 返回处理结果给调用函数处
you_need_python()                               # 直接调用时无输出
```

```
print(you_need_python())            # 需要用print()输出返回值"人生苦短，我用Python"
```

3. 有参无返回值函数

定义函数时有几个参数，调用时要按对应顺序传递几个参数，函数体内直接输出处理结果。若无返回值语句，则调用函数时不需要使用print()函数输出。

实例 4.3 计算并输出球的表面积。

实例说明： 定义一个函数，接收一个浮点数参数r表示球的半径，函数的功能为计算并输出以r为半径的球的表面积，函数无返回值。

实例代码：

```
import math

def sphere_surface_area(r):
    """
    接收球的半径，计算并输出球的表面积
    参数：r — 球的半径
    无返回值，函数中直接输出球的表面积
    """
    area = 4 * math.pi * r ** 2
    print(f"球的表面积为：{area:.2f}")    # 打印计算结果，球的表面积为：394.08

radius = float(input())                   # 输入球的半径，如5.6
sphere_surface_area(radius)               # 调用函数计算球的表面积
```

4. 有参有返回值函数

定义函数时有几个参数，调用时就要按对应顺序传递几个参数。若定义函数时有返回值，调用函数时一般需要使用print()函数输出。

```
import math

def sphere_surface_area(r):
    """
    接收球的半径，计算并返回球的表面积
    参数：r 球的半径，返回值：球的表面积
    """
    return 4 * math.pi * r ** 2

radius = float(input())                   # 输入球的半径，如5.6
area = sphere_surface_area(radius)        # 调用函数计算球的表面积
print(f"球的表面积为：{area:.2f}")         # 打印计算结果，球的表面积为：394.08
```

函数可以有多条返回值语句，但只能执行到其中一条。执行完return语句后，程序就会结束函数的调用，所以当函数有多条返回值语句时，一般放到不同的分支下面，满足不同的条件时，执行不同分支语句下面的返回值语句。

5. 多参数多返回值函数

定义函数时可以有多个参数，调用时可以要按对应顺序传递几个参数。函数有多个返回值时，用一个return以元组形式返回，表示元组的括号可以省略。

实例4.4 计算并输出球的表面积和体积。

实例说明：定义一个函数，接收一个浮点数参数r表示球的半径，函数的功能为计算并返回球的表面积和体积。

实例代码：

```
import math

def sphere_properties(r):
    """
    接收球的半径，计算并返回球的表面积和体积
    参数：r -- 球的半径；返回值：返回输出球的表面积和体积
    """
    surface_area = 4 * math.pi * r ** 2      # 计算球的表面积
    volume = 4 / 3 * math.pi * r ** 3        # 计算球的体积
    return surface_area, volume              # 返回2个计算结果

r = float(input())                           # 输入球的半径和圆周率，如 5.6
# 调用函数计算球的表面积和体积，函数返回值同步赋值给变量s和v
s,v = sphere_properties(r)                   # 调用函数,返回2个计算结果
print(f"球的表面积为：{s:.2f}")               # 球的表面积为：394.08
print(f"球的体积为：{v:.2f}")                 # 球的体积为：735.29
```

4.2 参数传递

当函数的定义中存在多个参数时，其参数传递形式常用的有5种：位置传递、关键字传递、默认值传递、包裹传递和解包裹传递，前3种参数传递方式应用较广泛，本节主要介绍这3种。

4.2.1 位置传递

位置固定，参数传递时按照形式参数定义的顺序提供实际参数。其优点是使用方便；缺点是当参数数目较多时，函数调用容易混淆。

实例4.5 计算并输出圆锥的表面积和体积。

实例说明：定义一个函数，接收圆锥的底面半径、高和圆周率，返回圆锥的表面积和体积。

实例代码：

```
import math

def cone(radius, height, pi):                        # radius, height, pi 分别赋值
                                                     # 为r, h和math.pi
    """接收圆锥的底面半径、高和圆周率，返回圆锥的表面积和体积，圆锥的表面积计算公式为：
S=π*r**2+π*r*l，l为圆锥母线；圆锥的体积计算公式为：V=1/3*(pi*r*r*h)，h为圆锥的高"""
    generatrix = (radius ** 2 + height ** 2) ** 0.5  # 母线长度
    area = pi * radius * (radius + generatrix)       # 表面积
    volume = 1 / 3 * pi * radius ** 2 * height       # 体积
    return area, volume                              # 返回表面积与体积

r = 8                                                # 底面半径
```

```
h = 4.5                                           # 高
s, v = cone(r, h, math.pi)                        # 返回的area、volume分别赋值给s、v
print(f'圆锥的表面积为{s:.2f}, 体积为{v:.2f}')      # 圆锥的表面积为431.75, 体积为
                                                  # 301.59
```

在调用cone()函数时，r、h和math.pi的值，按顺序赋值给变量radius、height、pi，或者在函数内部创建与 r、h和math.pi等值的3个对象，分别绑定 radius、height、pi这3个标签名，在函数内部用这3个名字访问对象。

4.2.2 关键字传递

在调用函数时，提供实际参数对应的形式参数名称，根据每个参数的名称传递参数，关键字并不需要遵守位置的对应关系。其优点是明确实际参数和形式参数的对应关系，参数书写顺序更灵活；缺点是增加了函数调用时的代码书写量。

```
import math

def cone(radius, height, pi):
    """接收圆锥的底面半径和高，返回圆锥的表面积和体积，
    圆锥的表面积计算公式为：S=π*r**2+π*r*l，l为圆锥母线；
    圆锥的体积计算公式为：V=1/3*(pi*r*r*h)，h为圆锥的高"""
    generatrix = (radius ** 2 + height ** 2) ** 0.5  # 母线长度
    area = pi * radius * (radius + generatrix)       # 表面积
    volume = 1 / 3 * pi * radius ** 2 * height       # 体积
    return area, volume                              # 返回表面积与体积的元组

r, h = 8, 4.5                                        # 可同步赋值底面半径和高
s, v = cone(height=h, pi=math.pi, radius=r)          # 显式赋值，顺序与位置无关
print(f'圆锥的表面积为{s:.2f}, 体积为{v:.2f}') # 圆锥的表面积为431.75, 体积为301.59
```

关键字传递和位置传递混用时，按位置传递的参数要出现在按关键字传递的参数前面，否则，编译器无法明确知道除关键字以外的参数出现的顺序。

4.2.3 默认值传递

在定义函数时，可以使用形如 pi = 3.14 的方式给参数赋予默认值。在调用函数时，如果该参数得到传入值，按传入值进行计算，否则使用默认值。其优点是可以降低调用函数的难度。

默认值参数必须放在必选参数之后。当函数的参数有多个时，默认值参数必须在后面，非默认值参数在前面，一旦出现了带默认值的参数，后面的其他参数都必须带默认值。例如：

```
import math

def cone(radius, height, pi=3.14):
    """接收圆锥的底面半径和高，返回圆锥的表面积和体积，
    圆锥的表面积计算公式为：S=π*r**2+π*r*l，l为圆锥母线；
    圆锥的体积计算公式为：V=1/3*(pi*r*r*h)，h为圆锥的高"""
    generatrix =(radius**2 + height**2)**0.5        # 母线长度
    area = pi*radius*(radius + generatrix)          # 表面积
    volume = 1 / 3*pi*radius**2*height              # 体积
    return area, volume                             # 返回表面积与体积
```

```
r, h = 8, 4.5                                 # 同步赋值底面半径和高
s, v = cone(r, h)                             # 不传入参数pi时，pi值取默认值3.14
print(f'圆锥的表面积为{s:.2f}, 体积为{v:.2f}')  # 圆锥的表面积为431.53,体积为301.44
s, v = cone(r, h, math.pi)                    # pi取值3.141592653589793计算
print(f'圆锥的表面积为{s:.2f}, 体积为{v:.2f}')  # 圆锥的表面积为431.75, 体积为301.59
```

默认值参数可指向不可变对象，如整型（int）、字符串（string）、浮点型（float）、元组（tuple)等，不能指向字典（dict）和列表（list）等可变对象。

4.3 函数变量作用域

变量的作用域就是指变量的有效范围，变量按照作用范围分为局部变量和全局变量。

局部变量是在函数中定义的变量，包含在def关键字定义的语句块中，依赖创建该变量的函数是否处于活动的状态，调用函数时创建，调用函数结束后销毁该变量并释放内存。其作用域是声明这个变量的函数内部，在函数外部不可以访问。

全局变量是在模块（文件）层次中定义的变量，每一个模块都是一个全局作用域。也就是说，在模块文件顶层声明的变量都是全局变量，其作用域是当前模块（文件）内，包括函数外部和函数内部。全局变量在模块（文件）运行的过程中会一直存在，占用内存空间。例如：

```
import math

def sphere_surface_area(r):
    """ 接收球的半径，计算并返回球的表面积，参数 r是球的半径，返回值为球的表面积 """
    print(4 * math.pi * radius ** 2)  # radius是全局变量，可以在函数内部直接使用
    return 4 * math.pi * r ** 2       # 利用局部变量r计算球表面积并返回给调用处

radius = float(input())               # 输入球的半径，如5.6
area = sphere_surface_area(radius)    # 调用函数计算球的表面积
print(f"球的表面积为：{area:.2f}")      # 打印计算结果，球的表面积为：394.08

print(r)  # r是局部变量，只能在函数内部使用，函数外部不能使用NameError: name 'r' is not defined
```

函数内部全局变量名出现在赋值符号左边时，系统会认为这是重新创建了一个局部变量对象，其值变为在函数体内重赋的新值，同时屏蔽外层作用域中的同名全局变量。

在函数内部的变量声明，除非特别的声明为全局变量，均默认为局部变量。当需要在函数体内声明一个可以在函数体外访问的全局变量的值时，可以使用global关键字来声明变量的作用域为全局。global的作用就是把局部变量提升为全局变量。

若全局变量值为列表等可变数据类型，当函数内部需要修改变量值时，不需要使用global关键字进行声明，直接可以使用。这是因为列表等可变数据类型的值的修改是在原内存进行的，只有显式声明才会重新创建对象。

```
def my_list():
    lsx.append(1)                # 改变全局变量lsx的值，未重新创建对象
    lsy=[2, 3, 4]                # 创建新对象[2,3,4],赋值给局部变量lsy
    print(id(lsx), id(lsy))      # 1368528877184 1368528876928
```

```
    print(lsx, lsy)              # lsx 的值为[1], lsy 的值为[2, 3, 4]

lsx,lsy = [],[]
print(id(lsx), id(lsy))          # 1368528877184 1368528800128
my_list()
print(lsx, lsy)                  # lsx 值变为[1], lsy值未变化仍为 []
```

4.4 递归

在函数内部，可以调用其他函数。如果一个函数在内部调用函数本身，这个函数就是递归函数。这个函数必须有明显的结束条件，以避免产生无限递归的情况。

递归算法是指通过将原问题重复分解为与原问题相似的规模较小的子问题而解决问题的方法。递归算法包括递去和归来两个阶段：递去是将问题分解为若干个规模较小、与原问题相同的子问题，这些子问题可以用相同的解题思路来解决；归来是当问题规模缩小到某个临界点（递归出口或终止条件）后，根据临界点的值开始逐级求解高一层的问题，使问题得到解决。

递归算法特性：

（1）必须有一个明确的递归终止条件，使递归在有限次调用后要进行回溯才能得到最终的结果。

（2）在递归的临界点应该直接给出问题的解决方案。

（3）每次进入更深一层递归时，问题规模相比上次递归都应有所减少或更接近于解。

递归的问题是可以用同样的解题思路来回答除了规模大小不同、其他完全一样的问题。例如，阶乘、Fibonacci数列、杨辉三角、汉诺塔、绘制二叉树和科赫曲线等，用递归方法来解决这类问题，可以用较少的代码完成。有递归就会有回溯，回溯算法经常用于求解组合问题、切割问题、排列问题和棋盘问题等。

实例 4.6 猴子吃桃问题。

实例说明： 猴子第一天摘下若干个桃子，当即吃了一半，又多吃了一个；第二天早上又将剩下的桃子吃掉一半，又多吃了一个。以后每天早上都吃了前一天剩下的一半再多一个，到第10天早上想再吃时，看见只剩下一个桃子。问第一天共摘了多少个桃子？

第一天摘了多少个桃子我们是不知道的，每一天都会吃掉一半并多吃一个，由此可推出前一天桃子数量是后面一天桃子数量加1之后再乘以2，即

$$x_n=(x_{n+1}+1)\times 2$$

由此可推出第2天、第3天……第10天的公式，在第10天的公式中可知$x_{10}=1$，再逆向回溯可计算第9天时桃子数量是4个（吃掉一半剩2个，再多吃一个只剩1个）、第8天时桃子数量是10个桃子，依此类推，可以计算出第一天的桃子数量。

实例代码：

```
def peach_count(days):
    """计算并返回第days天的桃子数量，参数days为天数"""
    if days == 10:                  # 如果已知桃子数量的那天，结束递归
        return 1                    # 第10天只有1个桃子是已知的
```

```
        else:                                       # 否则
            days = days + 1                         # 后面一天
            return (peach_count(days) + 1) * 2   # 递归调用函数计算桃子数量

count = peach_count(1)                              # 调用函数计算第1天的桃子数量
print(f"第一天共摘了{count}个桃子")                 # 输出结果
```

递归函数的优点是定义简单，逻辑清晰。理论上，所有的递归函数都可以写成循环的方式。用循环的方法编程求解猴子吃桃问题：

```
left = 1                                            # 第10天剩余的桃子数
for day in range(9, 0, -1):                         # 从第9天开始倒推
    left = (left + 1) * 2                           # 第day天的桃子数
print(left)                                         # 第一天的桃子数
```

递归的缺点是效率不高，而且使用递归函数需要注意防止栈溢出。Python中一般默认递归深度在1 000左右，如果程序如果递归太深，可能会因为超过系统默认的递归深度限制而触发异常。

4.5 匿名函数

匿名函数即是一个没有函数名字的临时使用的函数，在Python中使用lambda关键字创建匿名函数，通常是直接使用lambda函数，主要应用在函数式编程中。若函数只有函数定义和返回值，就可以写成匿名函数。格式如下：

```
def fun(参数列表):                                   # 参数可以是一个，也可以是多个
    return 表达式

# 可以写为
lambda 参数列表:表达式
```

例如：

```
def get_length_of_string(str):                      # 函数参数为一个字符串
    return len(str)                                 # 返回字符串长度

ls = ['hello', 'world', 'python', 'is', 'good']
# 输出列表中字符串的长度最大的单词，max()函数可用key关键字指定比较依据
print(max(ls, key=get_length_of_string))            # python
print(max(ls, key=lambda x: len(x)))                # 用匿名函数实现
```

lambda的主体是一个表达式，而不是代码块，仅能在表达式中封装有限的逻辑，不允许包含循环、条件判断等复杂的语句，最多只能用于类似条件表达式这样的三元运算。lambda函数是函数对象，可以将其赋值给变量或作为其他函数的参数来使用。在Python中，可以将一些逻辑拿到函数外面，定义一个裁减过的 lambda 函数以实现目标功能。这种方式更加高效、优雅，而且可以减少异常错误。lambda的使用可简化代码，使代码简洁清晰。

Python提供了很多函数式编程的特性，这些函数都支持函数作为参数，lambda函数可以应用在函数式编程中。例如，作为sorted()、map()、reduce()、filter()等函数的参数。

实例 4.7　列表排序。

实例说明：在进行成绩数据分析时，文件中的数据读成字符串，切分后可得到元素为字符串的列表，如['75','85','100','68','9']，根据元素的数值升序排序。

直接使用sorted()函数排序时，默认是按字符串进行比较排序，若希望根据整数值大小排序，可以使用lambda函数作为参数key的值，以冒号后面的表达式 int(x)为排序依据即可实现根据数值进行排序。

实例代码：

```
ls = ['75', '85', '100', '68', '9']      # 读成绩文件中的数据切分为元素为字符串的列表
print(sorted(ls))                       # 按字符串升序排序['100', '68', '75', '85', '9']
print(sorted(ls, key=lambda x: int(x))) # 按整数值升序排序['9', '68', '75',
                                        # '85', '100']
```

4.6 常用内置函数

Python有很多内置函数可以非常方便地解决一些问题，本节给出其中两个使用较多的内置函数map()和zip()。

map()函数可以将函数作用于可迭代对象中的每一个元素，返回一个可迭代对象。常用于将一个序列映射为另一种数据类型的序列。其语法格式如下：

```
map(function, iterable, ...)
```

第一个参数是一个函数，如int、float、str等；第二个参数是一个可迭代对象，如列表等。例如：

```
m, n = map(int, input().split())
# 根据空格切分输入为列表并将元素映射为整型，分别赋值给m、n
score = ['93', '73', '72', '64']      # 列表元素为字符串类型
print(*map(int, score))               # 可用*解包裹输出93 73 72 64
print(list(map(int, score)))          # list()转为列表输出 [93, 73, 72, 64]
print(sum(map(int, score)))           # 整数字符串映射为整数序列并求和，输出302
```

zip()函数可以组合多个可遍历对象，生成一个zip生成器。其语法格式如下：

```
zip(iter1[, iter2 [...]])
```

iter1、iter2等都是可遍历对象。采用惰性求值的方式，可以按需要生成一系列元组数据，第i个元组的数据为各可遍历对象的第i个元素组成的元组，直到所有可遍历对象中最短的元组最后一个元素组成的元组为止。zip是生成器对象，需要查看其中的数据时，可以用list()函数将其转为列表。例如：

```
city = ['上海', '北京', '深圳']
gdp = [17356.8, 16205.6]          # 列表gdp最短，元组数与gdp长度相同
rate = [-2.6, -3.2, 0.1]

detail = zip(city, gdp, rate) # 生成zip对象，可用list转为列表
print(list(detail))           # [('上海', 17356.8, -2.6), ('北京', 16205.6, -3.2)]
```

```
detail = zip(city, gdp, rate) # 再次使用需要重新创建生成器
print(*detail)    # *为解包裹('上海', 17356.8, -2.6) ('北京', 16205.6, -3.2)
```

小结

本章主要要求掌握函数的定义和调用方法，大部分函数调用时都是按位置传递参数，此时，要求调用时传递的参数数量与函数定义时的参数数量相同，传递的参数与函数定义时参数要求的类型也要一致。函数的返回值会被返回到调用处，若无return语句，则函数的返回值是None。匿名函数在后面经常用于做函数的参数，尤其是排序函数，可以在后续章节使用时再深入学习其用法。

实训

实训要求： 将第3章的实训代码重新用函数封装，每个几何形状定义一个函数，形状的基本参数由参数传递，计算结果为返回值。

第 5 章 程序流程控制

本章主要介绍程序设计中的流程控制，重点讲授分支结构和循环结构。分支语句主要是由条件控制程序的走向，由if、elif和else组合控制不同的分支类型。循环语句是由关键字for或while控制可以重复执行多次的一个语句块。break和continue可用于控制流程的跳转。此外，本章还讲授异常的捕捉和处理方法，异常处理的关键字有try、except、else和finally等。

思维导图

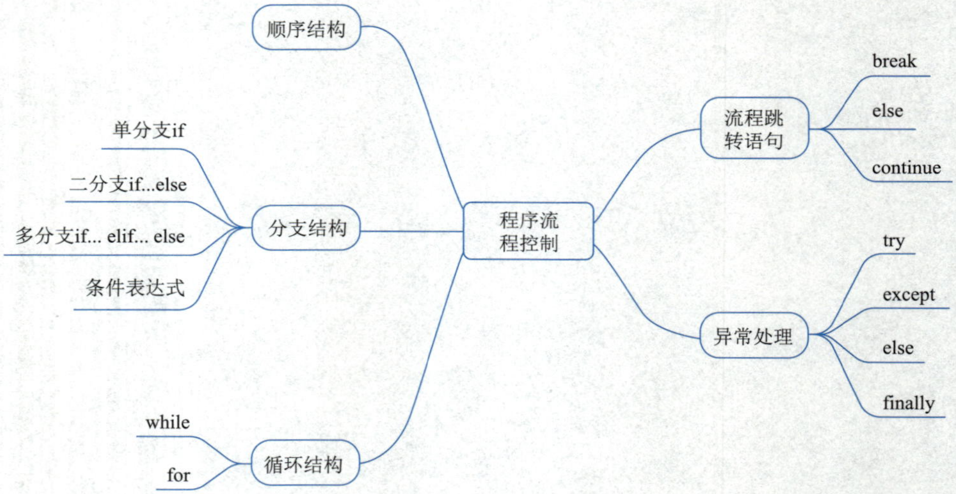

5.1 结构化程序设计

结构化程序设计是一种进行程序设计的原则和方法，其特点是只有一个入口、一个出口。按照这种原则和方法可设计出结构清晰、容易理解、容易修改、容易验证的程序。其目标是使程序具有一个合理结构，以保证和验证程序的正确性，从而开发出正确、合理的程序。结构化程序设计采用自顶向下、逐步求精的设计方法，各个模块通过“顺序、选择、循环”的控制结构进行连接。

5.2 顺序结构

顺序结构表示程序中的各操作是按照它们出现的先后顺序执行的。例如，将地球近似视为一个规则球体，根据地球的半径、密度和圆周率的数据，计算地球的体积和质量，这些语句将按从前到后的顺序依次执行。

```
radius = 6378.137                          # 地球赤道半径6378.137 km
density = 5507.85                          # 地球平均密度5507.85 kg/m³
pi = 3.141592653589793                     # 圆周率pi值
volume = 4 / 3 * pi * radius ** 3          # 计算地球体积，立方千米
print(f'地球体积约为{volume}立方千米')     # 地球体积约为1086851326519.959立方千米
weight = volume * 1000 ** 3 * density      # 计算地球质量，kg
print(f'地球质量约为{weight}千克')         # 地球质量约为5.986214078772957e+24千克
```

5.3 分支结构

分支结构表示程序的处理步骤出现了分支，它需要根据某一特定的条件选择其中的一个分支执行。通过合理地设置选择条件，使程序从起点到终点只能通过一条路径，保证程序只有一个出口。Python语言用if...elif...else关键字或其组合来选择要执行的语句，不同的组合可构成单选择、双选择和多选择3种形式。

if、elif和else是Python中分支结构的关键字，分支结构由1个if、0个或多个elif和1个或零个else组成。由这3个关键字开始的语句最后以冒号结束，同时要求其后面满足该条件时要执行的语句块缩进。同一组分支结构中的每个关键字必须要对齐。

if 和elif 子句后都有条件测试表达式，当表达式的值为真（非0数字、非空对象或True）时执行对应的语句块。else 子句后面无条件测试表达式，直接以冒号结束。

```
if 条件测试表达式1:
    语句块1
elif 条件测试表达式2:
    语句块2
elif 条件测试表达式3:
    语句块3
    …
else:
    语句块n
```

5.3.1 单分支

单分支方法是所有条件都用if语句判定，对条件值为True的情况给出处理语句。

1. 第一种单分支结构（见图5.1）

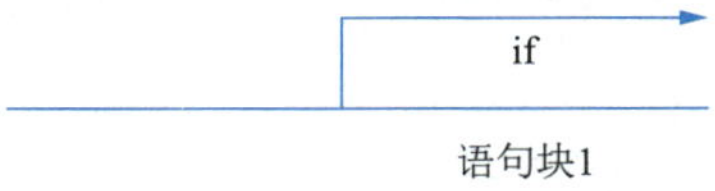

图 5.1 单分支结构（一）

例如：

```
score = int(input())
if score >= 60:                  # 若成绩大于或等于60
    print('成绩合格')
```

2. 第二种单分支结构（见图 5.2）

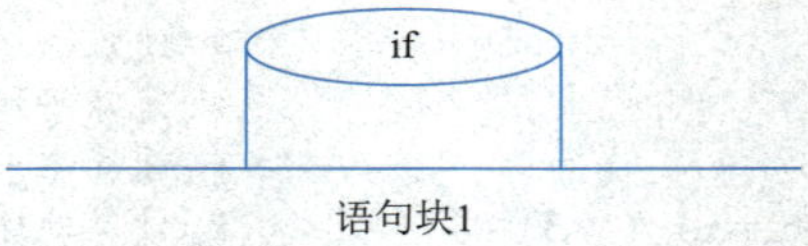

图 5.2　单分支结构（二）

例如：

```
score = int(input())
if 0<=score <= 100:              # 若成绩大于或等于0且小于或等于100
    print('成绩合格')
```

3. 第三种单分支结构（见图 5.3）

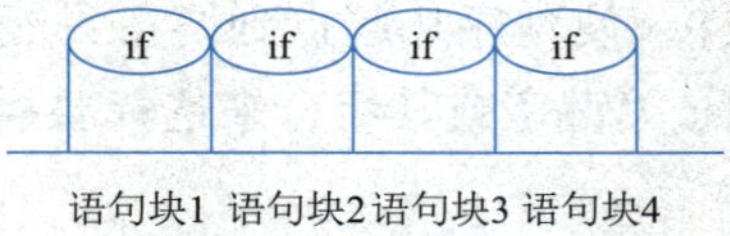

图 5.3　单分支结构（三）

例如：

```
score = int(input())
if score > 100 or score < 0:     # 不合理分数时为Data error!
    result = 'Data error!'
if 60 <= score <= 100:           # 区间为60 <= score <= 100
    result = '合格'
if 0 <= score < 60:              # 区间为0 <= score < 60
    result = '不合格'
print(result)
```

5.3.2　二分支

在单分支结构中，只对条件表达式为True的情况进行处理，忽略了表达式结果为False时的处理，有时会引入意外的错误。更多的情况是在每个if语句后面匹配一个else子句构成二分支语句，对满足if给定的条件和不满足条件两种情况分别给出处理，使程序对不同的情况都能给出反馈。

1. 第一种二分支结构（见图 5-4）

图 5.4　二分支示意图（一）

例如：

```
score = int(input())
if score >= 60:
    print('成绩合格')
else:
    print('不合格')
```

2. 第二种二分支结构（见图 5-5）

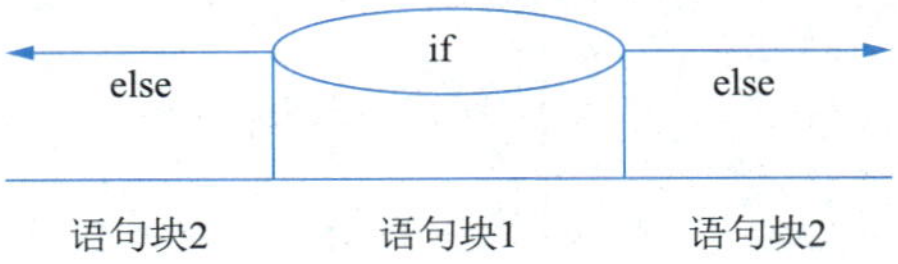

图 5.5 二分支示意图（二）

例如：

```
score = int(input())
if 0 <= score <= 100:
    print('正常成绩')
else:
    print('异常成绩')
```

3. 第三种二分支结构（见图 5-6）

图 5.6 二分支示意图（三）

例如：

```
score = int(input())
if score > 100 or score < 0:
    print('异常成绩')
else:
    print('正常成绩')
```

5.3.3 多分支结构

多分支结构用一组 if...elif...else 语句将整个区间分为若干个区间，当满足其中某一个区间的条件时，一定不会再满足后续的其他条件，程序即终止判定，所以用这种方法编写程序时，若区间设置正确，可保证只能有一种处理和一个出口。其基本结构如图 5.7 所示。

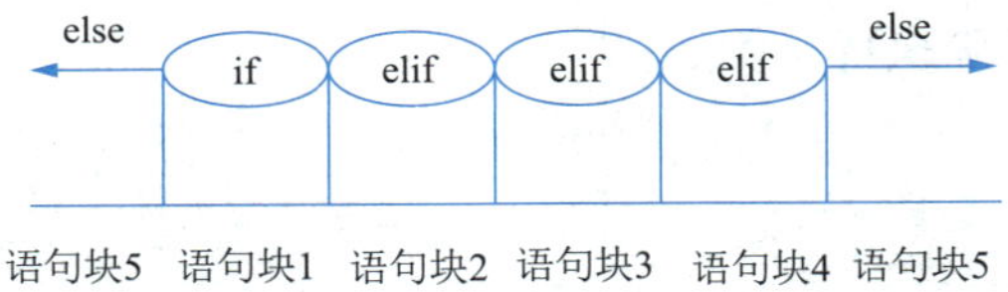

图 5.7 分支结构示意图

实例 5.1 百分制分数转五分制。

实例说明： 输入一个整数，当输入数据不在[0,100]区间时输出提示“Data error!”；当输入数据满足要求的前提下，用多分支结构实现百分制转五分制。实现规则是根据分数所在区间[0,60)、[60,70)、[70,80)、[80,90)、[90,100]，分别输出字符E、D、C、B、A。

实例代码：

```
score = int(input())
if score > 100 or score < 0:  # 不合理分数时为"Data error!"
    result = 'Data error!'
elif score >= 90:             # 区间为90 <= score <= 100
    result = 'A'
elif score >= 80:             # 区间为80 <= score < 90
    result = 'B'
elif score >= 70:             # 区间为70 <= score < 80
    result = 'C'
elif score >= 60:             # 区间为60 <= score < 70
    result = 'D'
else:                         # 区间为0 <= score < 60
    result = 'E'
print(result)
```

多个分支程序中，不同的条件下只会进入其中一个分支，所以只需要在每个分支中改变变量的值，退出分支语句后用一个print()函数输出，可以使输出保持一致，避免引入错误。

用单分支实现这个程序时，不论前面是否已经找到满足条件的分支，后续所有if语句都会被执行，需要判定每条if语句中的条件，降低了效率并容易引入错误。例如：

```
score = int(input())          # int()函数将输入的整数字符串转换成整数

if 90 <= score <=100:         # 等价于score >= 90 and score <= 100
    result = 'A'
if 80 <= score < 90:
    result = 'B'
if 70 <= score < 80:
    result = 'C'
if 60 <= score < 70:
    result = 'D'
if 0 <= score < 60:
    result = 'E'
if score < 0 or score > 100:
    result = 'Data error!'
print(result)
```

用二分支方法实现这个程序时需要嵌套使用二分支结构。因为Python根据缩进量来判断层次结构，使用嵌套二分支结构时务必严格控制各级别代码块的缩进量，这决定各代码块的从属关系以及各代码块能否被正确执行。例如：

```
score = int(input())
if score > 100 or score < 0:        # 先去除异常数据
    result = 'Data error!'
else:                               # 此分支下0 <= score <= 100
```

```
    if score >= 90:                 # 此分支下90 <= score <= 100
        result = 'A'
    else:                           # 此分支 0 <= score < 90
        if score >= 80:             # 此分支下80 <= score < 90
            result = 'B'
        else:                       # 此分支 0 <= score < 80
            if score >= 70:         # 此分支下70 <= score < 80
                result = 'C'
            else:                   # 此分支 0 <= score < 70
                if score >= 60:     # 此分支下60 <= score < 70
                    result = 'D'
                else:               # 此分支 0 <= score < 60
                    result = 'E'
print(result)                       # 各分支下只改变result的值，此处统一输出一次
```

嵌套结构需要多层缩进，不利于阅读，一般能用if...elif...else语句实现时，不建议用二分支嵌套方法。另外，需要注意的是不要用多条if语句匹配一条else语句，这样容易导致条件判定错误。

实例5.2 出租车计费。

实例说明：某城市出租车计费标准如下。

（1）起步里程为3 km（含3 km），起步费13元。

（2）载客里程3～15 km范围的，除起步费外，超过3 km的部分按基本单价2.3元/km计算。

（3）载客里程超过15 km的，15 km内的按照（2）计算，超过15 km的基本单价加收50%的费用。

（4）时速低于12 km/h的慢速行驶时间计入等待时间，每等待1 min加收1元。

在同一行内输入用半角逗号分隔的乘车里程（整数）和等待时间，计算并输出车费。

实例代码：

```
distance, waiting_time = eval(input())          # 将逗号分隔的数字转元组同步赋值
start_fare = 13                                 # 定义起步价为13元，单独定义，方便修改
if distance <= 3:                               # 如果行驶里程不超过起步里程
    fare = start_fare                           # 收费为起步价
elif 3 < distance <= 15:                        # 行驶里程超过起步里程但不超过15公里
    fare = start_fare + (distance - 3) * 2.3    # 起步费+超过3km的部分2.3元/公里
else:                                           并超过15km的基本单价加收50%
    fare = start_fare + (15 - 3) * 2.3 + (distance - 15) * 2.3 * (1 + 0.5)
if waiting_time > 0:                            # 若等待时间不为0
    fare = fare + waiting_time * 1              # 等待时间每分钟1元
print("{:.0f}".format(fare))                    # 保留0位小数，输出结果
```

实例5.3 个税计算。

实例说明：个人所得税的计算，可以将应纳税所得额分成不同级距和相应的税率来计算。速算扣除数是指用应纳税所得额直接乘当前税率计算税款时，需要扣除的数额。

例如，应纳税所得额为20 000元时，应阶梯计税，3 000按3%计税，9 000按10%计税，8 000按20%计税，共缴税2 590元。若直接按当前收入对应的20%的税率计算，需要缴税款

4 000元，其中有3 000元多计了17%的税（510元），9 000元多计了10%的税（900元），应扣减掉1 410元，所以税率20%时速算扣除数为1 410元。即应纳税额=20 000×20%−1 410元=2 590元，速算扣除数使计算更简洁。

所得税计算公式如下：

应纳税额＝(工资薪金所得－五险一金－个税免征额)× 适用税率－速算扣除数

目前中国个税免征额为5 000元/月，7级超额累进个人所得税税率与速算扣除数表如下：

全月应纳税所得额（含税级距）	税率 /%	速算扣除数
不超过3,000元	3	0
超过3,000元至12,000元的部分	10	210
超过12,000元至25,000元的部分	20	1 410
超过25,000元至35,000元的部分	25	2 660
超过35,000元至55,000元的部分	30	4 410
超过55,000元至80,000元的部分	35	7 160
超过80,000元的部分	45	15 160

某公司五险一金扣缴比例为应发工资的35%，请编写个人所得税计算程序，输入应发工资，输出应缴个人所得税款金额和实发工资金额，结果保留小数点后两位。

收入在不同区间时，只有税率与个税速算扣除数值发生变化，所以在每个区间只需要改变这两个值即可，不需要在每个分支下进行计算和输出，结束分支后计算税额并格式化输出。

实例代码：

```
salary = float(input())                     # 应发工资薪金所得
wage = salary - salary * 0.35 - 5000        # 计算应纳税工资
if wage <= 0:                               # 收入减五险一金低于个税免征额时
    rate, fee = 0, 0                        # 税率和扣除数值均为0
elif wage <= 3000:                          # 按应纳税工资分阶确定税率和扣除数
    rate, fee = 3, 0                        # 设置此区间税率和扣除数值
elif wage <= 12000:
    rate, fee = 10, 210
elif wage <= 25000:
    rate, fee = 20, 1410
elif wage <= 35000:
    rate, fee = 25, 2660
elif wage <= 55000:
    rate, fee = 30, 4410
elif wage <= 80000:
    rate, fee = 35, 7160
else:
    rate, fee = 45, 15160
tax = abs(wage * rate / 100 - fee)          # 计算应纳税额，加绝对值避免-0.0
real_wage = salary - salary * 0.35 - tax    # 实发工资
print(f"应缴税款{tax:.2f}元，实发工资{real_wage:.2f}元。")
```

5.3.4 条件表达式

所谓的条件表达式，是用一条语句实现一个二分支结构四条语句的功能。

语法格式：

```
x if 条件 else y
```

if...else将语句分成三部分，是一个三元操作符的条件表达式。首先对条件表达式求值，若值为True，则计算表达式x的值并返回其运算结果；当条件表达式结果为False时，对表达式y进行计算并返回其运算结果。

用二分支结构程序将用户输入的两个数中的较大者命名为max_number并输出，可以用以下代码实现：

```
m, n = eval(input())              # 输入用逗号分隔的两个整数，输出其中较大的值
if m > n:                         # 若m较大
    max_number = m                # 最大值为m
else:                             # 否则
    max_number = n                # 最大值为n
print(max_number)                 # 输出最大的值
```

用条件表达式语句实现：

```
m, n = eval(input())              # 输入用逗号分隔的两个整数
print(m if m > n else n)          # 用条件表达式获得较大的值输出
```

输入一个整数成绩，用条件表达式实现成绩大于等于60时，输出成绩合格，否则输出成绩不合格：

```
score = int(input())              # 输入一个整数成绩
result = '成绩合格' if score >= 60 else '成绩不合格'        # 根据条件判定是否合格
print(result)                     # 输出成绩是否合格的结果
```

类似的用法还可用于实现验证用户名，当用户名为admin时输出“用户名正确”，否则输出“用户名错误”：

```
username = input()                # 输入表示用户名的字符串
result = "用户名正确" if username == 'admin' else "用户名错误"
print(result)
```

5.4 循环结构

循环结构表示程序反复执行某个或某些操作，直到某条件为假（或为真）时才可终止循环。在问题求解过程中，很多时候需要重复做一件事情很多次。这时可以选择重复使用这些语句来解决问题，也可以使用循环控制结构来完成。

人类重复做某件事情次数越多，出错的概率越大，所以数学家们研究了各种等差数列、等比数列的求和公式、求积公式，把重复多次的工作变成一个表达式的求解，以降低出错的概率。计算机与人不同，可以快速精准地完成重复性工作，而循环结构的使用，既可以减少代码行数，

又可以简化业务逻辑，提高程序的可读性。

Python中有while循环和for循环两种结构。

5.4.1 while循环

while循环语句一般用于循环次数不确定的情况下，通过判断是否满足某个指定的条件来决定是否进行下一次循环，也称为条件循环语句。判断条件的返回值为布尔型，即True 或 False。当判断条件表达式的结果为True时，执行while下面缩进部分语句块中的全部语句，然后再次检查判断条件的值，重复以上操作，直到判断条件的结果为False时结束循环。

在循环体的语句中，一定有一条语句会使循环判断条件的结果发生变化，使之在经过有限次运行后能够变False，从而结束循环。或者在循环体中设置一个边界条件，当条件满足时，执行break语句直接终止当前循环。

while循环的语法如下：

```
while 判断条件:
    语句块(使判断条件表达式的值趋向于False)
```

实例5.4 野兔泛滥问题。

实例说明： 马斯是一个农场主，喜欢背着自己的猎枪在农场里寻觅猎物。为了满足自己的爱好，1859年他回欧洲探亲的时候，购买了生存能力强的24只欧洲野兔，并将它们放生至农场各处，任其自由发展。农场所在地气候四季分明，草质鲜嫩肥美，没有野兔的天敌，加之野兔的繁殖能力很强，最终导致野兔泛滥成灾，极大地破坏了生态环境。

兔子的繁殖能力很强，计算兔子数量可以用以下模型：

一对大兔子每月能生一对小兔子，且每对新生的小兔子经过一个月可以长成一对大兔子，具备繁殖能力，如果不发生死亡，且每次均生下一雌一雄。假如兔子都不死，试估算一下四年后这一对兔子会繁殖成多少对。

我们可以推导一下，第1个月1对兔子，第2个月也是1对，第3个月是2对，第4个月3对，第5个月长大的小兔子和原来的大兔子各生一对小兔共有5对兔子……，由此可获得以下数列：

1, 1, 2, 3, 5, 8, 13, 21, 34, 55, 89, 144, 233, 377, 610, 987,…

这个数列又称黄金分割数列，从第3项开始，后一项的值总是与他前面两项的和的值相等。在数学上，以递推的方法定义：

$F(0)=0$

$F(1)=1$

$F(n)=F(n-1)+F(n-2)\ (n \geqslant 2，n \in \mathrm{N}^*)$

可以根据数学上递推的公式用递归的方法实现：

实例代码：

```
def fibonacci(n):
    """用递归方法实现斐波那契数列"""
    if n <= 1:                                  # n为0和1时数列的项分别为0和1
        return n                                # 递归出口，返回0和1
    else:
```

```
        return fibonacci(n-1) + fibonacci(n-2)          # 前两项之和作为下一项

m = int(input())                                        # 输入一个正整数m，例如输入20
for i in range(1, m+1):                                 # 遍历1到m的整数
    print(fibonacci(i), end=' ')                        # 输出斐波那契数列第i项的值

# 输出：1 1 2 3 5 8 13 21 34 55 89 144 233 377 610 987 1597 2584 4181 6765
```

在这个程序中，定义了一个fibonacci()函数，用于计算斐波那契数列的第n项。在函数中，使用递归的方式计算斐波那契数列的第n项，如果n小于等于1，则返回n。否则，递归调用fibonacci()函数计算第n-1项和第n-2项的和。然后，使用input()函数接收斐波那契数列的项数，并使用for循环输出斐波那契数列的前m项。

斐波那契数列的递归算法的时间复杂度为$O(2^n)$，因为每个递归调用都会产生两个新的递归调用，所以递归树的节点数是指数级别的。此外，递归算法还需要消耗大量的栈空间，因此在计算大量数据时，递归算法的效率会非常低下，用这个程序计算48个月的兔子数量时间开销会很大，所以以上代码中只计算20个月的兔子总数。

解决这个问题的另一种方法是递推方法，递推思想接近人类思维方式，从已知条件出发，逐步推算出问题的解。根据数学上的递推公式，可以先把变量名a、b指向开始两个值 1 和 1，然后构建一个循环。在循环中输出 a 的值，然后计算 a + b 的和，将标签 a 指向对象 b，将标签 b 指向加和产生的新对象上作为新的一项，这个操作可以用同步赋值语句a, b = b, a + b实现，如图5.8所示。

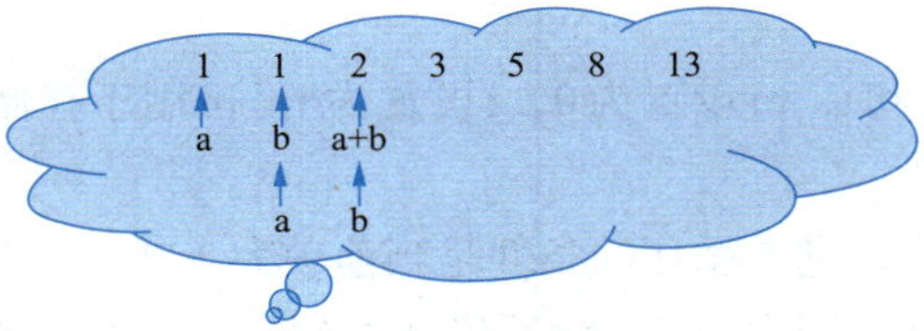

图 5.8 变量同步赋值

使用斐波那契数列模拟兔子繁殖问题的算法描述如下：

（1）初始化变量a和b，都设置为1，分别代表第1个月和第2个月的兔子数。

（2）初始化变量month，设置为2，代表当前的月份，前两个月的兔子数量已给出。

（3）进入一个while循环，进入循环的条件是月份month小于48。

- 在循环中更新兔子的数量。将b的值赋值给a，将a和b的和赋值给b。
- 然后，将月份加1，下个循环计算下个月兔子的数量。

（4）打印出48个月后的兔子数量。

实例代码：

```
a, b = 1, 1                             # 初始两个月的数量值
month = 2                               # 初始月份数，已经给出了前两个月兔子的数量
while month < 48:                       # 设置终止条件，当月份数量小于48时进入循环
    a, b = b, a + b                     # 将 b 和 a + b 值分别赋值给变量名a和b
    month = month + 1                   # 月份数加1
print(f'第{month}个月时兔子数量为{b}')    # 第48个月时兔子数量为4807526976
```

这个程序的时间复杂度是$O(n)$，其中n是斐波那契数列的项数。这个程序使用了一个while循环，每次循环都会计算下一个斐波那契数列的项，直到达到要计算的月份为止。因此，这个程序的时间复杂度是线性的，与斐波那契数列的项数成正比。计算结果表明，只需要过50个月，某地兔子的总量就会超过100亿只，造成巨大的生态灾难。需要注意的是，在退出循环前月份数量被增加了1，所以输出时，应该输出下一个月的数量b，而不是当前月份数量a。

实例5.5 Leibniz公式计算圆周率。

实例说明：历史上有许多计算圆周率的公式，其中，格雷戈里和莱布尼茨发现了下面的公式：

$$\frac{\pi}{4}=\frac{1}{1}-\frac{1}{3}+\frac{1}{5}-\frac{1}{7}+\cdots+(-1)^{n-1}\frac{1}{2n-1}(n\geqslant 1)$$

这个公式累加1项时值是4.00，累加2项时值是2.67，累加3项时值是3.47……，随项数增长结果趋近于圆周率。编程对其各项进行累加，直到最后一项的绝对值小于10^{-6}为止，输出此时的圆周率值。

利用循环结构求解，因循环次数未知，但知道终止条件，所以可以用while加判断条件控制循环。条件为True时进入循环，在循环中使判断条件值发生改变，待判断条件值为False时，不再进入循环。可以直接按公式的通项编写程序，用题目要求的终止条件构建循环条件语句，循环中每次累加新产生的最后一项，可以用负1的幂运算获得正负号，循环体中逐渐增大项的序号i，使循环条件表达式的值不断变小，使之在有限次循环后变成小于10^{-6}的数，终止循环。

算法描述如下：

（1）初始化两个变量pi和i，pi设置为0，i设置为1。pi用于存储π的计算结果，i用于表示当前计算的项的序号。

（2）进入一个while循环，进入循环的条件是当前项大于或等于1e−6。

- 在循环中，首先计算当前项的值，然后将其加到pi上。当前项的值为(−1)的(i−1)次方除以(2*i−1)
- 将i加1，以便计算下一项。

（3）将pi乘以4，得到π的计算值，并打印出来。

实例代码：

```
pi, i = 0, 1                                  # 设置pi初值0，i为累加项序号
while 1 / (2 * i - 1) >= 1e-6:                # 条件表达式值为True时进入循环
    pi = pi + (-1) ** (i - 1) / (2 * i - 1)   # 累加，每次循环加上最后一项
    i = i + 1               # 计算下一项序号，此语句也会使abs(1 / (2 * i - 1))值逐渐变小
print(pi * 4)               # 乘以4得π的计算值，放循环外只输出一次，3.141590653589692
```

公式中每一项的分母数字正好相差2，可以在每次循环中将序号加2，设一个值为1的变量，循环中变为其相反数，也可以实现正负号交替。这种方法虽然代码行数有所增加，但少了复杂的公式，程序反而更容易阅读和维护。

实例代码:

```
pi, i = 0, 1                        # 设置pi初值0, i为分母变量名
sign = 1                            # sign用于改变符号
while 1 / i >= 1e-6:                # 条件表达式值为True时进入循环
    pi = pi + sign * 1 / i          # 累加, 每次循环加上最后一项
    sign = - sign                   # 每循环一次改变一次符号, 实现正负项交替
    i = i + 2                       # 下一项分母比当前项大2, 此语句也会使1/i值变小
print(pi * 4)                       # 乘以4得π的计算值, 放循环外只输出一次, 3.141590653589692
```

这个公式简单但收敛得较慢，增加计算的项数可以提高计算精度，将终止条件设为10^{-9}时可以得到3.141592651589258，提高了3位数的精度，再想提高精度，时间开销也会随之增大。

实例 5.6 二分法求函数的零点。

实例说明： 现有方程：$f(x)=x^5-15x^4+85x^3-225x^2+274x-121$，已知$f(x)$在[1.5,2.4]区间单调下降，且在该区间$f(x)$==0有且只有一个根，用二分法求解该根。

对于区间$[a, b]$上单调连续不断且$f(a)\cdot f(b)<0$的函数$y=f(x)$，通过不断地把函数$f(x)$的零点所在的区间一分为二，使区间的两个端点逐步逼近零点，进而得到零点近似值的方法称为二分法。二分法示意图如图5.9所示。

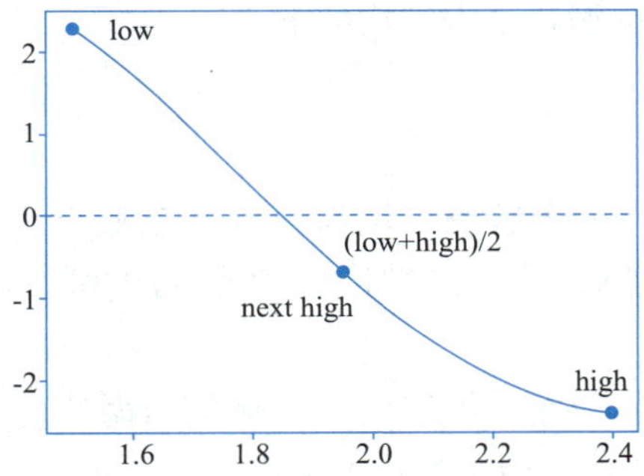

图 5.9 二分法示意图

给定精确度ξ，用二分法求函数$f(x)$零点近似值的步骤如下：

（1）确定区间$[a,b]$，验证$f(a)\cdot f(b)<0$，确定在给定区间函数曲线与x轴有交点再用二分法。

（2）循环区求区间(a,b)的中点c，然后计算函数在c处的值$f(c)$

- 判断是否达到精确度ξ：即若$|a-b|<\xi$，则得到零点近似值a（或b），终止循环。
- 若$f(c)<0$，则令$b=c$，丢弃区间的右半部分。
- 若$f(c)>0$，则令$a=c$，丢弃区间的左半部分。

（3）输出计算结果。

实例代码:

```
def f(x):
    """计算并返回函数值"""
    return x ** 5 - 15 * x ** 4 + 85 * x ** 3 - 225 * x ** 2 + 274 * x - 121

def binary_search(low, high):
    """二分法函数, low和high为起点和终点的初值, 返回函数值为0的近似解"""
```

```
    while True:                             # 构建无限循环，重复下面的语句
        x = (low + high) / 2               # 二分法，确定中间值
        if abs(f(x)) < 10 ** (-6):         # 若函数值小于指定精度，近似认为函数值为0
            return x                        # 返回此时x值，同时结束循环
        elif f(x) < 0:                      # 否则若函数值小于0
            high = x                        # 取当前x值为新的high值，丢弃右边一半
        else:                               # 否则若函数值大于0
            low = x                         # 取当前x值为新的low，丢弃左边一半

low, high = 1.5, 2.4                        # 起点和终点的初值
if f(low) * f(high) < 0:                    # 确认两点函数值在x轴两侧时用二分法
    print(binary_search(low, high))         # 输出此时x值1.849015903472900 6
else:
    print("在给定区间内函数曲线与x轴无交点")
```

二分法也常用于有序序列中元素的查找，每次循环都可以使搜索空间缩小一半，可以快速地定位到查找目标，算法的时间复杂度为$O(\log(n))$，是一种高效的算法。

5.4.2 for循环

for循环也称为遍历循环，一般用于循环次数可确定的情况下。for 语句可以依据可迭代对象中的子项，按顺序进行迭代。for循环基本结构如下：

```
for 循环变量  in 可迭代对象:
    语句块
```

所谓可迭代对象，可以视作一个容器，里面存放了有限个元素，并且每个元素都可以按某种顺序逐个访问，那么这个容器就是可迭代对象。Python中可迭代对象包括range、字符串、列表、集合、字典和文件对象等。

程序执行时，从可迭代对象中逐一提取元素，赋值给循环变量，每提取一个元素执行一次语句块中的所有语句，总的执行次数由可迭代对象中元素（项）的个数确定。

实例5.7 分类统计字符串中的字符。

实例说明：编写程序，用户输入一个字符串，以回车结束，统计字符串中小写字母、数字字符和其他字符的个数（回车符代表结束，不计入统计）。

字符串是可遍历的，遍历字符串，依次取其中一个字符，再用分支语句判定当前字符属于字母、数字还是其他，分别计数即可。

实例代码：

```
text = input()                                  # 输入一个字符串
letter, digit, other = 0, 0, 0                  # 分别用来记录字母、数字、其他字符的个数
# 遍历字符串中的每个字符，分类统计不同类字符的个数
for s in text:                                  # 遍历字符串中的每个字符，s为当前遍历到的字符
    if s in 'abcdefghijklmnopqrstuvwxyz':       # 成员运算符，若s在字符串中则返回True
        letter = letter + 1                     # 小写字母个数加1
    elif s in '0123456789':                     # 成员运算，若s在字符串中则返回True
        digit = digit + 1                       # 数字个数加1
    else:                                       # 其他字符都进入这个分支
        other = other + 1                       # 其他字符个数加1
```

```
# 遍历结束，打印输出结果
print(f'小写字母{letter}个，数字{digit}个，其他字符{other}个')
```

range 类型表示不可变的数字序列，通常用于在 for 循环中控制循环次数，是for循环中应用最广泛的可迭代对象之一。range() 函数既可用于控制循环，又可以用于生成等差数列求解数学问题。

range() 函数语法：

```
range(stop)                    # 0, 1, 2, 3, 4,…, stop-1，初值为0，步长为1的等差数列
range(start, stop[, step])     # start, start+step, start+2*step, …，步长为step
                               # 的等差数列
```

start 和 step 是可选参数，省略时，start=0，step=1。range 生成的内容 r[i] = start + step * i，当 step 为正数时，要求 i>=0 且 r[i] <stop；当 step 为负数时，要求 i>=0 且 r[i] > stop。

range() 具有以下特性：

（1）start、stop、step 都必须是整数，否则抛出 TypeError 异常。当 start 值小于 stop 值时，返回的序列为空。

（2）如果 start 参数省略，默认值为 0；如果 step 参数省略，默认值为 1；当试图设置 step 为 0 时，会抛出 ValueError 异常。

（3）当 step 是正整数时，生成的序列递增；当 step 为负整数时，生成的序列递减。

（4）range() 函数产生一个左闭右开的序列，如 range(4) 生成一个序列：0, 1, 2, 3。

（5）range() 函数产生的是可迭代对象，不是生成器，也不是列表类型。

（6）要全部输出 range() 生成的序列，可以用 print(list(range(n))) 或 print(tuple(range(n))) 的方法，将生成的序列转成列表或元组的形式输出，也可以用 print(*(range(n))) 将其内容解包输出。

（7）range 对象是不可变数据类型，可用索引、切片等操作获取其中的部分数据，但不可修改其中的数据。

```
print(range(5))                    # 输出range(0, 5)
print(list(range(5)))              # 输出[0, 1, 2, 3, 4]
print(*range(5))                   # 解包输出0 1 2 3 4
for i in range(5):
    print(i, end=' ')              # 输出后不换行
print(tuple(range(0, -5, -1)))     # (0, -1, -2, -3, -4)
print(list(range(1, 11)))          # [1, 2, 3, 4, 5, 6, 7, 8, 9, 10]
print(list(range(0, 40, 5)))       # [0, 5, 10, 15, 20, 25, 30, 35]
print(list(range(0)))              # range(0)得到空数列再用list()转空列表[]
print(list(range(1, 0)))           # stop<start时，若步长大于0，输出空序列
```

range() 函数相对于列表和元组的优点在于占用内存固定、较小，仅存储 start、stop 和 step 值，在需要时通过计算生成序列中的每个值。

range() 函数常与 for 和控制变量一起使用，遍历 range() 生成的数列中的数并控制循环次数。语法格式如下：

```
for <variable> in range([start,]stop[,step]):
    <语句块>
```

variable 为循环控制变量，经常用i、j等表示，每次循环从range()产生的数列中依次取一个值。首次进入循环时，变量取最小的值，即start值；当start省略时，取值为0，后面每次循环依次取前一个值加步长step的值；当step值缺省时，步长为1。

实例 5.8 分数求和。

实例说明： 输入一个正整数n，计算小于n的每个自然数的倒数的和。

$$s=\frac{1}{1}+\frac{1}{2}+\frac{1}{3}+\cdots+\frac{1}{x}\quad ,0<x<n$$

对于累加求和问题，一般需要先设置一个初值为0的累加器对象，再依次将后续的每一项加到这个对象上。可以用range(1,n) 产生小于n的自然数，再依次将其倒数加到累加器上。

实例代码：

```
n = int(input())                    # 输入一个正整数n
result = 0                          # 初始化结果为0
for i in range(1, n):               # 遍历1～n-1，i依次取1,2,3,…,n-1
    result = result + 1 / i         # 每次循环将当前i的倒数累加到结果中
print(f'{result:.3f}')              # 输出结果，保留三位小数
```

range()可以产生任意整数等差数列，上述程序中将1/i 换为i就可以用于计算等差数列的前n项和。将初始化值设为1，循环体中语句里的加法换成乘法，就可以用于计算累乘或阶乘的运算。

实例 5.9 等差数列求和。

实例说明： 计算1000以内能被5整除的数的和。

实例代码：

```
result = 0                          # 初始化变量为0
for i in range(0, 1000, 5):         # 遍历0～999，i依次取5的倍数
    result = result + i             # 每次循环将当前i累加到上次循环处理结果上
print(result)                       # 输出计算结果99500
# 通过sum()函数上述代码功能可以用一条语句实现
print(sum(range(0, 1000, 5))) # 用sum()函数求整数数列的和99500
```

实例 5.10 计算阶乘。

实例说明： 一个正整数的阶乘（factorial）是所有小于及等于该数的正整数的积，并且0的阶乘为1，自然数n的阶乘写作n!

实例代码：

```
n = int(input())                    # 将输入的字符转成整型，例如输入6
fact = 1                            # 设阶乘初值为1，n为0时不进入循环，0的阶乘为1
for i in range(1, n + 1):           # 遍历1,2,..., n的数列，注意要从1开始
    fact = fact * i                 # 将当前项乘到上次循环计算结果上
print(fact)                         # 输出累乘总和，720
```

math库中有一个用于计算整数阶乘的函数factorial(n)，可以调用函数简化程序设计：

```
import math
```

```
print(math.factorial(6))                    # factorial() 为计算阶乘的函数,720
```

实例 5.11 计算薪酬。

实例说明：这是一个关于数学指数增长的著名的数学选择题。有两种选择：第一种选择是给你年薪100万；第二种选择是第一天给你1分钱，第二天给2分，第三天给4分，第四天给8分……按此方法给一个月（30天）作为你的年薪。测试的结果是：绝大多数人选择了第一种，选择100万。为了确定哪种方式收入更高，可以计算一下第二种方法的收入。

实例代码：

```
total = 0                                   # 收入初值
for i in range(30):                         # 迭代获取整数序列中的值，计算每天的收入
    t = 2 ** i                              # 当前天的收入是2的i次幂
    total = total + t                       # 累加每天的收入，可省略语句3，t替换为2 ** i
print(f'需支付{total // 100}元工资')          # 需支付10737418元工资，整除100将单位转为元
```

这个实例中，每天支付的金额都是前一天的2倍，是指数级增长的，指数增长在开始阶段数值不会显著增加。但随着时间的流逝，指数级的增长开始显示它的力量，时间越长，数值就变得越大。所以，指数增长也称为“雪球”，随时间流逝越滚越大。这个问题与古代一个棋盘放米的故事计算方法是一样的。

类似的还有一些校园贷，声称月息0.99%，但实际计算时，是把每个月的利息加入本金中进行计息，也就是说，贷款10 000元的第一个月的利息是99元，但把这99元加入到本金后第二个月的利息就超过99元，可以按这个规则计算一下，一年需要归还有本息19158.99元，年利率达到91.59%。若还有逾期后的按日罚息，那么还款额更会变得更加惊人。通过这个例子提醒同学们要远离校园贷。

实例代码如下：

```
p = 10000                                   # 借款本金为10000元
monthly_rate = 0.99 / 100                   # 月利率为0.99%
for month in range(12):
    p = p *(1+monthly_rate) ** month        # 计算复利
print(f'应归还本金和利息总额{p:.2f}')          # 应归还本金和利息总额19158.99
# 计算年利率
year_rate = (p - 10000) / 10000
print(f'年利率为{year_rate*100:.2f}%')        # 年利率为91.59%
```

前面提到应用Leibniz公式计算圆周率的效率不高，若想了解实例5.5中计算前多少项才能获得想要的精度，可以改为for循环实现，通过查看不同输入时的输出，可以发现这个程序要循环500万次才能获得3.141 592 453 6的精度。

实例代码：

```
n = int(input("请输入计算次数: "))              # 输入计算次数，例如5000000

pi = 0                                      # 初值为0
for i in range(n):                          # 循环n次
    pi = pi + (-1) ** i / (2 * i + 1)       # 计算pi/4的值
pi = pi * 4                                 # 乘以4得到圆周率值
```

```
print(f"圆周率的值为：{pi:.10f}")                    # 输出圆周率的值，保留10位小数
# 计算500万项时，圆周率的值为：3.1415924536
```

计算圆周率的方法很多，不同的方法效率也不同。前面提到的Leibniz公式计算圆周率的方法存在收敛慢的问题，下面尝试用另一种方法计算圆周率。

实例 5.12 拉马努金法计算圆周率。

实例说明： 拉马努金曾经提出过很多收敛速度极快的求 π 的公式，下面是其中一种。

$$\frac{1}{\pi}=\frac{2\sqrt{2}}{9801}\sum_{k=0}^{\infty}\frac{(4k)!(1103+26390k)}{(k!)^4 396^{4k}}$$

公式中的希腊字母Σ，英文译音是Sigma，表示数学中的求和符号，主要用于求多项数之和，公式展开可以表示为k从0到n时各项的累加，可以用循环实现。这个公式收敛速度极快，循环2次时，就可以达到math.pi 相同的精度。

实例代码：

```
import math

def pi(n):
    """定义计算圆周率的函数，返回圆周率的值"""
    s = 0
    for k in range(n):            # 计算前n项的加和
        s = s + math.factorial(4*k) * (1103 + 26390*k) /
        (math.factorial(k)**4 * 396**(4*k))
    return 1 / (c * s)            # 圆周率的值为级数展开式中值的倒数

# 计算圆周率的值
c = 2 * math.sqrt(2) / 9801      # 定义级数展开式中的常数
print(pi(1))                      # 循环1次时pi值3.1415927300133055
print(pi(2))                      # 循环2次时pi值3.141592653589793б
print(math.pi)                    # math库中pi值3.141592653589793
```

实例 5.13 几何法计算积分。

实例说明： 积分的一个几何说明，就是计算曲线与x轴间包围的有向面积，数学方法求解需要掌握积分的方法，而且还要考虑到x轴下方部分积分值为负值，要计算绝对值。在计算机中，可以将阴影部分切割为一系列高度相等的梯形，这样问题就简化成了循环与累加的问题。计算所有梯形面积的总和，忽略误差，便可以将这个面积近似看成曲线与x轴包围区域的面积。积分示意图如图5.10所示。

实例代码：

```
def f(x):
    return abs(-x**2 - 2*x + 3)                 # 返回函数值的绝对值作为梯形的高

dx = 2 / 100                                    # 定义每个小区间的宽度
total_area = 0                                  # 定义总面积初值为0
# 计算每个小区间内的梯形面积，并将所有梯形面积加起来
for i in range(100):
```

```
        x = i * dx                                     # 当前梯形的一个底边长
        # 计算梯形面积，个别梯形可能会退化为三角形，但不影响结果
        trapezoid_area = (f(x) + f(x + dx)) * dx / 2   # 计算当前梯形面积
        total_area = total_area + trapezoid_area       # 面积累加
print(total_area)                                      # 输出定积分的近似值
```

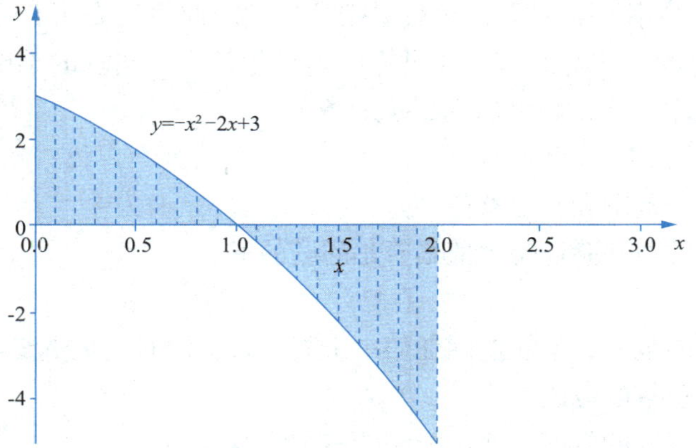

图 5.10　积分示意图

5.4.3　多重循环

如果循环语句的循环体中又出现循环语句，就构成多重循环结构。for和while都支持多重循环，且可以混用。一般常用的有二重循环和三重循环，最内层程序语句执行的次数是各层循环次数的乘积。循环层数越多，运行时间越长，程序越复杂。

实例 5.14　破解密码。

实例说明：日常用的皮箱经常使用的是三位的密码锁，当忘记密码时，可以采用逐位猜测的方法试出来密码。3个数字的全部组合只有1 000个，所以试1 000次一定可以找到密码。

具体操作方法：

先固定第1位和第2位为0，第3位从0试到9；比较当前的三位数是否与密码相同，若相同则当前三位数便是密码；若不同，只固定第1位，依次设第2位为1～9重复这个操作；若仍未找到密码，依次设第1位为1～9再重复这个操作。

算法描述：

（1）第1位数遍历从0到9的数字。

（2）第2位数遍历从0到9的数字。

（3）第3位数遍历从0到9的数字。

（4）比较当前的3位数是否与密码相同，若相同。

（5）输出当前3位数。

实例代码：

```
keys = 651                          # 假设密码是651
for i in range(10):                 # 猜测百位上的数字
    for j in range(10):             # 猜测十位上的数字
```

```
        for k in range(10):                  # 猜测个位上的数字
            # 3个数字拼接为一个3位整数，若此3位数与随机产生的相同，则找到密码
            if i * 100 + j * 10 + k == keys: # 或str(i)+ str(i)+ str(i)=keys:
                print(f'密码是{i}{j}{k}')    # 密码是651
```

这种解决问题的方法称为枚举算法，也称为穷举算法，枚举算法的思想如下：

将问题的所有可能答案一一列举，然后根据条件判断此答案是否合适，再使用条件语句保留合适的，舍弃不合适的。相对而言，枚举算法思维量较小，实现的难度低，但当问题规模比较大时，枚举算法的效率不高，容易出现超时的情况。

基本思路如下：

（1）确定枚举对象、范围和判定条件。

（2）逐一枚举可能的值并验证每个值是否是问题的解。

算法步骤：

（1）确定解题的可能范围，不能遗漏任何一个真正解，同时避免重复。

（2）判定是否是真正解的方法。

（3）为了提高解决问题的效率，使可能解的范围降至最小。

下面用这个方法解决古代经典数学问题百钱百鸡，并展示如何提高解决问题的效率。

实例 5.15 百钱买百鸡。

实例说明： 我国古代数学家张丘建在《算经》一书中提出的“百钱买百鸡”的数学问题，题目意思是1只公鸡5文钱、1只母鸡3文钱、3只小鸡1文钱，试计算并输出几组可能的解。

每种鸡的数量都大于0且小于100，可用range(1, 100)产生所有可能的鸡的数量的序列；鸡的总数和钱的总数都为100，且小鸡数量是3的倍数，所以构造三重循环遍历可以寻找到所有可能满足条件的解。

实例代码：

```
for cock in range(1, 100):                    # 公鸡数量不为0且小于100
    for hen in range(1, 100):                 # 母鸡数量不为0且小于100
        for chicken in range(3, 100, 3):      # 小鸡数量大于0小于100且是3的倍数
            # 鸡的总数为100，钱的总数为100，小鸡数量是3的整数倍
            if (cock + hen + chicken == 100 and
                5 * cock + 3 * hen + chicken // 3 == 100):
                print(cock, hen, chicken)     # 遇到满足条件的数字组合就输出
```

这是一个三重循环，最内层循环中的if语句的执行次数约为 $100 \times 100 \times 33 = 33$ 万次，这是一个很大的数字，计算时间开销也很大，算法的效率不高。

所以可以用“剪枝”这个方法，剪枝的思想就是剪掉不可能出现的情况，避免计算机多余的运算。实际上当公鸡和母鸡数量cock、hen确定的情况下，小鸡的数量chicken可由100 - cock - hen计算，并不需要用循环进行遍历。可将其用两重循环实现求解，此时，最大循环次数为10 000次，效率提高33倍。

继续分析题目，题目要求每种鸡都要有，且一只公鸡5文钱，那么所有的钱全买公鸡最多不能超过19只，同理，母鸡最多不能超过32只，可以将公鸡数量超过19和母鸡数量超过32的数

字去除，缩小遍历范围，这样两重循环一共执行608次就可以找到全部可能的解。代码如下：

```
for cock in range(1, 20):               # 公鸡数量不超过20
    for hen in range(1, 33):            # 母鸡数量不超过33
        chicken = 100 - cock - hen      # 小鸡数量可由公鸡和母鸡数量计算得到
        if chicken % 3 == 0 and 5 * cock + 3 * hen + chicken // 3 == 100:
            print(cock, hen, chicken)
```

输出结果：

```
4       18      78
8       11      81
12      4       84
```

从结果中可以发现这样一个规律：公鸡是4的倍数，母鸡是7的递减率，小鸡是3的递增率。为了确认这一规律，数学上推导一下这个不定方程：

$$x + y + z = 100$$

$$5x + 3y + z/3 = 100$$

消去z可得：$7x + 4y = 100$

由此可推导出：

$$y = 25 - (7/4)x$$

$$z = 75 + (3/4)x$$

因为$0 < y < 100$，且是自然数，则可得知x必为4的整数倍才能保证y和z都是整数；x最大值必小于16才能保证y值为正数，所以x值只能取4、8、12。这样只循环3次就可以找到所有可能的解，可以继续优化代码提高效率：

```
for cock in range(4, 16, 4):          # cock 初值为4，小于16，步长为4
    hen = 25 - cock // 4 * 7          # 整除“//”符号保证运算结果仍为整数
    chicken = 75 + cock // 4 * 3
    print(cock, hen, chicken)
```

尽可能减少循环嵌套的层数，让代码趋于扁平，使逻辑更简单，更容易阅读、理解和维护代码。需多重循环求解时，可以将内层循环的功能定义成函数，将二重循环转换为两个一重循环，使代码逻辑更清晰。

5.5 流程跳转语句

Python提供了continue和break关键字在特定情况下控制循环结构，这两条语句使用时需要置于循环结构的分支语句块中，用于根据条件改变循环。

5.5.1 break语句

break语句应用于while或for循环语句中，一般置于条件判定语句块中，当满足某条件时触发该语句的执行。其作用是在循环次数未达到设置次数或未达到循环终止条件时跳出循环，提前结束语句所在层次的循环。

例如枚举时，找到一个满足条件的结果就终止循环。如果一个 for 循环被 break 所终结，该循环的控制变量会保持其当前值。

while 循环还有一个重要的应用就是构造无限次循环，在循环体中使用 if 语句判定是否达到结束循环的条件，当满足条件时，用 break 语句终止循环。

注意：在程序执行过程中，务必要有使 if 语句中的表达式结果趋于 False 的语句，以避免程序陷入无限循环。

语法格式如下：

```
while True:
    if 判断条件:
        break
    语句块(使判断条件表达式的值趋向于False)
```

实例 5.5 Leibniz 公式计算圆周率也可以用 while 循环实现。先用 while 加 True 或一个结果为 True 的表达式使循环判断条件永远为 True，使循环无限次执行下去。在循环体中，判断循环控制条件 1/i < 1e-6 的结果为 True 时，用 break 结束循环，循环体中使 i 的值逐渐变大，1/i 逐渐变小，使循环可以在有限次数内结束。

```
pi, i = 0, 1                          # 设置pi初值0, i为分母变量名
sign = 1                              # sign用于改变符号
while True:                           # 构建无限循环
    if 1 / i < 1e-6:                  # 最末项小于10^-6时
        break                         # 结束循环
    else:                             # 否则执行累加语句, else可省略, 后面语句减少缩进
        pi = pi + sign * 1 / i        # 累加, 每次循环加上最后一项
        sign = - sign                 # 每循环一次改变一次符号, 实现正负项交替
        i = i + 2                     # 下一项分母比当前项大2
print(pi * 4)                         # 乘4得到π的计算值, 放循环外只输出一次
```

输出结果：

```
3.141590653589692
```

实例 5.16 加法训练。

实例说明： random 模块中的 random.randint(m, n) 方法可以随机产生一个 [m, n] 之间的整数，利用这个函数产生两个 20 以内的正整数 a 和 b，屏幕上输出“a + b = ”，用户计算并输入计算结果，计算机评测计算是否正确，结果正确时输出“恭喜你，回答正确”，回答错误时输出“回答错误，你要加油哦！”。编写一个程序，重复产生两个整数做计算练习，直到用户不再计算，直接按【Enter】键时，输出“练习结束”并结束程序。

实例代码：

```
import random

while True:                           # 无限循环, 每次产生一个新问题
    a = random.randint(1, 20)         # 随机产生一个20以内的整数
    b = random.randint(1, 20)         # 随机产生一个20以内的整数
    print(f'{a} + {b} = ', end='')    # 格式化输出
```

```
    result = input()                     # 用户输入计算结果字符串
    if result == '':                     # 如果直接按【Enter】(接收到空字符串)
        print('练习结束')
        break                            # 结束循环
    elif int(result) == a + b:           # 若输入数字等于a+b的值
        print('恭喜你，回答正确')
    else:
        print('回答错误，你要加油哦！')
```

实例 5.17 求自身以外的最大因数。

实例说明： 输入一个大于1的整数，输出其自身以外的最大因数。

若一个数对 i 取模的结果为 0，则 i 是这个数的因数。一个整数的因数可能有很多个，可以用遍历的方法逐一判定。本题要求查找最大因数，为提高效率，可以从大到小进行查找，找到的第一个因数便为最大因数。输出该数后，用break结束循环，不再进行查找。

实例代码：

```
num = int(input())                       # 输入一个整数，如100
for i in range(num - 1, 0, -1):          # 遍历小于num且大于1的整数
    if num % i == 0:                     # 如num可被i整除，则i为num的因数
        print(i)                         # 输入100时，输出50
        break                            # 终止循环，退出循环
```

break只能提前结束当前循环，当循环层数多于一层时，不能直接用break跳出多重循环。可以用一个变量做标记，用break退出一重循环后，根据标记变量的值决定是否继续退出外层循环。

实例 5.18 百钱买百鸡进阶。

实例说明： 公鸡5元1只，母鸡3元1只，小鸡3只1元。用户输入想买的鸡的数量和付出的钱数，计算公鸡、母鸡和小鸡的数量。如果有解，输出公鸡最少，小鸡最多的一组；如果无解则输出“无解”。

实例代码：

```
num, money = map(int, (input().split()))   # 切分空格分隔的输入转整型
flag = False                               # 设置标记，False为无解
for cock in range(1, num):                 # 从小到大遍历公鸡数量
    for hen in range(1, num):              # 从小到大遍历母鸡数量
        chicken = num - cock - hen         # 小鸡数量计算得到
        if (chicken % 3 == 0 and chicken > 0 and
                5 * cock + 3 * hen + chicken // 3 == money):
            flag = True                    # 找到解后改变标记
            print(cock, hen, chicken)      # 输出找到的第一组解
            break                          # 结束内层循环
    if flag:        # 根据flag值是否为True判断是否找到解
        break       # 找到解时结束外层循环，否则继续执行外层循环
if not flag:        # 两层循环都结束时，若not flag值为True，表明未找到解
    print("无解")
```

程序中有两重循环，在内层循环中找到一个满足条件的解并输出后，按题目要求应该终止程序的执行。提前终止循环可以用break关键字，但该关键字只能终止当前层次的循环，无法终

止外层循环的执行。外层循环不能无条件终止，需要先判断是否已经在内层中找到了满足条件的解。所以，可以在内层找到解时设置一个标记，上述程序中设置变量flag作为标记，一旦找到了满足条件的解，就改变flag变量的值。在外层循环中根据flag的值是否发生了变化判定是否找到了解，一旦找到一个满足条件的解，就用break提前终止外层循环。

5.5.2 else 子句

Python中的for、while循环都有一个可选的else子句，当且仅当循环以正常方式结束时（包括执行0次），else子句中的语句才能被执行。如果在循环语句块中遇break语句跳出循环或遇到return语句结束函数调用，则不会执行else 子句下的语句块。

实例 5.19　输出素数。

实例说明：在同一行中从小到大依次输出不大于100的全部素数，每个数字后面一个空格。

素数也称为质数，是指在大于1的自然数中，除了1和它本身以外不再有其他因数的自然数。判定一个整数 n 是否为素数有两个条件：一是这个数 n 是大于1的；二是这个数 n 不能被从2到n-1中的任意一个数整除。

所以判定一个数是否为素数，只需要遍历从2到n之间的数，查看这些数中是否存在n的因子即可。若有整数因子存在，则n不是素数，只有一个整数因子存在，就不需要继续遍历，可用break提前结束遍历。可以构建一个 for...else结构，当for循环中未遇到break时，执行else下面的子句。

算法描述：

（1）遍历小于n的整数，依次查看当前数字i是否是素数。

① 判定从 2 到 i-1 之中是否存在能整除的数。

如果存在一个能整除的数字。

- 则数字 i 必然不是素数，不需要继续判断。
- 用break跳出循环。

② 如果顺利完成从 2 到i-1 的遍历，未发现因子，说明该数是素数，输出这个数。

实例代码：

```
for i in range(2, 101):          # 遍历2到100之间的所有整数
    for j in range(2, i):        # 遍历2到i-1之间的数
        if i % j == 0:           # 如果i能够被j整除，则i不是素数
            break                # 提前终止循环并跳过else语句
    else:                        # for循环正常结束，未遇到break时，执行else语句
        print(i, end=' ')        # 输出i并在后面加上一个空格
# 2 3 5 7 11 13 17 19 23 29 31 37 41 43 47 53 59 61 67 71 73 79 83 89 97
```

实例 5.20　判定素数函数。

实例说明：素数的应用非常广泛，求分解质因数、反素数、回文素数、哥德巴赫猜想以及密码学等很多问题都会用到素数的判定。对于这种应用广泛的程序，可以将其定义成一个函数，以供随时调用。

根据素数定义，遍历 [2, n-1] 之间的整数。如果整数n 在 [2, n-1] 之间存在因子，必然不是素

数，如果在[2, n-1]之间不存在因子，则说明该数只能被1和其自身整除，是素数。

实例代码：

```
def is_prime(n):                    # 函数名用小写字母单词组合
    """接收一个整数n，判定n是否为素数，返回布尔值"""
    if n < 2:                       # 0 和 1及负数都不是素数
        return False                # False为假，此值返回给调用函数之处
    for i in range(2, n):           # 遍历从 2 到 n-1的数字
        if n % i == 0:              # 当存在能被整除的数时，不是素数
            return False            # False为假，此值返回给调用函数之处
    else:                           # 与 for 子句匹配，i == 2时也进入此语句块
        return True                 # True为真，代表n 是素数

if __name__ == '__main__':
    num = int(input())              # 输入一个正整数
    print(is_prime(num))            # 调用素数函数输出判定结果
```

约数是成对出现的，例如48，找到一个约数6，那么一定有一个约数8。对于整数n，其不相等的成对约数必须分别位于n的平方根前后，相等的约数正好为该数的整数平方根。利用这个原理，可以缩小遍历范围为(2, int(n ** 0.5) + 1)，提高算法效率。range()的参数必须是整数，所以开平方后需要取整，加1是为了保证能取到右边界数据。代码如下：

```
def is_prime(n):
    """接收一个整数n，判定n是否是素数，返回布尔值"""
    if n < 2:                                  # 0 和 1 以负数都不是素数
        return False                           # False为假，此值返回给调用函数之处
    for i in range(2, int(n ** 0.5) + 1):      # 遍历从2到 n的平方根的整数
        if n % i == 0:                         # 当存在能被整除的数时，不是素数
            return False                       # False为假，此值返回给调用函数之处
    else:                                      # 与 for 子句匹配，i == 2时也进入此语句块
        return True                            # True为真，代表n 是素数
```

很多与素数相关的问题都可以分解为包含素数判定在内的多个子问题，每个子问题利用一个函数编程实现。子问题的代码量一般可以控制在20行以内，也可以把问题控制在一个子函数内，代码容易编写和维护。整体上看，还可以重用代码，简化逻辑，提高代码的可维护性和可读性。下面再看几个例子：

实例 5.21 判断回文素数。

实例说明： 回文素数是指一个数既是素数又是回文数。例如，131既是素数又是回文数。用户输入一个正整数 n，在一行内输出从小到大排列的小于n的回文素数，数字后面用一个空格进行分隔。

判断一个数字是否为回文数可以将其转为字符串，将这个字符串与其逆序字符串相比较，若二者相同就是回文数字。素数的判断可以用前面编写的is_prime(n)函数实现，判定即是回文又是素数是一个逻辑运算，可将运算量小的回文判定放到左侧，利用短路减少运算量，提高程序效率。

实例代码：

```
def is_prime(n):
    """接收一个正整数为参数，判断是否为素数，返回布尔值"""
    # 略，参考实例 5.20 判定素数函数

def palindromic(num):
    """接收一个数字为参数，判定其是否为回文数，返回布尔值。"""
    return str(num) == str(num)[-1::-1]     # 比较运算的结果是布尔值True或False

def palindromic_prime(number):
    """输入正整数参数number，在同一行从小到大输出小于number回文素数，无返回值"""
    for i in range(number):                  # 遍历小于n的整数
        if palindromic(i) and is_prime(i):   # 计算量小的判定回文放在左侧，利用短路提高效率
            print(i, end=' ')                # 输出2 3 5 7 11 101 131 151 181 191

if __name__ == '__main__':
    palindromic_prime(200)                   # 调用函数，利用函数内的输出语句输出结果
```

实例 5.22 按从小到大顺序输出所有小于n的反素数。

实例说明： 反素数是指一个将其逆向拼写后也是一个素数的非回文数。例如：17和71都是素数且均不是回文数，所以17和71都是反素数。

实例代码：

```
def is_prime(n):
    """接收一个正整数为参数，判断是否为素数，返回布尔值"""
    # 略，参考实例 5.20 判定素数函数

def palindromic(num):
    """接收一个数字为参数，判定其是否为回文数，返回布尔值"""
    return str(num) == str(num)[::-1]        # 字符串与其逆序字符串相同

def reverse_num(num):
    """接收一个整数，返回其逆序字符串对应的整数"""
    return int(str(num)[::-1])               # 数字转字符串后逆向切片实现逆序再转回整数

def reverse_prime(number):
    """接收一个正整数参数，找出并在同一行内输出所有小于number的反素数"""
    for i in range(number):                  # 遍历小于n的整数
        if not palindromic(i) and is_prime(i) and is_prime(reverse_num(i)):
            print(i, end=' ')                # i为回文素数时输出i，输出后不换行

if __name__ == '__main__':
    reverse_prime(200)                       # 函数中有输出语句，此处仅调用函数
# 13 17 31 37 71 73 79 97 107 113 149 157 167 179 199
```

实例 5.23 哥德巴赫猜想。

实例说明： 任意一个大于2的偶数都可写成两个素数之和。输入一个整数num，若num是大于2的偶数，输出两个素数加和形式，有多个不同组合全部输出。若输入的数不是大于2的偶数，输出 'Data error!'

类似百钱百鸡问题的优化，若存在两个素数加和等于num，那么两个素数一定有一个在数字区间的前半部分，一个在后半部分，所以可以只遍历数字区间的一半。若当前数字 i 是素数，且num与 i 的差也是素数，那么当前数就是问题的一个解。

实例代码：

```
def is_prime(n):
    """接收一个正整数为参数，判断是否为素数，返回布尔值"""
    # 略，参考实例5.20判定素数函数

def goldbach_conjecture(num):
    """接收一个整数为参数,当参数为大于2的偶数时，将其分解为两个素数的加和"""
    if num % 2 == 0 and num > 2:              # 只判定大于2的偶数
        for i in range(num // 2 + 1):         # 超过num // 2的组合为重复组合
            if is_prime(i) and is_prime(num - i):
                print(f"{num}={i}+{num-i}")
    else:
        print('Data error!')

if __name__ == '__main__':
    goldbach_conjecture(30)
```

while…else用法类似于for…else，仅当while因条件为假而退出（即没有被break中断）时运行else分支下的语句块。

5.5.3 continue

continue语句应用于while或for循环语句中，一般置于条件判定语句块中，当满足某条件时触发该语句的执行。作用是跳过本次循环中continue后面剩余语句的执行，提前进入下一次循环。

实例 5.24 统计平均成绩。

实例说明：现有一个读文件切分得到的列表，其元素是表示一位同学各门课程成绩的字符串，空字符串表示该门课程因缓考或缺考等原因导致成绩缺失，请计算并输出该同学的平均成绩。

缓考导致的成绩缺失并不表示成绩为0，所以计算平均成绩时，应该略过缺失的成绩，只统计正常参加考试获得的成绩，这种情况下，就可以用continue跳过本次循环中剩余的程序语句。

实例代码：

```
score = ['69', '85', '88', '', '100', '76', '', '95']
total = 0                             # 总分初值
amount = 0                            # 有成绩的课程数量初值
for x in score:                       # 遍历列表，x每次取值为一个字符串
    if x == '':                       # 若当前取值为空字符串
        continue                      # 跳过当前循环剩余语句，开始下一循环
    total = total + int(x)            # 字符串转整数，并累加到总成绩上
    amount = amount + 1               # 有成绩课程数量增加1
avg_score = total / amount            # 计算平均成绩
print(avg_score)                      # 忽略无成绩课程的平均分85.5
```

可以改变判定条件为当前成绩是非空字符串时进行累加，避免使用continue。实际上，Python中，大部分使用continue的情况都可以通过改变条件避免其使用。

实例代码：

```
score = ['69', '85', '88', '', '100', '76', '', '95']
total = 0                                     # 总分初值
amount = 0                                    # 有成绩的课程数量初值
for x in score:                               # 遍历列表，x每次取值为一个字符串
    if x != '':                               # 若当前取值为非空字符串时值为True，可写为if x:
        total = total + int(x)                # 字符串转整数，并累加到总成绩上
        amount = amount + 1                   # 有成绩课程数量增加1
avg_score = total / amount                    # 计算平均成绩
print(avg_score)                              # 忽略无成绩课程的平均分85.5
```

5.6 异常处理

5.6.1 异常

一般情况下，在Python无法正常处理程序时或者说程序运行时发生错误而没有被处理时就会发生一个异常。这些异常会被Python中的内建异常类捕捉，异常的类型有很多，在前面的学习过程中，遇到过SyntaxError、NameError 、TypeError、ValueError等多个错误提示信息，这些都是异常。例如：

```
a = 8
b = 0                                         # 除数不能为0
print(a / b)                                  # ZeroDivisionError: division by zero

pi = 3.14                                     # 圆周率
diameter = 4                                  # 直径
area = pi * ((dimeter / 2) ** 2)              # diameter拼写错误dimeter
# NameError: name 'dimeter' is not defined. Did you mean: 'diameter'?
```

当程序发生异常时需要捕获并进行一些处理，使其平稳结束，否则程序会终止执行甚至直接崩溃。本节主要学习异常的一些处理方法和利用异常进行程序设计。

在程序设计过程中，要尽可能考虑全面，避免类似异常的存在。同时，尽可能对可能产生的异常进行处理，使程序具有更好的健壮性和容错性，避免程序崩溃。也可以利用异常处理的方法实现程序的不同功能。

Python中有许多内置的异常，有一个内置异常的完整层次结构，每当解释器检测到某类错误时，就能触发相对应的异常。在程序设计过程中，可以编写特定的代码，专门用于捕捉异常，如果捕捉到某类异常，程序就执行另外一段代码，执行为该异常定制的逻辑，使程序能够正确运行，这种处理方法就是异常处理。

5.6.2 try...except 子句

在Python中，可以使用try、except、else和finally这几个关键词来组成一个包容性很好的程序，通过捕捉和处理异常，加强程序的健壮性。用try可以检测语句块中的错误，从而让except语句捕获异常信息并进行处理。

try...except语法如下：

```
try:
    <语句块1>                              #需要检测异常的代码块
except <异常名称1>:
    <语句块2>                              #在try部分引发了异常名称1时执行的语句块
[except <异常名称2>:
    <语句块3>]                             #在try部分引发了异常名称2时执行的语句块
[else:
    <语句块4>]                             #没有异常发生时执行的语句块
[finally:
    <语句块5>]                             #无论是否触发异常都要执行的语句块
```

except语句和finally语句都不是必需的，但是二者必须要有一个，否则try就没有意义。except语句可以有多条，Python会按except语句的顺序依次匹配指定的异常。

程序首先执行try子句，如果try中的程序没有触发异常，则跳过except子句，执行else中的语句。如果在执行try子句的过程中发生异常，则根据错误类型选择执行对应的except中的语句，这里面可以是错误信息或者其他的可执行语句。except可以有多个，分别用于处理不同类型的异常。每个except只捕捉一个异常，一旦捕捉到异常就不会再进入其他except语句块。except 子句可以用带圆括号的元组“except (RuntimeError, TypeError, NameError):”来指定多个异常，如果发生的异常与 except 子句中指定的异常不匹配，则它是一个未处理异常，执行将终止并输出error消息。

except 或 else 子句执行期间也会触发异常，该异常会在 finally 子句执行之后被重新触发。若有finally子句，无论是否发生异常，都执行finally语句块。finally放在最后，其内容通常是做一些后事的处理，比如关闭文件、资源释放之类的操作。

Python允许在一个程序里同时对多类异常进行捕捉，触发哪个异常就执行哪个异常对应的语句。表5.1列出了Python中常见的异常名称及其描述，可以参考Python文档查看所有异常类及其子类。

表 5.1 常见异常及描述

异常名称	描　述
Exception	常规异常的基类，可以捕获任意异常
SyntaxError	语法错误
NameError	未声明/未初始化的对象（没有属性）
SystemError	一般的解释器系统错误
ValueError	传入无效的参数，或传入一个调用者不期望的值，即使值的类型是正确的
IndentationError	缩进错误（代码没有正确对齐）
ImportError	导入模块/对象失败（路径问题或名称错误）
ModuleNotFoundError	模块不存在
ZeroDivisionError	除（或取模）零
OverflowError	数字运算超出最大限制

续表

异常名称	描　述
AttributeError	对象没有这个属性
IndexError	索引超出序列边界，如x只有10个元素，序号为0-9，程序中却试图访问x[10]
KeyError	映射中没有这个键（试图访问字典里不存在的键）
TypeError	对类型无效的操作
TabError	Tab 和空格混用
RuntimeError	一般的运行时错误

Python内置了的Exception类可以捕捉到所有内置的、非系统退出的异常，以及所有用户定义的异常。

5.6.3 异常处理的应用

在一些特殊情况下，可以应用异常来实现一些特定的功能。例如，正整数a+b的问题，利用其他语言实现可能需要近100行代码，而用Python结合异常处理来实现，仅需要不到20行就可以实现。

实例 5.25 求两个正整数a和b的和。

实例说明： 题目很简单，就是两个正整数a和b相加，其中a和b都大于0。麻烦的是，输入并不能保证是两个正整数。如果输入的是两个正整数，则按格式“A + B = 和”输出。如果某个输入不符合要求，则在相应位置输出“?”，显然此时和也是“?”。

在一行中输入a和b，其间以空格分开。a和b不一定是满足要求的正整数，有时候可能是超出范围的数字、负数、带小数点的实数，甚至是一堆非数字字符。要求把输入中出现的第1个空格认为是a和b的分隔。题目保证至少存在一个空格，并且b不是一个空字符串。

实例代码：

```
a, b = input().split(' ', maxsplit=1) # 根据空格切分输入为列表，只切分一次
try:
    a = int(a)                         # 列表第一个元素转整型，转换类型不成功则触发异常
    if a <= 0:                         # 若转换成功，说明是整数，再判定是否为负数
        a = '?'
except ValueError:
    a = '?'                            # 当异常被触发时，表明不是整数，用“？”代替
try:
    b = int(b)                         # 列表第二个元素转整型，转换类型不成功则触发异常
    if b <= 0:                         # 若转换成功，说明是整数，再判定是否为负数
        b = '?'
except ValueError:
    b = '?'                            # 当异常被触发时，表明不是整数，用“？”代替
if a == '?' or b == '?':
    print(f'{a} + {b} = {"?"}')
else:
    print(f'{a} + {b} = {a + b}')
```

虽然try...except可以捕捉和处理程序中的异常，但不能过于依赖这种方法。在程序设计过程中，首先应该尽可能排除语法错误与逻辑错误，防御性编码比捕捉异常方式更好，应尽量采取这种编程方式，提升性能并且使程序更健壮。

不要试图用try语句解决所有问题，这将会极大降低程序的性能。只有在错误发生的条件无法预知的情况下，才使用try...except进行处理。

在程序设计过程中，一般情况下异常处理与程序主要的功能是没有关系的，过多的应用异常处理，会导致代码可读性变差。要尽量减少try...except语句块中的代码量，try语句块的体积越大，期望之外的异常就越容易被触发，越容易隐藏真正的错误，从而带来严重后果。

小结

本章主要介绍了程序设计中的顺序结构、分支结构和循环结构。分支语句主要是由条件控制程序的走向，一般建议由一组if、elif和else的组合将问题空间一次性分开，可以用多组二分支语句，但要避免多条if语句后面跟一条else语句的用法。不确定循环次数时一般使用while语句，在后面的条件或循环体中放置循环结束条件。for…in结构一般用于遍历一个可迭代的对象中的每一个元素，循环次数由可迭代对象中的元素数量决定。break用于循环中分支语句的下面，执行到此语句时会提前终止当前层次的循环。continue语句用于循环中，可跳过本次循环后续语句的执行，提前执行下一次循环。将可能会出现异常的语句放到try后面的语句块中，若捕捉到异常，则执行except下面的语句块，否则执行else下面的语句块。无论前面是否捕捉到异常，finally下面的语句块一定会被执行。

实训

实训要求： his.txt文件中包含若干学生的课程成绩，以下语句可以将文件中的数据读取到列表中：

```
his_ls = open('his.txt').read().split()
```

获得形如：['95','68.25','99','100','94','98','97',…]的列表，试完成以下任务：

1．将以下功能分别定义成一个函数。

（1）将文件中的数据读取到列表中，返回值为字符串的列表。

（2）统计不及格人数及占百分比。

（3）统计各分数段人数及占百分比。

（4）统计课程平均分、中位数和标准差。

（5）自定义需求并完成分析需求。

2．定义一个主函数，负责以上函数调用与结果输出。

第 6 章 序列

本章先介绍这些序列类型都支持的索引、切片等通用操作，再分别介绍各个不同的序列类型的特有属性和支持的操作。Python 中遍历读文件和从键盘接收的输入都是字符串类型，所以字符串类型应用非常广泛，支持的操作也多，但字符串是不可变数据类型，其操作结果会产生新对象。列表是应用最灵活的数据类型，是可变数据类型，支持很多原地的操作，不产生新对象。random 是标准库，默认会以系统时间为种子，支持一系列产生随机数和随机元素的方法。

思维导图

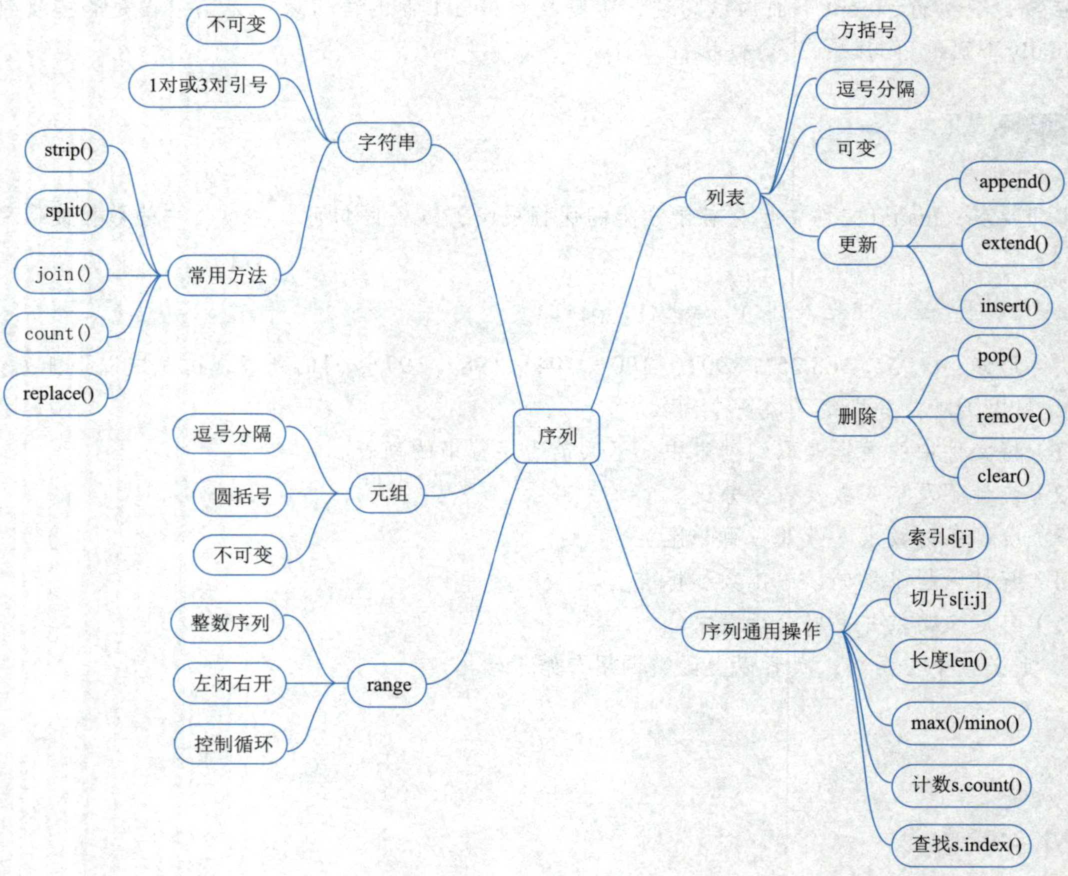

序列是元素有序的数据类型，有3种基本序列类型：列表（list）、元组（tuple）、range 对象。Python常用的序列类型还有为处理文本数据而特别定制的文本序列类型，称为字符串（str）对象。

6.1 序列通用操作

字符串、列表、元组和 range 等序列数据类型具有一些共性。它们内部元素之间都存在先后顺序，都支持序列的拼接、重复、索引、切片、测试长度、最大值、最小值和存在性测试等操作。各操作的描述见表6.1，s 和 t 是具有相同类型的序列，n、i、j 和 k 是整数，而 x 是任何满足 s 所规定的类型和值限制的对象。

in 和 not in 操作具有与比较操作相同的优先级。+（拼接）和 *（重复）操作具有与对应数值运算相同的优先级。

表 6.1 序列通用操作

序号	操作符	描述
1	s[i]	索引，返回序列 s 的第 i 项，项序号为整数
2	s[start:end[:step]]	切片，返回序列 s 从 start 到 end（不包括 end）步长为 step 的字符生成新的序列。step 缺省时，步长为 1，返回序号从 start 到 end 的子序列
3	s + t	拼接两个序列 s 和 t，仅适用于列表和字符串
4	s * n 或 n * s	n 为整数，将序列 s 与自身拼接 n 次生成新序列，range 不支持此操作
5	len(s)	返回序列 s 的长度，序列包含元素的个数或字符串包含字符的个数
6	min(s,*[,key, default])	返回序列 s 的最小值，key 关键字缺省时按元素值比较
7	max(s,*[,key, default])	返回序列 s 的最大值，key 关键字缺省时按元素值比较
8	s.count(x)	x 在 s 中出现的总次数
9	s.index(x[, i[, j]])	元素或字符 x 在序列 s 中首次出现项的索引号，i 值存在时表示从索引号 i 处开始查找 x，j 存在时表示查找范围在 i 和 j 之间
10	x in s	如果基本序列 s 中的某项等于 x，则结果为 True，否则结果 False； 如果字符串 s 中的任一子序列与 x 相等，则结果为 True，否则结果 False
11	x not in s	如果基本序列 s 中的某项等于 x，则结果为 False，否则结果 True； 如果字符串 s 中的任一子序列与 x 相等，则结果为 False，否则结果 True

6.1.1 索引

对于元组、列表或range对象等基本序列类型，序列中每个元素拥有一个序号。对于字符串，其中的每个字符拥有一个序号。序列数据内部的字符或元素按照顺序有序存储，可以使用序号取得相应的数据项或字符。

Python维护了两套索引：

（1）正向索引序号正向从 0 开始，终止值为序列长度减 1（len(s)-1）。

（2）逆向索引序号从 -1 开始，终止值为负的序列长度（-len(s)）。

两种序号体系可以同时使用，并且结合两种表示方法可以方便地对序列进行索引和切片。图 6.1 中以列表和字符串为例给出正向和逆向两种索引编号规则的示例。对字符串而言，英文、中文、空格和各种符号各占一个字符位。

正向索引	0	1	2	3	4	5	6	7	8	9	10	11
字符串	H	e	l	l	o		P	y	t	h	o	n
逆向索引	-12	-11	-10	-9	-8	-7	-6	-5	-4	-3	-2	-1

正向索引	0	1	2	3	4	5	6	7	8	9
列表	[94,	89,	96,	88,	92,	86,	69,	95,	78,	85]
逆向索引	-10	-9	-8	-7	-6	-5	-4	-3	-2	-1

图 6.1　字符串与列表的序号

所谓的索引是指通过序列数据的序号返回其对应的字符或元素的操作，可以按正向序号进行索引或按逆向序号进行索引，通过序号获取对应的元素。

索引的语法如下：

```
序列名[序号]
```

例如：

```
# 字符串序列
s = 'Hello World!'
print(s[4])                  # 按序号正向索引，返回序号为5的字符 'o'
print(s[-1])                 # 按逆向序号索引，返回最后一个字符  '!'
# 序列类型 —— 列表
scores = ['李明', 84, 80, 95, 88, 76, 65, 85, 98, 55]
print(scores[0])             # 按序号正向索引，返回序号为0的元素'李明'
print(scores[4])             # 按序号正向索引，返回序号为3的元素88
print(scores[-1])            # 按逆向序号索引，返回倒数第1个元素55
print(scores[-3])            # 按逆向序号索引，返回倒数第3个元素85
# 序列类型 —— range
r = range(10)                # 获得0、1、2、3、4、5、6、7、8、9的序列对象
print(r[3])                  # 按序号正向索引，返回序号为3的元素  3
print(r[-3])                 # 按逆向序号索引，返回倒数第3个元素  7
```

注意： 当使用的索引值超出列表现有数据的索引时，Python 将会产生“索引超出范围”的异常。例如，试图用 scores[10] 获取列表 scores 中不存在的序号 10 的数据，会得到 IndexError: list index out of range 的出错提示。

```
scores = ['李明', 84, 80, 95, 88, 76, 65, 85, 98, 55]     # 序号范围为0～9
print(scores[10])
# 输出：IndexError: list index out of range
```

索引序号必须为整数，不可为浮点数。当试图用浮点数做索引序号时，Python 将会产生

TypeError。当索引值是通过计算得到时，务必使其值为整型才可用作索引序号，或先用int()函数对其进行取整操作再用作索引序号。例如，整除符号“//”可以得到值为整数的运算结果，但当参与运算的数字有浮点数时，结果是一个浮点类型的整数，例如88//10的结果是整数8，但88.5//10 的结果为浮点数 8.0，当尝试输出 scores 列表中索引号为 88.5//10的数据时，因索引序号为浮点数，程序会返回TypeError: list indices must be integers or slices, not float的出错提示，提示用户“列表的索引必须是整数，不能是浮点数”，解决方法是先取整再做索引号。

实例6.1 百分制转五分制。

实例说明：用字符串索引的方法对百分制成绩转五分制成绩的程序进行简化。先将区间0～100 划分为[0,10)、[10,20)、[20,30)、[30,40)、[40,50)、[50,60)、[60,70)、[70,80)、[80,90)、[90,100)、[100] 共 11 个区间。各区间成绩分别对应五分制的E、E、E、E、E、E、D、C、B、A、A。如果将落在各区间的数分别对 10 做整除，可以得到 0～10共 11 个数字，正好是字符串'EEEEEEDCBAA'中每个字符的序号。百分制分数整除10，可得到其十位上的整数i，字符串中以i值作为索引的字符正好对应该分数段的五分制成绩。例如，85//10 的结果为 8，输出字符串中序号为 8 的字符B。需要注意的是当成绩中有浮点数时，索引号需要先取整再使用。

实例代码：

```
grades = 'EEEEEEDCBAA'                          # 分别代表ABCDE五个等级，E代表不及格
scores = float(input())                         # 输入浮点数表示的百分制成绩
print(grades[int(scores//10)], end=' ')         # 转换五分制并输出
# print(grades[scores//10], end=' ')            # 去掉行首的#号再运行时会触发异常

# TypeError: string indices must be integers, not 'float'
```

这里利用Python中字符串索引和整除的方法，减少代码行数，既提高了开发效率，又简化了程序的逻辑，使程序更清晰、简洁。

当索引结果仍是序列类型数据时，可以继续应用索引的方法获取元素中的数据。例如：

列表['李明', 35, ('博士','副教授'), [96, 92, 85]] 中包含用3个逗号分隔开的4个元素，分别是：字符串'李明'、整数35、元组('博士','副教授')和列表[96, 92, 85]。

其中包含的字符串'李明'、元组('博士','副教授')和列表[96, 92, 85]这3个元素都属于序列类型，可以继续应用索引的方法获取元素内部的数据。例如：

```
cv = ['李明', 35, ('博士','副教授'), [96, 92, 85]]
# 包含字符串、数字、元组和列表等多种类型数据的列表
print(cv[0])                  # 序号为 0 的元素为字符串为'李明'
print(cv[0][0])               # 序号为 0 的元素中'李明'序号为0的元素为'李'
print(cv[2])                  # 序号为 2 的元素为元组('博士', '副教授')
print(cv[3])                  # 序号为 3 的元素为列表[96, 92, 85]
print(cv[2][0])               # 序号为 2 的元素('博士', '副教授')中序号为0的元素为“博士”
print(cv[3][1])               # 序号为 3 的元素[96, 92, 85]中序号为1的元素为92
```

6.1.2 切片

字符串序列及列表、元组和range等序列类型数据都支持切片操作，切片的方法如下：

```
seq[start: end: step]
```

其中：

（1）seq为字符串及列表、元组或range等序列类型数据对象名。

（2）start：表示切片开始的位置元素序号，是第一个要返回的元素的索引号，正向索引位置默认为0，逆向索引位置默认为负的序列长度，即 -len(seq)；start省略时从第一个元素开始切片。

（3）end：表示是切片结束位置元素序号，正向索引最后一个位置为序列长度减1，即len(seq)-1；逆向索引结束位置序号默认为 -1；end 省略时切片包括最后一个元素。

（4）step：表示取值的步长，默认为1；start<end时步长为正值；start>end时步长为负值；step不能为0。

对于序列结构数据来说，索引和步长都具有正、负两个值，分别表示左、右两个方向取值。索引的正方向从左往右取值，起始位置为0；逆向从右往左取值，起始位置为 -1。因此，任意一个序列结构数据的索引范围为 -len(seq) ～len(seq)-1之间的连续整数。

切片的过程是从第一个要返回的元素开始，到第一个不想返回的元素结束。切片操作将会按照给定的索引和步长，截取序列中的对象组成新的片段，切片序号超过索引号时不会越界。

在切片seq[start: end: step]中，包含seq[start]元素，不包括seq[end]元素。所以，如果想返回包含最后一个元素（len(s)-1）的切片，结束位置的序号end应该设为len(s)或省略结束位置序号，即应该使用切片seq[start: len(s)] 或seq[start:]。

1. 字符串序列类型

例如：

```
s = 'Hello World!'
print(s[6:8])        # 根据序号[6:8]切片，输出不包括结束序号的字符'Wo'
print(s[:5])         # 从起点到序号为5的位置切片，不包括5，输出'Hello'
print(s[6:])         # 从序号6向后到字符串结束切片，输出'World!'
print(s[-3:-1])      # 负向索引，不包含右边界元素，输出'ld'
print(s[6:-1])       # 混用正负索引，输出'World'
print(s[::])         # 从字符串开始到结束进行切片，输出'Hello World!'
print(s[-1::-1])     # 按步长为-1进行切片，输出'!dlroW olleH'
print(s[::2])        # 步长为2，输出序号为偶数的元素，输出'HloWrd'
```

2. 列表类型

例如：

```
scores = ['李明', 84, 80, 95, 88, 96, 76, 65, 85, 98, 55]
print(scores[5:])        # 从5到序列结束的元素，输出[96, 76, 65, 85, 98, 55]
print(scores[1:-1])      # 混用索引[84, 80, 95, 88, 96, 76, 65, 85, 98]
print(scores[1::2])      # 步长为2，隔一个，输出[84, 95, 96, 65, 98]
print(max(scores[1:])) # 切片返回除序号0的列表，max返回其最大值
print(sum(scores[1:])) # 利用sum()函数对切片获取的序列求和，输出822
# len()获得切片后的列表元素个数，输出切片后的序列元素的平均值82.2
print(sum(scores[1:]) / len(scores[1:]))
```

3. range 类型

例如：

```
r = range(10)                      # 获得0、1、2、3、4、5、6、7、8、9的序列
```

```
print(r[3:6])                          # 对range(10)切片，返回新对象range(3, 6)
print(sum(r[1::2]))                    # 输出序号为奇数的元素的和 25
print(sum(r[0::2]) / len(r[0::2]))     # 输出序号为偶数的元素的平均值 4.0
```

包含字符串、数字、元组和列表等多种类型数据的列表：

```
cv = ['李明', 35, ('博士','副教授'), [96, 92, 85]]
print(cv[2:4])     # 切片得到新列表[('博士', '副教授'), [96, 92, 85]]
```

实例6.2 判断回文字符串。

实例说明： 一个字符串，如果各字符逆序排列与原字符串相同，则称为回文，如12321、上海自来水来自海上，用户输入一个字符串，判断该字符串是否为回文，如果是回文输出True，否则输出False。

判断输入的字符串是否是回文，可以从前到后将字符串的每一个字符与从后向前每一个字符一一比较，如果都一一相同，则是回文。Python在处理字符串方面有更灵活的方法，可以利用切片方法（s[start: end: step]），令步长step值为-1，从最后一个字符开始，到字符串开始字符结束进行切片，即构造切片s[-1::-1]或s[::-1]，可以获得逆序的字符串。比较逆序的字符串与原字符串是否相同，相同则是回文。

实例代码：

```
s = input()              # 输入一个字符串
if s == s[-1::-1]:       # s[-1::-1]将字符串反转，判断反转后是否与原字符串相等
    print(True)          # 如果相等，则是回文，输出True
else:
    print(False)         # 如果不相等，则不是回文，输出False
```

可以将其定义为函数，利用比较运算结果为布尔值的特性，直接返回比较运算表达式，避免使用分支语句。

实例代码如下：

```
def palindromic(s):
    """接收一个字符串为参数，判定其是否为回文，返回布尔值"""
    return s == s[::-1]      # 比较运算结果为布尔值
```

实例6.3 提取身份号码中的日期与性别。

实例说明： 中国的居民身份证号是一个18个字符的字符串，第7～14位数字表示出生年、月、日，第17位数字表示性别，奇数表示男性，偶数表示女性。输入一个合法的身份证号，输出其出生年月日。（注：本书测试所用身份证号是用程序模拟生成的虚拟号码）

实例代码：

```
id_number = input()                # 输入如440111200406264237（模拟生成的号码）
year = id_number[6:10]             # 序号6～9的字符串，年份，不包含右边界
month = id_number[10:12]           # 序号为10～11的字符串，月份
date = id_number[12:14]            # 序号为12～13的字符串，日期
if id_number[16] in '13579':       # 若第17位数字在'13579'中存在，为奇数数字字符
    gender = '男'
else:
    gender = '女'
```

```
print(f'出生：{year}年{int(month)}月{int(date)}日')    # 输出“出生：2004年6月26日”
print(f'性别：{gender}')                               # 输出“性别：男”
```

在这个程序中，通过字符串切片id_number[6:10]、id_number[10:12]、id_number[12:14]分别获取出生年份、月份和日期。在切片时，切分出来的子字符串包括左边界，但不包括右边界。用f前缀格式化字符串输出，这种方法不限制变量类型，使用更加方便。此处可用int()函数转为整数，去除月份或日期前导0，保持与身份证上的输出一致。

6.1.3　序列长度

len()函数可以获得字符串、range、元组、列表等序列对象的长度，即获取序列中元素的数量。

```
print(len('Life is short,you need Python。'))              # 输出字符串中字符数量，31
print(len(range(549, 875)))                                # 输出range中元素数量，326
print(len(('罗明', 88, range(4), [1, 2, 3], (1,))))        # 输出元组中元素数量，5
print(len(['Susan', 'Female', 19, [85, 74, 99, 89, 92]])) # 输出列表中元素数量，4
```

实例 6.4　统计单词数量（一）。

实例说明： 输入一个英文句子，每个词之间至少用一个空格分隔，统计并输出句子中单词的数量。

字符串的split()方法不加参数时可根据空白字符将字符串切分为列表，再利用len()函数就可以统计其中单词的数量。

实例代码：

```
word_ls = input().split()  # 输入'Life is short You need Python'，切分为列表
print(word_ls)             # ['Life', 'is', 'short', 'You', 'need', 'Python']
print(len(word_ls))        # 统计列表中元素的数量，输出 6
```

6.1.4　元素出现次数

s.count(x)方法可以获得字符串、range、元组、列表等序列对象s中元素x出现的次数。

实例 6.5　统计字符数量。

实例说明： 字符串poem存储着泰戈尔英文诗“生如夏花”的诗句，统计其中每个英文字母出现的次数，输出时，忽略出现次数小于10的字母。

实例代码：

```
poem = '''
I heard the echo, from the valleys and the heart
Open to the lonely soul of sickle harvesting
Repeat outrightly, but also repeat the well-being of
Eventually swaying in the desert oasis
I believe I am
Born as the bright summer flowers
Do not withered undefeated fiery demon rule
Heart rate and breathing to bear the load of the cumbersome
Bored'''
```

```
poem = poem.lower()                          # 将poem中的所有英文字符转换为小写
# 统计poem中每个英文字符出现的次数，输出时忽略出现次数小于10的字符
for char in 'abcdefghijklmnopqrstuvwxyz':   # 遍历26个英文字符，比遍历文章循环次数少
    num = poem.count(char)                   # 依次统计poem中当前字符char出现的次数
    if num >= 10:                            # 如果当前字符出现的次数大于等于10
        print(f'字符{char}在诗中出现{num}次') # 输出当前字符出现的次数
```

6.1.5 获取子序列序号

s.index(x) 方法可以获取子序列 x 在序列 s 中首次出现位置的索引号，子序列可以是元素、字符或序列片段。若序列 s 中不存在子序列 x 则触发一个异常，在应用时，应该先进行成员测试。

实例 6.6 恺撒加密。

实例说明：在一行中输入一个仅包括小写字母、数字、空格和半角符号的字符串，将每个字母用该字母后的第4个字母替换，其他字符原样输出，实现字符串加密。

实例代码：

```
letter = 'abcdefghijklmnopqrstuvwxyz'   # 原字符序列
trans = 'efghijklmnopqrstuvwxyzabcd'    # 替换字符序列，trans=letter[4:]+letter[:4]
txt = input()                           # 输入的明文字符串，如2024 you need python
text = ''                               # 创建空字符串，用于存放加密后字符串
for char in txt:                        # 遍历输入的字符串，依次取其中一个字符
    if char in letter:                  # 若当前字符在letter中存在，则为小写字母
        n = letter.index(char)          # 返回当前字符在letter中的位置序号
        text = text + trans[n]          # 取序列trans中对应位置的字母拼接到text上
    else:                               # 若当前字符不是小写字母
        text = text + char              # 将原字符直接拼接到text上
print(text)                             # 输出加密后的字符串，2024 csy riih tcxlsr
```

6.1.6 序列拼接与重复

字符串、元组与列表等序列类型都支持拼接与重复的操作。序列拼接是通过“+”将两个相同类型的序列拼接为一个包含参与拼接的序列中所有元素的新序列。序列重复 s * n 是将一个序列 s 乘以一个整数 n产生一个新序列，新序列是 s 中的元素重复 n 次。当 n 小于或等于0时会被当作 0 来处理，此时序列重复0 次的操作将产生一个空序列。

实例 6.7 数据脱敏。

实例说明：手机号属于个人隐私信息，编程将用户输入的手机号的4～7位用“*”替换。输入格式：11 位数字的手机号码，如13912345678。

实例代码：

```
tel = input()                           # 输入13213213211
tel_mask = tel[:3] + '*' * 4 + tel[-4:] # 字符串切片取前3位和后4位、拼接上“****”
print(tel_mask)                         # 132****3211
```

代码中 `'*' * 4` 可以直接使用“****”替换，使用 `'*' * 4` 主要是展示字符串重复的用法，当需要重复的次数较多时，这种表示更合适。

实例 6.8　约瑟夫环问题。

实例说明：有20个人围坐在一张圆桌周围，从第1个人开始报数，数到3的那个人出列，他的下一个人又从1开始报数，数到3的那个人又出列；依此规律重复下去，直到圆桌周围的人数少于3时结束，输出剩下的人的序号，如图6.2所示。

图 6.2　约瑟夫环

问题中要求每数到3的人出列，最后只剩2人时结束。20个人围成一个圈可以用一个列表来表示，每次将列表的第3个元素去除，同时将前2个元素拼接到列表的末尾，这样就可以循环执行，直至列表长度小于3为止。

下面给出变化过程：

20 3

[1, 2, 3, 4, 5, 6, 7, 8, 9, 10, 11, 12, 13, 14, 15, 16, 17, 18, 19, 20] 3

[4, 5, 6, 7, 8, 9, 10, 11, 12, 13, 14, 15, 16, 17, 18, 19, 20, 1, 2] 6

[7, 8, 9, 10, 11, 12, 13, 14, 15, 16, 17, 18, 19, 20, 1, 2, 4, 5] 9

...

[13, 20, 2] 2

[13, 20]

实例代码如下：

```
ls = list(range(1, 21))                    # 构造一个元素为 1～20 的列表
while len(ls) > 3 - 1:                     # 列表长度大于2时，去掉第3个元素
    ls = ls[3:] + ls[:3-1]                 # 前2个元素拼接到3以后的列表末尾
print(ls)                                  # 循环结束后，输出列表中剩下的元素
```

约瑟夫环问题可以扩展为一圈共有n个人，从 1 开始报数，报到m的人出列，然后重新开始报数，剩余人数小于m时停止，输出最后剩余人的序号。程序中用split()函数把用空格分隔的输入切分为包含2个值的列表，map()函数将这个列表中的所有值映射为参数指定的类型，此处为整数。再用多变量赋值的方法将这两个整数值分别赋值给n和m。

实例代码如下：

```
# 长度为n的列表，循环删除元素m，把前m-1个元素拼接到列表末尾
n,m = map(int,input().split())             # 输入切分为列表并映射为整数
ls = list(range(1,n + 1))                  # 构造一个元素为1～n的列表
while len(ls) > m - 1:                     # 列表长度大于m-1时，去掉第m个元素
    ls = ls[m:] + ls[:m-1]                 # 前m-1个元素拼接到m以后的列表末尾
print(ls)                                  # 循环结束后，输出列表中剩下的元素
```

6.1.7 成员测试

Python 提供了 in 和 not in 运算符，用于测试某对象是否为字符串、列表或元组等序列或集合中的成员，返回布尔值（True 或 False）。应用 in 测试时，如果该对象在指定的序列中存在，则返回 True，否则返回 False。应用 not in 测试时，正好相反。成员测试一般用于条件运算，根据测试结果决定执行后续程序中的某个分支。

实例 6.9 判断火车票座位。

实例说明：我国高铁二等座座席每排按“3+2”方式排列 5 个座位，以 A、B、C、D、F 代表，字母 A 和 F 的座位靠窗，字母 C 和 D 靠中间过道，B 代表三人座中间座席。

用户输入一个数字和一个字母组成合法的座位号，根据字母判断位置是窗口、过道还是中间座席。

实例代码：

```
seat = input()                                    # 例如输入12A
if seat[-1] in 'AF':                              # 判断最后一个字符是否在'AF'中
    print(f'{seat}是{seat[:-1]}排{"窗口"}')      # 12A是12排窗口
elif seat[-1] in 'CD':                            # 判断最后一个字符是否在'CD'中
    print(f'{seat}是{seat[:-1]}排{"过道"}')
elif seat[-1] == 'B':                             # 判断最后一个字符是否为'B'
    print(f'{seat}是{seat[:-1]}排{"中间"}')
```

6.1.8 最大值与最小值

max(s) 与 min(s) 可以返回序列元素的最大值和最小值。元素为数值类型时直接比较，元素为字符串时，依次比较字符串中各字符的 unicode 编码的值。例如：

```
scores = ['李明', 84, 80, 95, 88, 96, 76, 65, 85, 98, 55]
print(max(scores[1:]))                            # 切片去掉姓名元素，输出成绩中最大值98
print(min(scores[1:]))                            # 切片去掉姓名元素，输出成绩中最小值55
```

max() 和 min() 函数可用 key 关键字指定比较大小的规则。例如：

```
ls = ['a', 'baa', 'bcde', 'de']
print(max(ls))                                    # 比较各字符的unicode值，d最大，输出de
print(min(ls))                                    # 比较各字符的unicode值，a最小，输出a
print(max(ls, key=len))                           # 比较列表中各字符串长度，bcde最大
print(min(ls, key=len))                           # 比较列表中各字符串长度，a最小，输出a
num = ['01', '9', '10', '5']
print(max(num))                                   # 比较列表中各字符串大小，'9'最大
print(max(num, key=int))                          # 按各元素转整型后比较，'10'转整型10，最大
```

6.1.9 多变量赋值

在确定序列长度的情况下，可以应用 Python 多变量赋值语句把元组、列表和字符串等序列解包，将其中的多个元素分别赋值给多个独立的变量。例如：

```
x, y = (5, 10)                                    # 元组元素按顺序赋值给多个变量
m, n = 3, 4                                       # 3、4为元组，元组元素按顺序赋值给多个变量
```

```
a, b, c = 'xyz'  # 字符串中字符按顺序赋值给多个变量
i, j = [3, 6]    # 列表元素按顺序赋值给多个变量
```

多变量赋值时，序列长度必须与变量数量一致，否则将引发 ValueError：

```
m, n = 3, 4, 5   # ValueError: too many values to unpack (expected 2)
m, n, k = 3, 4   # ValueError: not enough values to unpack (expected 3, got 2)
```

多变量同时赋值常用于将在一行内输入的、用空格或逗号分隔的字符串根据分隔符切分为列表，然后用多变量赋值语句分别赋值给多个变量：

```
name, score = input().split()          # '李明 88' 切分后分别赋值给name和score
print(f'{name}同学的成绩为{score}分')  # 输出：李明同学的成绩为88分
```

实例 6.10 鸡兔同笼。

实例说明： 有若干只鸡和兔同在一个笼子里，在同一行内输入两个整数，代表鸡和兔的头和脚的数量，编程计算笼中鸡和兔各多少只（假设鸡和兔都正常，无残疾）。若无解则输出“Data Error!”。

实例代码：

```
head, feet = map(int, input().split())       # 读入以空格分隔的两个数，转换为整数
if feet >= 2 * head > 0 and feet % 2 == 0:  # 脚数大于等于头数的两倍，且脚数为偶数
    rabbit = feet // 2 - head                # 用脚数的一半减去头数，可得到兔子的数量
    chicken = head - rabbit                  # 用头数减去兔子的数量，可得到鸡的数量
    print(f"有{chicken}只鸡，{rabbit}只兔")
else:
    print("Data Error!")
```

6.2 字符串

6.2.1 字符串的创建

1. 将一个或多个字符放在引号中

用单引号创建的字符串中可以包含双引号，用双引号创建的字符串中可以包含单引号。用3个引号括起的字符也可以作为字符串进行处理，其间可以包含单引号、双引号和回车符。例如，下述程序可以把一首宋词以字符串的形式赋值给变量poem，输出时会保留原文中的换行等格式。

```
single_str = '这是字符串，允许包含"双引号" '    # 单引号字符串可包含双引号
double_str = "这是字符串，允许包含'单引号' "    # 双引号字符串可包含单引号
# 三引号字符串可包含单引号和双引号，保留换行符
poem = '''
驿外断桥边，寂寞开无主。
已是黄昏独自愁，更著风和雨。
无意苦争春，一任群芳妒。
零落成泥碾作尘，只有香如故。
'''
```

2. 应用 str() 函数转换字符串

应用Python 提供的 str() 函数可将其他任意类型的对象转为字符串类型，使用方法是将其他类型的对象放置到括号中作为str() 函数的参数。

实例 6.11 输出水仙花数。

实例说明： 水仙花数是指一个 3 位数，它的每个位上的数字的 3 次幂之和等于它本身（例如：$1^3 + 5^3 + 3^3 = 153$），输出所有3位的水仙花数。

分别获取一个整数中每位上的数字可以用数学方法，对10取模得到最后一位，再整除10去掉最后一位，重复这个操作得到每位上的数字。考虑到字符串是可遍历对象，这里可以将整数转为字符串，通过遍历直接获得每位上的数字，更为简洁。

实例代码：

```
for num in range(100, 1000):                # 遍历所有3位数
    result = 0                              # 每次遍历时先将三位数之和的初值设为0
    for x in str(num):                      # 将当前数字转字符串，依次取每位上数字字符
        result = result + int(x) ** 3       # 将当前数字各位上的数的3次方加和
    if num == result:                       # 若当前数与该数各位上的数的3次方加和相等
        print(num)                          # 输出这个数字
```

3. 读文件生成字符串

应用上下文管理器with 和open() 函数可以打开一个文件并创建一个文件对象。用循环的方法对其进行遍历输出，每次循环把其中一行读取为一个以换行符“\n”结尾的字符串。

实例 6.12 读取文件中的数据。

实例说明： 文本文件his.txt中有若干行成绩数据，每行只有一个数字，读文件中的数据，统计成绩数量和平均成绩。his.txt 中内容如下：

```
95
68.25
99
100
94
...
85.5
88
```

实例数据：his.txt

实例代码如下：

```
total, num = 0, 0                           # 总成绩初值为0,成绩数量初值为0
with open('his.txt') as score:              # 打开文件，创建文件对象
    for line in score:                      # 遍历文件，每次循环取一个字符串数据
        total = total + float(line)         # 字符串数据转浮点数，累加得到总成绩
        num = num + 1                       # 统计成绩数量
avg = total / num                           # 计算平均成绩
print(round(avg, 2))                        # 79.66，保留2位小数
```

6.2.2 字符串常量

Python内置了一些字符串常量，在使用字符串常量时，需要先用import string导入string库。常用的字符串常量见表6.2。

表 6.2 常用的字符串常量

<table>
<tr><th>字符串常量</th><th>字 符 集</th></tr>
<tr><td>string.ascii_letters</td><td>'abcdefghijklmnopqrstuvwxyzABCDEFGHIJKLMNOPQRSTUVWXYZ'</td></tr>
<tr><td>string.ascii_lowercase</td><td>'abcdefghijklmnopqrstuvwxyz'</td></tr>
<tr><td>string.ascii_uppercase</td><td>'ABCDEFGHIJKLMNOPQRSTUVWXYZ'</td></tr>
<tr><td>string.digits</td><td>'0123456789'</td></tr>
<tr><td>string.hexdigits</td><td>'0123456789abcdefABCDEF'</td></tr>
<tr><td>string.octdigits</td><td>'01234567'.</td></tr>
<tr><td>string.punctuation</td><td>'!"#$%&\'()*+,-./:;<=>?@[\\]^_`{|} ~'</td></tr>
<tr><td>string.printable</td><td>'0123456789abcdefghijklmnopqrstuvwxyzABCDEFGHIJKLMNOPQRSTUVWXYZ!"#$%&\'()*+,-./:;<=>?@[\\]^_`{|} ~\t\n\r\x0b\x0c'</td></tr>
<tr><td>string.whitespace</td><td>' \t\n\r\x0b\x0c'</td></tr>
</table>

6.2.3 字符串遍历

字符串的遍历是指用循环的方法依次获取字符串中的每个字符。字符串遍历的方法如下：

```
for c in string:          # 变量c依次取值为字符串中的字符
    语句块
```

string为字符串，变量c依次被赋值为字符串中的字符，循环次数为字符串中的字符个数。

实例6.13 分类统计字符个数。

实例说明： 输入一个字符串，统计字符串中英文字母、数字和其他字符的个数。在遍历取得字符串中的每个字符后，可以用字母和数字的字符串常量string.ascii_letters和string.digits做成员测试判定字符的类型。

实例代码：

```
import string                            # 导入string库，使用库中字符串常量

my_string = input()                      # 输入一个字符串
letter, digit, other = 0, 0, 0           # 用于计数的3个变量均设初值为0
for c in my_string:                      # 遍历，c依次取值为字符串中的字符
    if c in string.ascii_letters:        # 若c在字母常量中存在，则c是字母
        letter = letter + 1              # 字母计数加1个
    elif c in string.digits:             # 若c在数字常量中存在，则c是数字
        digit = digit + 1                # 数字计数加1个
    else:
        other = other + 1                # 否则其他字符计数加1个
print(f"字母{letter}个，数字{digit}个，其他字符{other}个")
# 例如输入:123 The operators in and not in test for membership 456.
# 输出:字母39个，数字6个，其他字符11个
```

程序中 string.digits 可直接用 '0123456789' 代替，string.ascii_letters 可直接用 'abcdefghijklmnopqrstuvwxyzABCDEFGHIJKLMNOPQRSTUVWXYZ' 代替，结果相同，但没有当前方法简洁，可读性和可维护性变差。

6.2.4 常用字符串处理方法

Python 内置的字符串处理方法非常多，这里只介绍一些特别常用的方法，见表 6.3。

表 6.3 常用字符串处理方法

方 法 名	描 述
str.upper()/str.lower()	转换字符串 str 中所有字母为大写 / 小写
str.strip()	用于移除字符串开头、结尾指定的字符（缺省时去掉空白字符，包括 \t、\n、\r、\x0b、\x0c 等）
str.join(iterable)	以字符串 str 作为分隔符，将可迭代对象 iterable 中字符串元素拼接为一个新的字符串。当 iterable 中存在非字符串元素时，触发 TypeError 异常
str.split(sep=None, maxsplit=-1)	根据分隔符 sep 将字符串 str 切分成列表，缺省时根据空格切分，可指定逗号或制表符等。maxsplit 值存在且非 -1 时，最多切分 maxsplit 次
str.count(sub[, start[, end]])	返回 sub 在字符串 str 中出现的次数，如果 start 或者 end 指定则返回指定范围内 sub 出现的次数
str.find(sub[, start[, end]])	检测 sub 是否包含在字符串 str 中，如果是返回开始的索引值，否则返回 -1。如果 start 和 end 指定范围，则检查是否包含在指定范围内
str.replace(old, new[, count])	把字符串 str 中的 old 替换成 new，如果 count 指定，则替换不超过 count 次，否则有多个 old 子串时全部替换为 new
str.index(sub[, start[, end]])	与 find() 方法一样，返回子串存在的起始位置，如果 sub 不在字符串 str 中会报异常
for <var> in <string>	对字符串 string 进行遍历，依次将字符串 string 中的字符赋值给前面的变量 var

str.upper() 和 str.lower() 分别用于将其前面的字符串转换成大写字母和小写字母，如 input().upper() 可以将用户输入的字符串中的小写字母都转换成大写字母。

str.replace(old, new[, count]) 可以将字符串 str 中存在的 old 子字符串替换为字符串 new。不加 count 参数时不限定替换次数，如果被替换的子字符串出现多次，所有的子字符串都会被替换掉。

例如实例 6.7 若用 replace() 方法，可以编写以下程序实现相同的功能：

```
tel = input()                               # 输入13943214321
tel_mask = tel.replace(tel[3:-4], '****')   # 字符串切片取前3位和后4位、拼接上"****"
print(tel_mask)                             # 139********
```

在这个程序中，当输入“13943214321”时，若不指定替换次数，当字符串中有与需要替换的字符串相同的子串时，也会被替换掉，输出将变成“139********”。如果替换的子串与其他位置的子串相同，也会出现问题，例如输入“13213213211”，会输出“****32****1”，这些结果都与题目要求不符，所以这个问题用切片拼接方法 tel_mask = tel[:3] + '*' * 4 + tel[-4:] 最为稳妥。

str.replace(old, new[, count]) 替换结果为一个新的对象，当需要循环替换一个字符串中的不同子串时，需要重用原来的对象名引用新的替换后的字符串。

实例 6.14 统计单词数量（二）。

实例说明： 输入一个英文句子，每个单词之间至少用一个空格分隔，字符串中存在标点符号且标点符号后不保证有空格。统计并输出句子中单词的数量。统计单词数量时，形如“It’s”、“Let’s”、“don’t”的缩写形式要按2个单词计数。约定输入的语句中没有用“‘s”表示所有格的情况。

按照要求，可以先将所有标点符号替换为空格，这样就可以保证每个单词后至少有一个空格，且形如“It’s”的情况也会被替换为“It s”，然后再用split()函数根据空格切分为列表，“It s”会被切分为2个单词，再用len()函数返回列表的长度就是单词的数量。

实例代码：

```
txt = input()              # 输入字符串，如：Don't give up and don't give in.
for ch in """!"#$%&'()*+,-./:;<=>?@[\\]^_`{|} ~""":  # 遍历所有符号
    txt = txt.replace(ch, " ")        # 重用原来的名字使下次替换在前次替换结果上进行
words_ls = txt.split()                # 根据空格切分字符串，返回列表
print(words_ls) # ['Don', 't', 'give', 'up', 'and', 'don', 't', 'give', 'in']
total_words = len(words_ls)           # 切分为列表，返回列表长度
print(f'共有{total_words}个单词')      # 输出：共有9个单词
```

除了前面讲述的常用的字符串处理方法外，Python中还内置了大量的字符串处理方法，限于篇幅，不一一详述，可以根据需要查阅相关文档。

6.2.5 字符串格式化

格式化字符串的函数 str.format() 可对字符串的格式进行处理。format() 函数有很多优点：不需要考虑不同数据类型的问题，单个参数可以多次输出，参数顺序可以不相同，填充方式十分灵活，对齐方式十分强大。

调用format()方法后会返回一个新的字符串，其使用格式如下：

```
<模板字符串>.format(<逗号分隔的参数>)
```

format()方法中<模板字符串>的大括号中除了包括参数序号，还可以包括格式控制信息。此时，位置的内部样式如下：

```
{<参数序号>: <格式控制标记>}
```

其中，<格式控制标记>用来控制参数显示时的格式，包括填充、对齐、宽度、千位分隔符、精度、类型6个字段。format格式控制标记见表6.4。

表 6.4 format 格式控制标记

整　数	:	填　充	对　齐	宽　度	,	.精度	类　别
参数序号	引导符号	填充字符	左对齐：<； 右对齐：>； 居中：^； 数码前填充：=	输出宽度	数字千位分隔符	浮点数小数位数或字符串最大输出长度	c：Unicode 字符； b/o/d/x：二/八/十/十六进制； e/E：浮点数指数形式； f/F：浮点数标准形式； g/G 常规格式

这些字段均是可选项，可以组合使用，下面逐一进行介绍：

（1）填充：指<宽度>内除了参数外的字符采用什么方式表示，默认采用空格，可以通过<填充>更换。

（2）对齐：指参数在<宽度>内输出时的对齐方式，分别使用“ <”、“>”和“ ^ ”3个符号表示左对齐、右对齐和居中对齐。“=”强制在符号（如果有）之后数码之前放置填充，用于以 '+000000120' 形式打印字段，仅对数字类型有效。

（3）宽度：指按当前位置的设置输出字符宽度。如果该位置对应的format()参数长度比设置值大，则使用参数实际长度输出；如果该值的实际位数小于指定宽度，则位数将被默认以空格字符补充。

（4）千位分隔符（,）：显示数字的千位分隔符（数字每3位用半角逗号分隔开）。

（5）精度：表示两个含义，由小数点（.）开头。对于用f和F格式化的浮点数，精度表示小数点后保留的数字位数。对于用g和G格式化的浮点数，精度表示小数点前面和后面保留的数字位数，且会舍去输出数据末尾的零，仅保留浮点数的最短表示。对于字符串，精度表示输出的最大长度。精度的数字前没有点时，表示输出的最小占位宽度，输出字符大于宽度时，按实际位数输出。可结合宽度控制输出格式，例如：

```
print('{:.8f}'.format(3141.59265300979))    # 3141.59265301
print('{:.8F}'.format(3141.59265300079))    # 3141.59265300
print('{:.8g}'.format(314.159265358979))    # 314.15927
print('{:.8G}'.format(314.150000358979))    # 314.15
print('{:.8}'.format('3141.59265300079'))   # 3141.592
print('{:>4}'.format('1'))                  # 1，占4个字符宽度，右对齐
print('{:*>4}'.format('1'))                 # ***1，占4个字符宽度，右对齐，用*做填充字符
print('{:4}'.format('1.23456789'))          # 1.23456789，超过宽度时按实际字符输出
print('{:*^12.4}'.format('1.23456789'))     # ****1.23****，占位12字符，字符串取4个字符
```

（6）类别：表示输出整数和浮点数类型的格式规则。对于整数类型，输出格式包括6 种；对于浮点数类型，输出格式包括4 种。浮点数输出时尽量使用<.精度>表示小数部分的宽度，有助于更好地控制输出格式。整数和浮点数类型的格式规则见表6.5。

表 6.5　整数和浮点数类型的格式规则

符　号	功　能
b	输出整数的二进制方式
c	输出整数对应的 Unicode 字符
d	输出整数的十进制方式
o	输出整数的八进制方式
x/X	输出整数的小写/大写十六进制方式
e/E	输出浮点数对应的小写字母 e / 大写字母 E 的指数形式
f/F	输出浮点数的标准浮点形式，保留结果末尾的零，如3.1500
g/G	输出浮点数，末尾的零会从结果中被移除，如3.15
%	输出浮点数的百分形式

实例 6.15　格式化输出数据。

实例说明：将列表中的数据格式化输出，人物名占4字符左对齐，出场次数占10字符右对齐，比例占12字符，转百分数保留2位小数居中并用“-”号填充。

实例代码如下：

```
words_ls = [['宋江', 3531, 0.212], ['李逵', 1082, 0.065], ['武松', 992, 0.0597]]
# 人物名占4字符左对齐，出场次数占10字符右对齐，比例占12字符转百分数保留2位小数居中用"-"号填充
for lst in words_ls:  # lst依次取一个子列表，如['宋江', 3531, 0.212]...
    print('人物{:<4}出场{:>10}次，占{:-^12.2%}'.format(lst[0], lst[1], lst[2]))
```

输出：

```
人物宋江  出场      3531次，占---21.20%---
人物李逵  出场      1082次，占---6.50%----
人物武松  出场       992次，占---5.97%----
```

format()函数具有丰富的格式控制方法，可以方便、快速地进行各种格式的输出，一般建议使用format()函数做输出格式控制。

6.2.6　转义字符

Python中有很多转义字符，常用的转义字符，见表6.6。

表 6.6　常用的转义字符

转义字符	描　述	示　例
\n	换行	n：newline，用于行末，表示输出时到当前位置本行结束，后面字符在新的一行输出
\r	回车	r：return，回车，Mac OS下表示换下一行
\t	水平制表符	功能与键盘上【Tab】键相同，光标水平移动若干个字符，一般为3个字符，也有的解析成4个或6个字符
\\	反斜杠符号	用于在字符串中输出一个反斜杠“\”
\’	单引号	用于在字符串中输出一个单引号
\”	双引号	用于在字符串中输出一个双引号
\b	退格（Backspace）	使光标回退一格，清除前面一个字符

反斜杠（\）是一个特殊字符，在字符串中表示转义，该字符与后面相邻的一个字符共同组成一个特定的含义。在格式化输出字符串时，可以用转义字符实现一些特殊的格式控制。

例如，字符串“He said:"We’ve been good friends, haven’t we?"”中同时含有单引号和双引号时，用单引号或双引号都无法构建合法的字符串，此时，可以用反斜杠将字符串中的引号转义。例如：

```
print("He said:\"We've been good friends, haven't we?\"")
print('He said:"We\'ve been good friends, haven\'t we?"')
```

转义字符也可用于对字符串的输出进行格式控制：

```
print('\t\t静夜思\n\t\t 李白\n床前明月光，疑是地上霜。\n举头望明月，低头思故乡。\n')
```

输出结果：

```
静夜思
李白
床前明月光，疑是地上霜。
举头望明月，低头思故乡。
```

6.3 元组

一般来讲，元组是置于小括号“()”中的一组数据，数据项之间用半角逗号隔开。元组是序列类型数据的一种，可以用来存储一组数据。元组中的每个数据项称为一个元素，各元素类型可以相同，也可以不同，也可以将列表或元组作为元组的元素。例如：

```
num_tup = (1, 2, 3, 4, 5)                                    # 整数元素
prov_tup = ('湖北', '河北', '山东', '山西')                    # 字符串元素
info_tup = ('Susan', 'Female', 19, (85, 74), [99, 89, 92])   # 多种类型元素
```

上面的3个元组中，num_tup中有5个整型数据；prov_tup中有4个字符串类型数据；info_tup中有5个元素，其中包括2个字符串类型数据、1个整型数据、1个元组和1个列表。

元组是不可变数据类型，创建后不可以修改。元组支持用索引和切片的方法访问元组中的元素，但不能使用索引和切片的方法修改、增加或删除元组中的元素。若元组中存在可变数据类型的元素（如列表），该元素内部的数据可以修改，但该元素不能删除。

Python 中有一些针对元组的优化策略，对元组的访问和处理速度远快于列表。当一组数据仅用于遍历或类似操作，而不进行任何修改操作时，一般建议应用处理速度更快的元组而不用列表。当程序运行需要传递参数时，可以使用元组，以避免传递的参数在函数中被修改。

6.3.1 元组的创建

创建元组有以下几种方法：

（1）将置于小括号“()”中、用逗号分隔的一组数据赋值给一个变量，数据可以是多个，也可以是0个，数据个数为0时创建一个空元组。数据个数不为0时，至少包含一个逗号才能构成元组。例如：

```
a_tup = (88, 92, 73, 54, 65)                 # 元素为整数的元组
b_tup = ()                                   # 0个元素时为空元组
c_tup = ('罗明', 88, range(4), [1, 2, 3])    # 元素为多种类型的元组
d_tup = (1)                                  # 括号里只有一个元素没有逗号时不是元组
print(type(d_tup), d_tup)                    # <class 'int'> 1
```

（2）使用 tuple() 函数，将列表、range对象、字符串、字典的键、集合或其他类型的可迭代对象类型的数据转换为元组，当参数为空时生成一个空元组。例如：

```
print(tuple())                  # tuple()参数为空，产生一个空元组：()
print(tuple([1, 2, 3, 4]))      # 列表[1, 2, 3, 4] 转为元组(1,2,3,4)
print(tuple(range(5)))          # 对象range(5)转为元组(0, 1, 2, 3, 4)
print(tuple('1234'))            # 字符串'1234'转为元组('1', '2', '3', '4')
```

（3）用逗号分隔的一个或多个元素，如a, b, c或(a, b, c)。例如：

```
a_tup = 1, 2, 3, 4                # 赋值号右侧为一个对象，转为一个元组(1, 2, 3, 4)
print(type(a_tup), a_tup)         # <class 'tuple'> 元组类型，值为(1, 2, 3, 4)
b_tup = 1,                        # 1后面有逗号，不是整数，是一个省略了括号的元组(1, )
print(type(b_tup), b_tup)         # <class 'tuple'>元组类型，值为 (1,)
```

6.3.2 元组内置方法

因元组是不可变数据类型，元组的内置方法只有count()和index()，分别用于统计元素数量和返回元素首次出现的位置索引号。

实例6.16 统计成绩数据。

实例说明：元组中存放若干个学生的成绩，统计并输出其中成绩为100分的成绩数量，再输出100首次出现的索引号（从0开始计）。

实例代码：

```
tup = (82, 73, 83, 92, 75, 86, 100, 72, 99, 70, 100, 61, 64, 100, 67, 79,
       100, 71, 100, 98, 60, 97)
print(tup.count(100))             # 返回元组中指定元素100的个数
print(tup.index(100))             # 返回元组中指定元素100首次出现的索引号
```

6.4 列表

Python中的列表（list）是置于方括号“[ ]”中的一组数据，数据项之间用半角逗号分隔。列表中的每个数据项称为一个元素，元素的数据类型无限制，各元素类型可以相同，也可以不同，可以将列表或元组作为列表的元素。

```
num_ls = [1, 2, 3, 4, 5]                                # 元素为整数的列表
prov_ls = ['湖北', '河北', '山东', '山西']                # 元素为字符串的列表
info_ls = ['Susan', 'Female', 19, [85, 74, 99, 89, 92]] # 元素为字符串、整数、列表
                                                        # 的列表
```

元组和列表最大的区别在于列表是可变数据类型（mutable），可以在不重新创建对象的前提下对列表中的元素进行增加、修改和删除等操作。实际上，字符串、range、元组和列表这几种序列类型中，只有列表为可变数据类型，见表6.7。

表 6.7 序列类型

类　型	元素类型	示　例	是否可变
字符串	字符	''、'a'、'中国'、"武汉"	不可变
range	整数	range(5)、range(2,11,2)	不可变
元组	任意类型	()、(2,)、(1,'abc',(2,3),['武汉','吉林'])	不可变
列表	任意类型	[]、[3]、[5,'武汉',('a',3),['Tom',18]]	可变

6.4.1 列表的创建

列表的创建主要有以下几种方法：

1. 使用 [] 创建列表

将置于方括号“[ ]”中、用逗号分隔的一组数据赋值给一个变量，数据可以是多个，也可以是0个，数据个数为0时创建一个空列表。例如：

```
a_ls = []                       # 空的方括号创建空列表
b_ls = [88, 92, 73, 54, 65]     # 方括号中用逗号分隔的0个或多个元素创建列表
```

2. list() 函数将可迭代对象转列表

使用 list() 函数，将元组、range对象、字符串、字典的键、集合或其他类型的可迭代对象类型的数据转换为列表，当参数为空时生成一个空列表。例如：

```
null_ls = list()                # 空列表
num_ls = list(range(1, 5))      # Range转列表[0, 1, 2, 3, 4]
char_ls = list('武汉理工大学')   # 字符串转列表['武', '汉', '理', '工', '大', '学']
set_ls = list({1, 2, 3, 4})     # 集合转列表[1, 2, 3, 4]
dict_ls = list({'name': 'Tom', 'age': 18, 'gender': 'Male'})
                                # 字典的键转列表，['name', 'age', 'gender']
```

3. 列表推导式

[x for x in iterable if expression] 格式的表达式可以依次获取可迭代对象中符合条件表达式要求的元素，经过某种运算后转为列表元素。列表推导式可以作为其他函数的参数直接参与运算，使用非常方便。

```
char_ls = [x for x in '371']                       # ['3', '7', '1']
num_ls = [int(x) for x in '371']                   # [3, 7, 1]
pow_ls = [int(x) ** 3 for x in '371']              # [27, 343, 1]
plate_num = [x for x in '鄂A.2737F' if x.isdigit()] # ['2', '7', '3', '7']
```

实例 6.17 查找自幂数。

实例说明： 自幂数是指一个 n 位整数，它的每个位上数字的 n 次幂之和等于它本身，例如 $54748=5^5+4^5+7^5+4^5+8^5$。n为3时称为水仙花数；n为4时称为四叶玫瑰数；n为5时称为五角星数；n为6时称为六合数；n为7时称为北斗七星数；n为8时称为八仙数；n为9时称为九九重阳数；n为10时称为十全十美数。

实例代码：

```
n = int(input())                                    # 输入正整数，例如输入5
# 从10的n-1次方开始，到10的n次方结束，例如n为5时，从10000开始，到99999结束
for num in range(10 ** (n - 1), 10 ** n):           # 遍历每一个n位数，num为数值类型
    if num == sum([int(x) ** n for x in str(num)]): # 如果num等于num的每一位的n次方之和
        print(num, end=' ')                         # n为5时输出：54748 92727 93084
```

5位数包含10000～99999共89 999个数，每个数有5位，那么int(x)**n要计算近45万次。所以，计算自幂数时可以先建立一个保存0～10每个数的n次方的列表，再通过索引方式获取，减少幂运算，提高效率。

实例代码如下：

```
n = int(input())                              # 输入正整数，例如输入7
table = [x ** n for x in range(10)]           # 得到0～9各数的n次方的列表
# n = 7时[0, 1, 128, 2187, 16384, 78125, 279936, 823543, 2097152, 4782969]
for num in range(10 ** (n - 1), 10 ** n):    # 遍历每一个n位数，num为数值类型
    if num == sum([table[int(i)] for i in str(num)]):
        print(num, end=' ')                   # 1741725 4210818 9800817 9926315
```

4. split() 函数将字符串切分为列表

split() 函数可以根据指定字符将字符串切分为列表。函数参数缺省时用空白字符切分，且多个空白字符被作为一个空格处理；参数为一个空格字符串时，根据一个空格进行切分，多个空格会被切分多次。当不确定分隔符是一个还是多个空格时，一般不加参数，多个空格只切分一次。例如：

```
s = 'Life is  short, you need  Python' # 逗号和空格分隔的字符串
print(s.split(','))                    # ['Life is short', ' you need Python']
print(s.split())          # ['Life', 'is', 'short,', 'you', 'need', 'Python']
print(s.split(' '))       # ['Life','is','', 'short,', 'you', # 'need', '', 'Python']

title = '姓名,C,Java,Python,C#'
print(title.split(','))                # ['姓名', 'C', 'Java', 'Python', 'C#']
```

6.4.2 列表的更新

赋值语句是改变对象值的最简单的方法，在列表中，也可以通过索引赋值改变列表中指定序号元素值。索引赋值的方法如下：

```
ls[i] = a
```

其中，i 为列表中的元素序号，要求 i 为整数且在列表序号范围内（-len(ls) <= i < len(ls)），当 i 值超出列表序号范围时，触发索引越界异常：IndexError: list assignment index out of range。

a 为新对象，其值可以与列表中原有元素的数据类型相同，也可以不同，甚至可以是一个列表或元组。例如：

```
ls = [88,56,95,46,100,77]       # 通过赋值创建列表ls
ls[2] = 66                      # 序号2的元素替换为66
print(ls)                       # [88, 56, 66, 46, 100, 77]
ls[3] = 'pass'                  # 序号3的元素被替换为字符串'pass'
print(ls)                       # [88, 56, 66, 'pass', 100, 77]
ls[5] = ['True','False']        # 序号5的元素被替换为列表['True','False']
print(ls)                       # [88, 56, 66, 'pass', 100, ['True', 'False']]
```

除了按索引赋值以外，还可以用切片赋值的方法更新列表中的数据，切片赋值要求新值也为列表。其操作相当于将原列表中切片中元素删除，同时用新的列表中的元素代替切片的位置。当切片连续时（如 ls[i: j]），新列表长度不限，可为空列表、与切片等长列表或超出切片长度的列表。例如：

```
ls = [88, 56, 95, 46]           # 通过赋值创建列表ls
ls[1:3] = [33, 44]              # 序号1,2的元素替换为33,44
print(ls)                       # [88, 33, 44, 46]
```

```
ls[1:3] = [33, 44, 55, 66]    # 序号为1和2的元素替换为33、44、55、66
print(ls)                     # [88, 33, 44, 55, 66, 46]列表长度增加2
ls[1:3] = []                  # 序号为1和2的元素被替换为空值
print(ls)                     # [88, 55, 66, 46]
```

除了通过赋值和切片赋值等方式直接修改列表元素以外，列表还提供了 append()、extend() 和 insert() 三种方法用于向列表中添加元素，这三种方法都是原地操作，无返回值。需要查看修改过的列表时，直接输出原列表就可以看到修改结果。

1. append()

ls.append(x) 用于向列表末尾追加一个元素，ls 为操作的列表名，x 为增加的元素，原地操作，使用时不需要赋值。例如：

```
ls = [88, 56, 95, 46]         # 通过赋值创建列表ls
ls.append(100)                # 列表末尾增加新元素100
ls.append('python')           # 列表末尾增加新元素'python'
print(ls)                     # [88, 56, 95, 46, 100, 'python']
```

如果输出 id(ls) 可以发现，应用 append() 方法向列表中增加元素时，可以增加同类型元素，也可以增加不同类型元素，其列表的 id 不变，说明只是修改了原列表而没有重建列表。

实例 6.18 读数据到列表。

实例说明：文件 score.csv 中有多行数据，每行数据是用逗号分隔的学生姓名和多门课程成绩。编程读取文件中的数据，将每行数据根据逗号切分为一个列表，作为二维列表的一个子列表，输出二维列表。

score.csv 的内容如下：

```
姓名,C语言,Java,Python,C#,C++
罗明,95,96,85,63,91
朱佳,75,93,66,85,88
李思,86,76,96,93,67
郑君,88,98,76,90,89
王雪,99,96,91,88,86
```

实例代码：

```
score = []     # 创建一个空列表
# 读取文件，创建文件对象，遍历文件对象，将每一行的数据以列表的形式添加到score列表中
with open('score.csv', 'r', encoding='utf-8') as data:
    for x in data:                              # x依次取文件中的一行，字符串类型
        score.append(x.strip().split(','))      # 根据逗号切分为列表，加到列表score中
print(score)                                    # 输出查看二维列表
```

输出结果：

```
[['姓名', 'C语言', 'Java', 'Python', 'C#', 'C++'],
 ['罗明', '95', '96', '85', '63', '91'],
 ['朱佳', '75', '93', '66', '85', '88'],
 ['李思', '86', '76', '96', '93', '67'],
 ['郑君', '88', '98', '76', '90', '89'],
 ['王雪', '99', '96', '91', '88', '86']]
```

上面的功能也可以用列表推导式实现，代码更加简洁：

```
with open('score.csv', 'r', encoding='utf-8') as data:
    score = [x.strip().split(',') for x in data]     # 列表推导式实现
print(score)                                          # 输出查看二维列表
```

2. extend()

ls.extend(L) 将另一个列表 L 中的所有元素追加到当前列表的末尾，原地操作，使用时不需要赋值。例如：

```
ls = [88, 56, 95, 46]
L = [10, 20, 30]
ls.extend(L)            # 在原列表末尾增加新列表中的元素10, 20, 30
print(ls)               # 输出[88, 56, 95, 46, 10, 20, 30]
```

需要注意的是，list.extend(iterable) 可接受可迭代对象为参数，将可迭代对象转为列表后拼接到原列表末尾。例如：

```
ls = [1, 2]             # [1, 2]
ls.extend('Tom')        # [1, 2, 'T', 'o', 'm']
ls.extend(range(3))     # [1, 2, 'T', 'o', 'm', 0, 1, 2]
ls.extend({'a', 'b'})   # [1, 2, 'T', 'o', 'm', 0, 1, 2, 'a', 'b']
print(ls)               # [1, 2, 'T', 'o', 'm', 0, 1, 2, 'a', 'b']
```

3. insert()

ls.insert(i, x) 向列表中位置序号为 i 处插入一个元素 x，ls 为操作的列表名，原地操作，使用时不需要赋值。例如：

```
ls = [88, 56, 95, 46]
ls.insert(2, 99)        # 在序号为2的位置插入新值99
print(ls)               # 输出[88, 56, 99, 95, 46]
```

列表的更新是原地操作，列表从被创建后一直到被销毁之前，可以向列表中增加各种类型的元素、修改列表中的元素或删除列表中的部分或全部元素，列表的 id 将一直保持不变，不会产生新的列表对象。

6.4.3 列表的删除

列表有 3 个方法可用于删除列表中的元素，分别为 pop()、remove() 和 clear()：

```
x = lst.pop(i)          # 移除列表ls中序号为"i"的一个元素，返回值为被移除的元素
lst.remove(x)           # 删除列表ls中第一个与参数"x"值相同的元素，无返回值
lst.clear()             # 删除列表ls中全部元素，无返回值
```

下面分别介绍其用法：

1. pop()

ls.pop(i) 用于移除列表中序号为“i”的一个元素。其中，ls 为要操作的列表名，i 为要删除的列表元素的序号。当括号中无参数时，默认移除列表的最后一个元素，此处 i 为整数且不超过列表序号范围。pop() 方法是唯一能删除列表元素又能返回值的列表方法，其返回值为被移除的元素。例如：

```
score = ['罗明', '95', '96', '85', '63', '91']
score.pop(0)                # 移除序号为0的元素
print(score)                # ['95', '96', '85', '63', '91']
score.pop()                 # 无参数时，默认移除最后一个元素
print(score)                # ['95', '96', '85', '63']
```

实例 6.19 模拟产生双色球中奖号码。

实例说明：“双色球”每注投注号码由6个红色球号码和1个蓝色球号码组成。红色球号码从1～33中选择，号码不能重复；蓝色球号码从1～16中选择。

先产生红球可用数字的列表，然后分6次抽取中奖号码，因为红球不能重复，所以每抽取一个号码后，都要将该号码从列表中删除，抽取和删除的工作可以用pop()方法实现。

实例代码：

```
import random                                    # 导入random模块

red_all = [i for i in range(1, 34)]              # 生成表示红色球号码的1～33的整数列表
blue_all = [i for i in range(1, 17)]             # 生成表示蓝色球号码的1～16的整数列表
winning_numbers = []                             # 用于存放中奖号码
for i in range(6):                               # 分6次从1～33中随机取出6个不重复的数字
    random.shuffle(red_all)                      # 每次循环都重新打乱红色球号码列表顺序
    winning_numbers.append(red_all.pop())        # 抽一个号码加入列表，并将其从red_all删除
blue_one = random.choice(blue_all)               # 从蓝色球号码列表中随机取出一个元素
print('开奖号码是：')
print('红球：', *winning_numbers, '蓝球：', blue_one)
# 红球：15 32 7 28 19 21 蓝球：2（注：每次运行结果不同，此处仅用于展示格式）
```

2. remove()

ls.remove(x)删除列表中第一个与参数x值相同的元素，列表中存在多个与参数“x”值相同的元素时，只删除第一个，保留其他元素。当列表中不存在与参数x相同的元素时，触发异常ValueError: list.remove(x): x not in list。其中，ls为要操作的列表名，x为要删除的数据。例如：

```
title = ['姓名', 'C语言', 'Java', 'Python', 'C#', 'C++']
title.remove('C语言')        # 移除值为'C语言'的元素，无返回值
print(title)                 # ['姓名', 'Java', 'Python', 'C#', 'C++']
# title.remove('VB')         # 删除元素不存在时触发异常，可取消此行注释查看效果
# ValueError: list.remove(x): x not in list
if 'VB' in title:            # 使用前先做成员测试，避免异常
    title.remove('VB')       # 移除值为'VB'的元素
print(title)                 # ['姓名', 'Java', 'Python', 'C#', 'C++']
```

3. clear()

ls. clear()删除列表中全部元素，即清空列表。例如：

```
title = ['姓名', 'C语言', 'Java', 'Python', 'C#', 'C++']
title.clear()               # 移除值为'C语言'的元素，无返回值
print(title)                # 空列表[]
```

6.4.4 列表的排序

列表提供了 sort() 和 reverse() 两个方法对列表元素进行排序和逆序，Python 还有用于可迭代对象内置函数 sorted() 和 reversed() 也可用于列表的排序和逆序。例如：

```
list.sort(*, key=None, reverse=False)         # 列表排序，无返回值，接收2个关键字参数
sorted(iterable, *, key=None, reverse=False) # 序列排序，返回值为排序列表
list.reverse()                                # 列表逆序，无返回值，原地操作
reversed(seq)                    # 序列逆序，返回一个迭代器对象iterator，需要用list转列表
```

ls.sort() 方法可以对列表 ls 中的数据在原地进行排序，直接修改原列表中元素的顺序，无返回值，可输出列表对象查看排序结果。默认排序规则是直接比较元素大小（注意字符串的比较是逐位比较每个字符的大小，如字符串 '13'<'5'）。无 reverse 参数时默认为升序排序；参数 reverse=True 时，为降序排序。参数 key 值可以指定排序时应用到每个参与排序元素上的规则，不影响列表中元素的值。例如：

```
score = ['75', '100', '85', '63', '9']
score.sort()                        # 根据字符串原地排序，无返回值
print(score)                        # 输出原列表查看排序结果['100', '63', '75', '85', '9']
score.sort(key=int)                 # 根据字符串对应整数值排序，无返回值
print(score)                        # 输出原列表查看排序结果['9', '63', '75', '85', '100']
score.sort(key=lambda x: int(x)) # 与score.sort(key=int) 结果相同
```

使用带 key 参数的 sort() 方法排序后，key 参数得到的函数或方法，只作为排序依据使用。列表中的实际数据项仍为原数据项值，并不会受排序参数 key 得到的函数和方法影响。

sorted() 函数根据可迭代对象参数返回一个排序后的新列表对象，可将此函数用作 print() 的参数直接输出排序结果。与 sort() 方法类似，也支持排序关键字参数 key 和反转参数 reverse。例如：

```
score = ['75', '100', '85', '63', '9']       # 元素为字符串的列表
print(sorted(score))                          # ['100', '63', '75', '85', '9']
print(sorted(score, key=len)) # 按字符串长度排序['9', '75', '85', '63', '100']
print(sorted(score, key=int)) # 按对应整数值排序['9', '63', '75', '85', '100']
print(sorted(score, key=lambda x: int(x))) # 匿名函数实现，结果同key=int
score = [75, 100, 85, 63, 9]                  # 元素为整数的列表
print(sorted(score))                          # [9, 63, 75, 85, 100]
```

ls.reverse() 方法的作用是不比较元素大小，直接将列表 ls 中的元素逆序，无返回值。例如：

```
score = [75, 100, 85, 63, 9]
score.reverse()                               # 将列表元素逆序
print(score)                                  # 原列表元素顺序改变[9, 63, 85, 100, 75]
```

reversed(seq) 返回一个将序列 seq 中元素顺序逆转的迭代器对象，如果需要查看逆序结果，可以用 list() 将结果转为列表。例如：

```
score = [75, 100, 85, 63, 9]
print(reversed(score)) # <list_reverseiterator object at 0x0000029FAB87DB20>
print(list(reversed(score)))  # 输出逆序后的新列表对象[9, 63, 85, 100, 75]
print(score)                  # 列表中元素未改变[75, 100, 85, 63, 9]
```

内置函数sorted()和reversed()都是只返回排序或逆序的对象的结果，而不对原列表进行任何修改，也就是说，不会改变列表中元素原始的顺序。使用这两个内置函数时，列表要放在括号中作为函数的参数。只希望在输出时进行排序或逆序输出，不改变列表中原始数据的顺序时使用。

实例6.20 成绩统计分析。

实例说明：有10名同学的Python课程成绩分别为94、89、96、88、92、86、69、95、78、85，利用列表分析成绩，输出平均值、最高的3个成绩和最低的3个成绩、成绩中位数。

平均成绩可以将所有成绩加和再除以成绩数量获得，最高和最低成绩需要排序后输出前后各取3个成绩。中位数需要先排序，元素数目为奇数时，中位数即排序后列表中间的数字；列表元素数为偶数时，中位数为中间两个数据的算术平均数。原列表顺序不需要保留，可以使用列表的sort()方法进行排序。

实例代码：

```
course = ['Python', 94, 89, 96, 88, 92, 86, 69, 95, 78, 85]
score = course[1:]                          # 切片得到成绩列表
score.sort(reverse=True)                    # 对列表中成绩降序排序
amount = len(score)                         # len()取得成绩个数
print(sum(score) / amount)                  # sum()对序列求和,计算平均成绩
print('前3名成绩：', *score[0: 3])          # 切片,前3名成绩：96 95 94，*号解包
print('后3名成绩：', *score[-3:])           # 切片,后3名成绩：85 78 69，*号解包
if amount % 2 == 0:                         # 元素数为偶数，中位数为中间两个数据的算术平均数
    median = (score[amount // 2 - 1] + score[amount // 2]) / 2
else:                                       # 成绩数目为奇数，中位数即列表中间的数字
    median = score[amount // 2]
print(f'成绩中位数：{median:.2f}')          # 成绩中位数是88.50
```

实例6.21 成绩排序。

实例说明：

将文件中的数据读取为二维列表，分别按学号、姓名升序排序；按总分降序排序；按Python成绩降序排序，当Python成绩相同时，再按总分降序排序，分别输出各种排序的结果。

实例数据：score.csv

文件score.csv中的数据如下：

学号，姓名，Python,C,Java,C#,总分

0121801101266,刘雯,93,73,72,64,302

0121801101077,张佳,81,97,61,98,337

0121801101249,张红,88,66,71,85,310

0121813570483,王昊,93,73,71,90,327

0121801101092,曹洋,83,62,71,76,292

0121801101271,徐剑,83,73,97,96,349

（1）读文件到二维列表：

```
score_ls = []     # 创建一个空列表
# 读取文件，创建文件对象，遍历文件对象，将每一行的数据以列表的形式添加到score_ls列表中
```

```
with open('score.csv', 'r', encoding='utf-8') as data:
    for x in data:                                   # x依次取文件中的一行，字符串类型
        score_ls.append(x.strip().split(','))  # 字符串切分为列表，加到列表score_ls中
print(score_ls)                                     # 输出查看二维列表中的数据
```

这是一个二维列表，用key指定排序依据时，需要用到匿名函数 lambda x: x[n]，x 是匿名函数传入的参数，此处是子列表，也就是数据文件中的每行数据；x[n] 是排序依据所在列的数据。

（2）根据学号和姓名排序：

排序依据是学号时，使用x[0]做排序依据；排序依据是姓名时，使用x[1]做排序依据。排序时，需要先去掉标题行，只对数据部分进行排序，然后再将标题行拼接上去。

sorted() 排序的返回值仍是一个列表，所以可以用拼接的方法将排序后的列表与原列表序号为0的元素拼接到一起，构成一个包含标题的二维列表。拼接时要注意，此处 sorted() 排序的返回值是二维列表，所以要将索引得到的包含标题的子列表也放到列表中，以二维列表的形式参与拼接。

```
title = [score_ls[0]]                                  # 索引获取标题行是一维列表，外面加[]
                                                       # 变成二维列表
score = score_ls[1:]                                   # 切片取出成绩部分数据，排除标题行
print('按学号排序:')
score_num = sorted(score, key=lambda x: x[0])   # 按序号1元素"学号"排序
print(title + score_num)                               # 将标题行和排序后的成绩列表合并输出
print('按姓名排序:')
score_name = sorted(score, key=lambda x: x[1]) # 按序号0元素"姓名"排序
print(title + score_name)                              # 将标题行和排序后的成绩列表合并输出
```

下面仅给出按学号排序结果：

```
按学号排序[['学号', '姓名', 'Python', 'C', 'Java', 'C#', '总分'],
 ['0121801101077', '张佳', '81', '97', '61', '98', '337'],
 ['0121801101092', '曹洋', '83', '62', '71', '76', '292'],
 ['0121801101249', '张红', '88', '66', '71', '85', '310'],
 ['0121801101266', '刘雯', '93', '73', '72', '64', '302'],
 ['0121801101271', '徐剑', '83', '73', '97', '96', '349'],
 ['0121813570483', '王昊', '93', '73', '71', '90', '327']]
```

（3）按总分降序排序：排序依据为总分时，使用 x[6] 或 x[-1]。需要注意的是，列表中的成绩数据是字符串，而成绩应该是整数，所以进行排序依据时，需要用 int(x[-1]) 转为整数，依据整数值进行排序。要求降序排序，需要设置 reverse=True。

实例代码如下：

```
print('按总分排序')
#按序号-1元素“总分”降序排序
score_total = sorted(score, key=lambda x: int(x[-1]), reverse=True)
print(title + score_total)      # 将标题行和排序后的成绩列表合并输出
```

排序结果：

```
[['学号', '姓名', 'Python', 'C', 'Java', 'C#', '总分'],
 ['0121801101271', '徐剑', '83', '73', '97', '96', '349'],
```

```
 ['0121801101077', '张佳', '81', '97', '61', '98', '337'],
 ['0121813570483', '王昊', '93', '73', '71', '90', '327'],
 ['0121801101249', '张红', '88', '66', '71', '85', '310'],
 ['0121801101266', '刘雯', '93', '73', '72', '64', '302'],
 ['0121801101092', '曹洋', '83', '62', '71', '76', '292']]
```

（4）双关键字排序：按Python成绩降序排序，当Python成绩相同时，再按总分降序排序。这就要求要有两个值做排序依据，Python成绩称为主排序关键字，总分为次排序关键字，以元组形式做匿名函数的返回值。

实例代码如下：

```
print('按Python成绩降序排序，Python成绩相同时再按总分降序排序')
# 多关键字用元组表示
score_python = sorted(score, key=lambda x: (x[2], x[-1]), reverse=True)
print(title + score_total)     # 将标题行和排序后的成绩列表合并输出
```

排序结果：

```
[['学号', '姓名', 'Python', 'C', 'Java', 'C#', '总分'],
 ['0121813570483', '王昊', '93', '73', '71', '90', '327'],
 ['0121801101266', '刘雯', '93', '73', '72', '64', '302'],
 ['0121801101249', '张红', '88', '66', '71', '85', '310'],
 ['0121801101271', '徐剑', '83', '73', '97', '96', '349'],
 ['0121801101092', '曹洋', '83', '62', '71', '76', '292'],
 ['0121801101077', '张佳', '81', '97', '61', '98', '337']]
```

6.5 random 库

随机数在统计、密码学等领域有非常广泛的应用。真正的随机数是使用物理现象产生的，如掷钱币、骰子、转轮、使用电子元件的噪声、核裂变等，这样的随机数发生器叫作物理性随机数发生器。在计算机中，随机数字一般是一个稳定算法所得出的稳定结果序列，一般称为伪随机数。

Python 中使用 random 模块产生各种分布的伪随机数。“种子”是这个算法开始计算的第一个值，如果随机数种子一样，那么后续所有“随机”结果和顺序也都是完全一致的。不设置随机数种子时，默认使用系统时间作为种子，使每次生成的随机数不同。当希望得到的随机数据可预测时，可以设置相同的种子，使后续产生的随机数相同。

Python中random是一个内置模块，使用随机数函数时，直接导入random模块即可。方法如下：

```
import random
```

random模块包含了一系列函数，可提供多种形式的随机数序列，常用函数的功能描述见表6.8。

表 6.8　random 模块常用函数

函　数	描　述
random.seed(a=None)	初始化随机数生成器，如果a被省略或为None时，使用当前系统时间做种子。种子a必须是下列类型之一：None、int、float、str、bytes或bytearray
random.randint(a, b)	产生[a,b]之间（包括b）的一个随机整数
random.random()	产生[0.0,1.0)之间的一个随机浮点数
random.uniform(a, b)	产生[a,b)之间的一个随机浮点数
random.choice(seq)	从非空序列seq中随机产生一个元素，当序列为空时，触发索引异常
random.shuffle(x[,random])	将可变序列x顺序打乱
random.sample(population, k)	从列表、元组、字符串、集合、range对象等分布式序列中随机选取k个元素，以列表形式返回

实例 6.22　猜数游戏。

实例说明： 随机产生一个 [1,128]之间的整数，由玩家去猜。玩家有7次机会，如果猜中提示“猜中了！”并结束程序。如果猜的数比设置得小，提示“你猜的数小了！”，如果猜的数比设置的数大，提示“你猜的数大了！”，如果没能在7次之内猜中数字，提示“尝试次数过多！”并结束程序。

在猜测过程中，较好的方法是利用二分法，先猜测居中的一个数字，若猜中则结束程序；否则，根据大或小的提示确定目标数字在哪一边，舍弃另一半，使问题空间缩小一半，这样可以快速找到答案。

实例代码：

```
import random

num = random.randint(1, 128)              # 随机生成一个[1,128]间的整数
for i in range(7):                         # 限定猜测次数不超过7次
    guess = int(input("请输入你猜的数字: "))
    if guess == num:                       # 猜中数字
        print("猜中了!")
        break                              # 提前结束循环
    elif guess > num:                      # 猜测的数字比预置的数大
        print("你猜的数大了!")
    else:                                  # 猜测的数字比预置的数小
        print("你猜的数小了!")
else:                                      # 7次未猜中时执行此语句
    print("尝试次数过多!")
```

程序首先产生一个给定范围内的随机整数，再用range()函数限定猜测次数。如果在限定的猜测次数内猜中，则提前结束循环并跳过else子句中的语句，否则执行else子句中的语句，输出“尝试次数过多！”。

实例 6.23　模拟校验验证码。

实例说明： 用户在网络上注册或登录各平台时，经常需要输入验证码。这些验证码采取随机生成的方式产生，包含大小写字母和数字。用户输入验证码时，一般不区分大小写，请编写

程序对用户输入的验证码进行验证。

用户输入时不区分大小写，在验证前可以将用户输入的字符串和验证码中的大写字母都转为小写字母；或反过来，将所有小写字母转换为大写字母，再进行匹配验证。

实例代码：

```
import random                                    # 导入随机数模块
import string                                    # 导入字符串模块

# sample()方法从包含字母与数字的字符串中随机获取6个元素，返回列表
code = random.sample(string.ascii_letters+string.digits, 6)
print(code)                                      # ['v', '8', 'G', 'Z', 'w', '7']
vcode = ''.join(code).upper()                    # 列表code元素连接为字符串,字母转大写
print(vcode)                                     # V8GZW7
check_code = input().upper()                     # 将输入中的字母转为大写
if check_code == vcode:                          # 将输入和产生的验证码进行比较
    print('验证码正确')
else:
    print('验证码错误，请重新输入')
```

实例 6.24 模拟产品序列号。

实例说明： 某公司产品一般都有一个25位的、用于区分每份产品的产品序列号。产品序列号有5组，被连字符“-”分隔开，由字母数字混合编制的字符串组成，每组字符串是由5个字符串组成。例如：

3CVX3-BJWXM-6HCYX-QEK9R-CVG4R

每个字符是取自以下24个字母及数字之中的一个：

B C E F G H J K M P Q R T V W X Y 2 3 4 6 7 8 9

采用这24个字符的原因是为了避免混淆相似的字母和数字，如I 和1、O 和0等，减少不必要的麻烦。

借助列表，使用join()方法实现字符串的连接。

实例代码：

```
import random                                    # 导入随机数模块

keySn = []                                       # 创建一个空列表，用于容纳序列号
code = 'BCEFGHJKMPQRTVWXY2346789'                # 可用于序列号的字符集合
for i in range(5):                               # 生成5组序列号
    s = random.sample(code, 5)                   # 从code中随机取5个字符
    keySn.append(''.join(s))                     # 将5个字符连接为字符串附加到列表
print(keySn)                                     # ['WCMRQ', 'Y4MCR', 'BGPJ6', '3KPB9', '23RGQ']
print('-'.join(keySn))                           # 用"-"将列表中的字符串元素连接起来，如WCMRQ-
                                                 # Y4MCR-BGPJ6-3KPB9-23RGQ
```

蒙特卡罗方法是由冯·诺依曼和乌拉姆等人发明的，这个方法是一类基于概率的方法的统称，不是特指一种方法。蒙特卡罗方法的理论基础是大数定律。大数定律是描述相当多次数重复试验结果的定律，在大数定理的保证下，利用事件发生的频率作为事件发生的概率的近似值。所以，只要设计一个随机试验，使一个事件的概率与某未知数有关，然后通过重复试验，以频

率近似值表示概率，即可求得该未知数的近似值。样本数量越多，其平均值就越趋近于真实值，此种方法可以求解微分方程、求多重积分、求特征值等，也经常应用于计量经济学、计算物理学、生命科学、气象学等领域。

实例 6.25 用蒙特卡罗方法计算圆周率。

图 6.3 所示为一个半径为 $r=1$ 的圆和边长为 1 的正方形，圆的面积为 $area = pi \times r^2$，则正方形内部的相切圆的面积为整个圆的 1/4，正方形的面积为 1。然后，向正方形中随机落点，就会有一定的概率落在圆中：这样就可以得到落在圆中的概率就等于圆的面积除以正方形面积，就可以推出圆周率的计算公式：

$$pi = 4 \times 落在圆中的概率 = 4 \times 落在圆中的点数 / 总点数$$

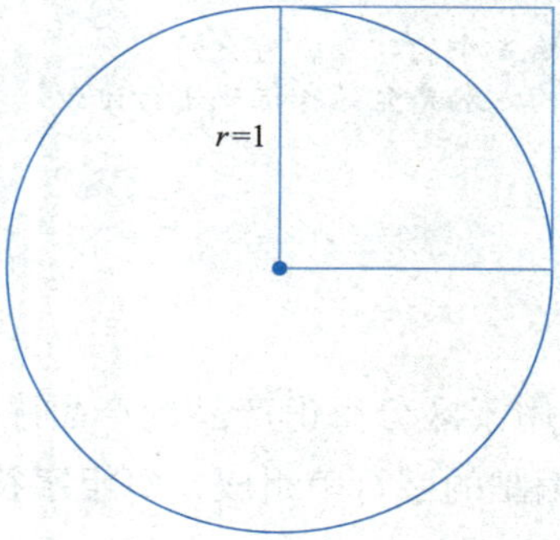

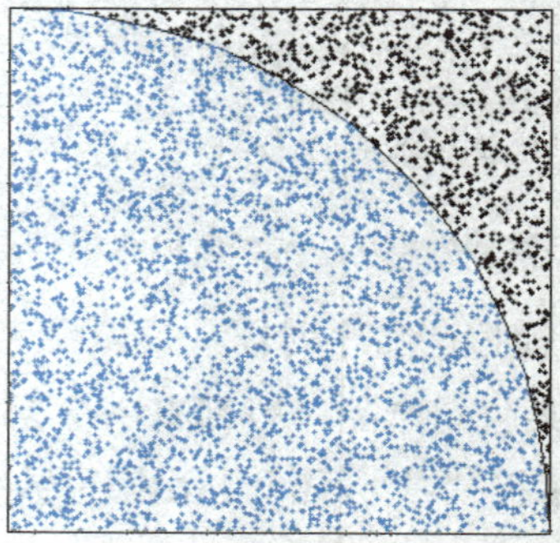

图 6.3　蒙特卡罗方法示意图

random.random() 可以生成一个小数 x，且 0.0 <= x < 1.0，利用列表推导式可以生成一批数据。利用 zip() 函数将两组这样的数合并成一组坐标，再判断其是否落在圆内，根据落在圆内的点的数量与总数量的比值得到面积，再由面积公式便可计算出圆周率的值。

实例代码：

```
import random

n = int(input())                      # 输入一个整数,例如100000
in_circle = 0                         # 圆内点数计数器置0
for i in range(n):
    x = random.random()               # 随机生成n个真小数
    y = random.random()               # 随机生成n个真小数
    if x ** 2 + y ** 2 <= 1:          # 判断坐标点是否落在圆内(包括圆上)
        in_circle = in_circle + 1     # 落在圆内的点数量增加 1
PI = 4 * in_circle / n                # 圆内点的数量与总点数比值近似为面积比值
print('{:.6f}'.format(PI))            # 随机统计结果不确定，如3.140920
```

小结

本章介绍了字符串、range、列表和元组等序列类型，序列中的元素都有序号，可以用索引方法取得其中一个元素、用切片方法获取其中多个元素。字符串和列表类型应用广泛，支持的操作多，字符串是不可变数据类型，作用于字符串上的方法会产生新的对象；列表是可变数据类型，列表的很多方法都是原地操作，不产生新对象也没有返回值。元组是结构与列表相似的不可变数据类型，常用于函数返回值和需要保护数据的场景。random是标准库，不需要安装就可以使用，用于自动评测的程序时，需要指定种子，其不同的方法应用的算法可能不同，产生的随机序列也可能不同。

实训

实训要求：从百家姓中随机抽取一个姓，从常用名中随机抽取一个名字生成模拟姓名；随机抽取一个出生日期，性别随机男或女，民族从56个民族中随机取一个。模拟居住地址，地、省、市、县、区随机，随机一个小区、30以内整数楼号、楼层号35以内，房间号取01、02、03。地址格式示例：四川甘孜××县土博士城12栋2单元2601室。模拟生成18位身份证号，出生序号1～99内随机取。重复生成1万个虚拟身份证号，查询注册地或居住地为指定城市的人的身份信息，统计各地区人口流入和流出情况。

第 7 章 字典与集合

集合和字典都是用一对大括号界定的可变数据类型，二者的区别是字典的元素用冒号分为“键”和“值”两部分，字典中的“键”和集合中的元素都具有唯一性，不可重复。同时字典的“键”和集合元素都要求是整数、浮点数、字符串和元组等不可变数据类型，列表、字典、集合等可变的对象不能作为字典的“键”和集合的元素。字典将“键”和“值”关联在一起，通过空间换时间，使得数据的存储和检索变得高效。集合主要用于去除重复元素和通过集合运算进行关系测试和数据统计。

思维导图

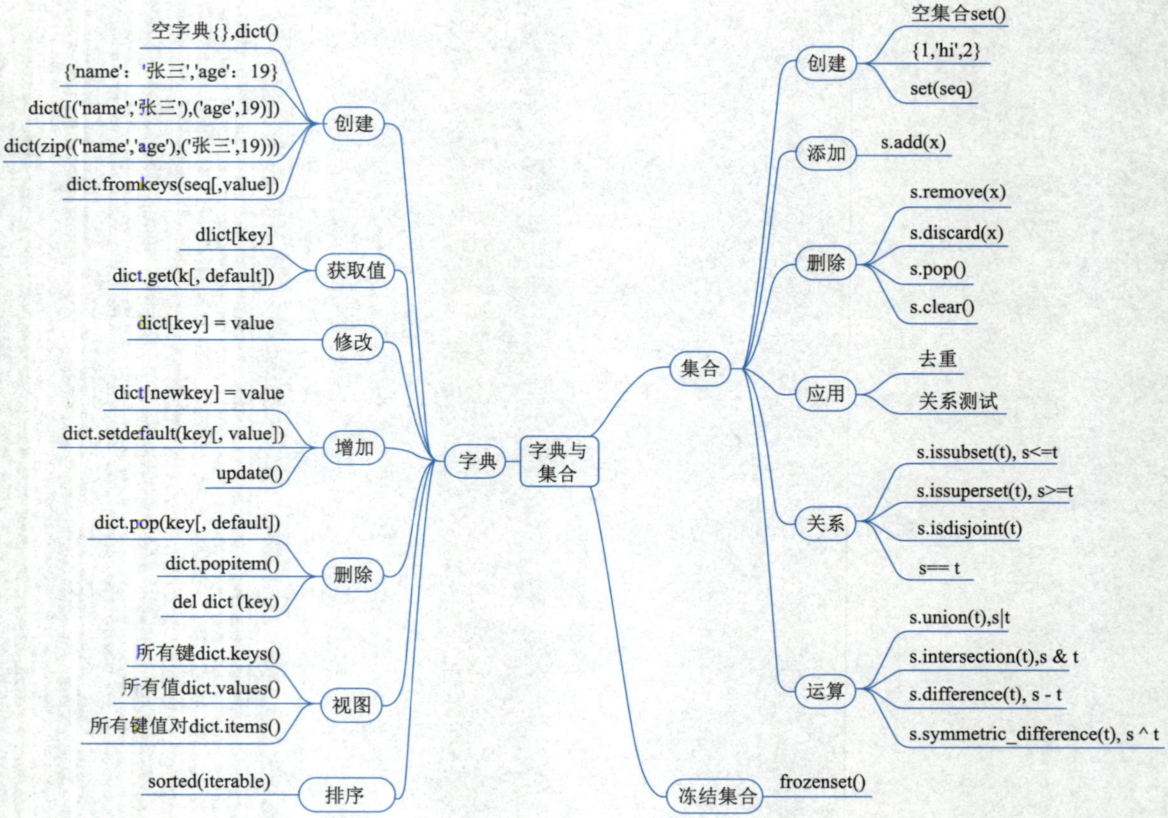

7.1 字典

字典（dict）是Python内置唯一的映射数据类型，是一种可变数据类型。每个元素都是一个“键:值”（key: value）对，用来表示“键”和“值”的映射关系或对应关系。

例如，{'name':'张明','age':18,'gender':'M'}，是一个包含3个数据元素的字典，分别是键值对“'name':'张明'”、“'age':18”和“'gender':'M'”。

字典中的键不可重复且必须使用不可变数据类型的数据，如字符串、整型、浮点型、元组、frozenset等，不可以使用列表和集合等可变类型数据。字典的值可以是任意类型的数据，也可以重复。字典的存储是按加入顺序存储，但不可以使用序号索引和切片等方法。

7.1.1 字典的创建

创建一个不包含任何值的空字典，使用以下方法中的一种：

（1）将用大括号界定的0个或多个包含键值对的元素赋值给一个对象。例如：

```
dic = {}      # 一对不包含任何数据的"{}"创建一个空字典数据
dic_user = {'user_name':'张三', 'age': 19, 'gender':'M'} # 将一个字典数据赋值给一个变量
```

（2）用字典构造器 dict() 函数创建字典。无参数时创建空字典，参数为赋值表达式时，变量名和值被转为字典的键和值；参数是zip()函数时，zip()函数的两个参数序列将分别组合成字典的键值对。例如：

```
dic = dict()   # 使用字典构造器创建一个空字典数据
# 赋值表达式转键值对，变量名转键名，不加引号
dic_user1 = dict(user_name='张三', age=19, gender='M')
# 通过包含两个元素（键和值）的序列创建字典
dic_user2 = dict([('user_name', '张三'), ('age', 19), ('gender', 'M')])
# 用zip()函数产生包含两个元素的序列，分别组合为键值对，创建字典
dic_user3 = dict(zip(('user_name', 'age', 'gender'), ('张三', 19, 'M')))
# 上述3种方法都得到以下字典
{'user_name': '张三', 'age': 19, 'gender': 'M'}
```

（3）用字典自有方法 fromkeys() 创建各元素的值均相同的字典。fromkeys() 可以根据已有键序列，快速创建一个各元素的值都相同的字典，当value缺省时，各元素的值为None。参数seq是字典键的列表，value是可选参数，设置键序列（seq）的值。这里的 value 只能是一个值，可以是数值、字符串、列表或字典等。fromkeys() 方法语法如下：

```
dict.fromkeys(seq[, value])
```

例如：

```
course = ['Python', 'Java', 'C']
score = dict.fromkeys(course, 60)    # 各元素的值均为60
print(score)                         # {'Python': 60, 'Java': 60, 'C': 60}
```

（4）用字典推导式创建字典。同其他序列和集合类数据一样，可以使用推导式快速生成字典数据序列。例如：

```
name_lst = [('user_name', '张三'), ('age', 19), ('gender', 'M')]
```

```
name_dic = {x[0]: x[1] for x in name_lst}  # 二元组的两个元素分别作为键和值
# x 依次取('user_name', '张三'), ('age', 19), ('gender', 'M')
print(name_dic)  # {'user_name': '张三', 'age': 19, 'gender': 'M'}
name_dic = {k: v for k, v in name_lst}     # 二元组的两个元素可同时赋值给k和v
# k,v = ('user_name', '张三'); k, v = ('age', 19); k, v = ('gender', 'M')
print(name_dic)  # {'user_name': '张三', 'age': 19, 'gender': 'M'}
```

字典中的键必须具有唯一性，不允许有重复的键存在。创建一个字典时，当字典内部出现了键相同的两个及以上元素时，后加入的元素的值将覆盖前面的相同键的元素的值，保留最后加入的那个键值对作为字典中的数据元素。例如：

```
name_dic = {'user_name': '张三', 'age': 19, 'gender': 'M', 'user_name': '钱五'}
print(name_dic)  # {'user_name': '钱五', 'age': 19, 'gender': 'M'}
```

（5）通过为键赋值方法增加字典元素。对于已经存在的字典，可以通过为键赋值的方法为字典增加新元素。例如：

```
name_dic = {'user_name': '张三', 'age': 19, 'gender': 'M'}
name_dic['user_name'] = '钱五'# 修改键'user_name'对应的值为 '钱五'
print(name_dic)               # {'user_name': '钱五', 'age': 19, 'gender': 'M'}
```

实例 7.1 读文件创建字典

实例说明： 文件“国家与首都.csv”中每行由逗号分隔的国家名和首都名组成，读取文件的内容，构建以国家名为键，首都名为值的字典。

中国,北京日本,东京英国,伦敦……

实例数据：国家与首都.csv

遍历文件对象，依次将每行字符串切分为国家名称和首都两部分，再以国家名称为键，以首都为值创建字典元素。

实例代码：

```
country_dic = {}                        # 创建空字典
with open('国家与首都.csv', 'r', encoding='utf-8') as data:
    for x in data:                      # 遍历文件对象，x依次取值为文件的一行的字符串
        ls = x.strip().split(',')       # 将字符串根据逗号切分为包含2个元素的列表
        country_dic[ls[0]] = ls[1]      # 第一个元素为键，第二个元素为值，加入字典中
print(country_dic)                      # {'中国': '北京', '日本': '东京', ...}
```

也可以先将文件中的数据读取到二维列表中，再利用字典推导式创建字典：

```
with open('国家与首都.csv', 'r', encoding='utf-8') as data:
    country_ls = [x.strip().split(',') for x in data]
country_dic = {k: v for k, v in country_ls}
print(country_dic)
```

7.1.2 获取字典值

字典是一种无序数据类型，不能使用序号索引的方式获取其值。字典内部的数据具有“键:值”的映射关系，可以通过“键”来访问其“值”。语法格式如下：

```
dict[key]
```

通过键key返回字典dict中与该键对应的值，采用 dict[key] 方法获取键对应的值时，本质是把键当作字典的索引值来使用的，不存在该索引值，则会提示错误。为了避免在字典中取数据时出现访问不存在的键时导致的异常，使程序运行意外中止，可以先判断键是否存在，或使用异常处理。

实例7.2 查询首都。

实例说明：实例7.1将文件中的数据读取到字典中，为其增加功能，用户输入一个国家名，若国家名在字典中存在，输出对应的首都，否则输出“输入错误”。

实例代码：

```
country_dic = {}                                # 创建空字典
with open('国家与首都.csv', 'r', encoding='utf-8') as data:
    for x in data:                              # 遍历文件对象，x依次取值为文件的一行的字符串
        ls = x.strip().split(',')               # 将字符串根据逗号切分为包含2个元素的列表
        country_dic[ls[0]] = ls[1]              # 第一个元素为键，第二个元素为值，加入字典中
country = input()                               # 输入要查询的国家名
if country in country_dic:                      # 判定国家名是否在字典的键中存在
    print(country_dic[country])                 # 国家名存在时查询并输出对应首都
else:                                           # 二分支保证在任何输入下程序都有响应
    print('输入错误')                            # 国家名不存在时输出提示信息
```

可以使用字典的内置方法dict.get(k[, default])来获取数据，字典 dict 中存在以k为键的元素时，则返回该键对应的值，否则返回值 default。如果没有提供 default 参数，则返回空值 None。建议在获取字典值时，尽可能使用字典的 get() 方法，可以避免键不存在时引发的错误。

用 get() 方法实现的完整参考程序如下：

```
country_dic = {}                                # 创建空字典
with open('国家与首都.csv', 'r', encoding='utf-8') as data:
    for x in data:                              # 遍历文件对象，x依次取值为文件的一行的字符串
        ls = x.strip().split(',')               # 将字符串根据逗号切分为包含2个元素的列表
        country_dic[ls[0]] = ls[1]              # 第一个元素为键，第二个元素为值，加入字典中
country = input()
print(country_dic.get(country, '输入错误')) # 国家名不存在时输出'输入错误'
```

在存在映射关系的数据中，取出指定数据时，采用字典方法比利用列表、元组等序列型数据更加简单和高效。应用列表、元组等数据要遍历全部数据，而字典类型可以直接获取对应的值。

实例7.3 简明英汉词典。

实例说明：请根据附件文件dicts.txt的内容，编写一段程序，把英语单词译成中文。

实例数据：dicts.txt

```
abandon    v.抛弃，放弃
abandonment    n.放弃
abbreviation    n.缩写
abeyance    n.缓办，中止
...
zone    n.地带，区域，区
```

```
zoo    n.动物园
zoology   n.动物学
```

创建文件对象，遍历文件对象中的每一行，根据空格将字符串切分为列表，考虑到一些释义中可能会有空格，所以用参数maxsplit=1限制只切分一次。以单词为键、以释义为值构建字典。再构建无限循环接收用户的输入，当按【Enter】键时结束循环，输入其他字符时到字典中查询单词是否存在，若存在返回释义。

实例代码如下：

```
en_ch_dict = {}
with open('dicts.txt', 'r', encoding='utf-8') as data:
    for x in data:                                # 遍历文件对象
        x = x.strip().split(maxsplit=1)           # 去除行末换行符，根据空格切分一次
        en_ch_dict[x[0]] = x[1]                   # 以单词为键，以释义为值向字典中增加元素
print(en_ch_dict)                                 # 查看字典是否构建成功
while True:                                       # 构建无限循环
    word = input() # 输入要查询的单词，直接按【Enter】键时word获取字符串，若为假，结束循环
    if word:                                      # 判断word是否为真，即是否为空字符串
        print(word, en_ch_dict.get(word, '单词不存在'))
                                                  # 单词存在时返回释义，不存在时返回提示信息
    else:                                         # word为空字符串，结束循环
        break
```

实例 7.4 摩斯密码。

实例说明：摩斯密码是一种时通时断的信号代码，通过不同的排列顺序表达不同的英文字母、数字和标点符号。下面列表中为26个英文字母对应的摩尔斯密码：

```
['.-', '-...', '-.-.', '-..', '.', '..-.', '--.', '....', '..', '.---', '-.-',
 '.-..', '--', '-.', '---', '.--.', '--.-', '.-.', '...', '-', '..-', '...-',
 '.--', '-..-', '-.--', '--..']
```

编写程序，把输入的英文句子转换成摩尔斯密码并输出密码字符串。

实例代码：

```
letter_str = 'abcdefghijklmnopqrstuvwxyz'  # 小写字母表
morse_ls = [".-", "-...", "-.-.", "-..", ".", "..-.", "--.", "....", "..",
            ".---", "-.-", ".-..", "--", "-.", "---",
            ".--.", "--.-", ".-.", "...", "-", "..-", "...-", ".--", "-..-",
            "-.--", "--.."]
morse_dic = dict(zip(letter_str, morse_ls)) # 创建以字母为键，以摩斯密码为值的字典
txt = input().lower()                       # 不区分大小写，将输入转为小写
for c in txt:                               # 遍历输入的每个字符
    print(morse_dic.get(c, c), end='')      # 输出对应的morse密码或字符本身
```

7.1.3 字典的修改

字典是一种可变的数据类型，支持数据元素的增加、删除和修改操作。仍以国家首都的字典为例，在使用过程中，可能需要向数据里插入新的国家数据、更新原有的国家名或首都名、删除其中的数据等。

1. dict[key] = value

当键名key在字典中存在时，使用dict[key] = value方法，将修改字典dict中键key的值为新值value。当键名key在字典中不存在时，将为字典增加以key为键，以value为值的新元素。例如：

```
country_dic = {'中国': '北京', '韩国': '汉城'}
country_dic['韩国'] = '首尔'    # 韩国首都更名为'首尔'
country_dic['日本'] = '东京'    # 增加元素  '日本': '东京'
print(country_dic)              # {'中国': '北京', '韩国': '首尔', '日本': '东京'}
```

2. dict.update(k1=v1[, k2=v2,⋯]) 方法

可以用dict.update(k1=v1[, k2=v2,⋯])方法同时更新字典中的多个值。当字典dict中存在k1、k2……时，将对应的值修改为v1、v2……，当不存在相应的键值时，会将对应的k1:v1、k2:v2……键值对加入字典。需要注意的是，参数相当于一个赋值语句，赋值符号“=”左侧是变量名，所以示例中的“韩国”和“朝鲜”都是没有引号的，可看作是用中文命名的变量。例如：

```
country_dic = {'中国': '北京', '韩国': '汉城',  '日本': '东京'}
country_dic.update(韩国='首尔')        # 韩国首都更名为'首尔'
country_dic.update(朝鲜='平壤')        # 朝鲜不存在，以键值对加入字典
print(country_dic) # {'中国': '北京', '韩国': '首尔', '日本': '东京', '朝鲜': '平壤'}
```

可以将另一个字典作为update()的参数，一次性把另一个字典中的键值对一次性全部加到当前字典中。下面例子中，新加入的字典中的元素“'韩国':'首尔'”与原字典中元素“'韩国':'汉城'”键相同，后加入的元素值会替换原来的值。

```
country_dic = {'中国': '北京', '韩国': '汉城'}
new_dic = {'韩国': '首尔', '日本': '东京'}
country_dic.update(new_dic)
print(country_dic)  # {'中国': '北京', '韩国': '首尔', '日本': '东京'}
```

3. dict.setdefault(key[, value]) 方法

使用dict.setdefault(key[, value])方法增加元素，当字典dict 中存在键key时，返回key对应的值；键key不存在时，在字典中增加 key: value 键值对，值value缺省时，默认设其值为None。例如：

```
country_dic = {'中国': '北京', '韩国': '首尔'}
country_dic.setdefault('日本', '东京')
print(country_dic)  # {'中国': '北京', '韩国': '首尔', '日本': '东京'}
```

4. 合并与更新运算符

Python 3.9 以后版本支持使用字典合并运算符“|”将两个字典合并为一个新字典，支持使用字典更新运算符“|=”将后面一个字典中的元素合并更新到前一个字典中，不产生新的字典。上述功能可用以下代码实现：

```
old_dic = {'中国': '北京', '韩国': '汉城'}
new_dic = {'韩国': '首尔', '日本': '东京'}
old_dic |= new_dic      # 将new_dic中的元素更新到old_dic中
```

```
print(old_dic)           # {'中国': '北京', '韩国': '首尔', '日本': '东京'}
country_dic = old_dic | new_dic # 将old_dic和new_dic的元素合并到新字典
print(country_dic)       # {'中国': '北京', '韩国': '首尔', '日本': '东京'}
```

7.1.4 字典元素的删除

删除字典内的值可以使用内置的pop()、popitem()和clear()方法。

1. dict.pop() 方法

dict.pop(key[, default]) 方法将键为 key 的元素删除，返回值为键为 key 的元素的值；如果提供了default 值，dict 中不存在键为 key 的元素时返回 default，否则将会触发KeyValue异常。例如：

```
country_dic = {'中国': '北京', '韩国': '首尔', '英国': '伦敦'}
country_dic.pop('英国')
print(country_dic)       # {'中国': '北京', '韩国': '首尔'}
```

2. dict.popitem() 方法

dict.popitem()方法删除位于字典末尾的一个元素，并以元组形式返回被删除元素的键和值。例如：

```
country_dic = {'中国': '北京', '韩国': '首尔', '英国': '伦敦'}
del_country = country_dic.popitem()
print(country_dic)       # {'中国': '北京', '韩国': '首尔'}
print('删除的元素是：', del_country)   # 删除的元素是：('英国', '伦敦')
```

3. dict.clear() 方法

dict.clear()方法删除字典dict中所有数据，保留空字典对象dict。例如：

```
country_dic = {'中国': '北京', '韩国': '首尔', '英国': '伦敦'}
country_dic.clear()                  # 清空字典中的所有数据
print(country_dic)                   # {}
```

7.1.5 字典排序

字典本身是无序的，也没有自己的排序方法。但字典是可迭代对象，所以可以用内置函数sorted()对字典的键进行排序，返回一个排序后的键的列表。例如：

```
info_dic = {'China': 14.47, 'India': 14.03, 'USA': 3.34, 'Japan': 1.25}
print(sorted(info_dic))              # ['China', 'India', 'Japan', 'USA']
```

当需要对字典的值或键值对排序时，可利用字典提供的内置方法keys()、values()和items()获取字典中所有的“键”、“值”和“键:值”对，再使用排序参数key值设置排序依据。

keys()、values()和items()这3个方法的返回值都是可迭代对象，其中的数据顺序与数据加入字典顺序保持一致，获取方法见表7.1。

表 7.1 键值获取方法

方　法	描　述
dict.keys()	获取字典 dict 中的所有键，组成一个可迭代数据对象
dict.values()	获取字典 dict 中的所有值，组成一个可迭代数据对象
dict.items()	获取字典 dict 中的所有键值对，两两组成元组，形成一个可迭代数据对象

可以用这 3 种方法分别查看通讯录中的全部键、全部值或全部键值对。例如：

```
country_dic = {'中国': '北京', '韩国': '汉城', '日本': '东京'}
print(country_dic.keys())         # dict_keys(['中国', '韩国', '日本'])
print(country_dic.values())       # dict_values(['北京', '汉城', '东京'])
print(country_dic.items())        # dict_items([('中国', '北京'), ('韩国', '汉城'),
                                  # ('日本', '东京')])
```

这 3 种方法返回值都是可迭代数据对象，可对其进行解包、遍历或用 list() 将其转为列表，再查看其中的数据。例如：

```
print(*country_dic.keys())                           # 解包输出：中国 韩国 日本
print(list(country_dic.keys()))                      # 键转列表['中国', '韩国', '日本']
for country, capital in country_dic.items():  # 遍历可迭代对象dict.items()
    print(f'{country}首都是{capital}')
# 中国首都是北京
# 韩国首都是汉城
# 日本首都是东京
```

字典的 keys()、values() 和 items() 方法生成的可迭代数据是一种特殊的“视图”类数据，它们的值关联至原始字典，当原始字典中的数据发生改变后，视图中的值会随之发生变化。例如：

```
country_dic = {'中国': '北京', '韩国': '汉城', '日本': '东京'}
vs = country_dic.values()                        # 获取字典所有值的视图
print(vs)                                        # dict_values(['北京', '汉城', '东京'])
country_dic['韩国'] = '首尔'                     # 韩国首都更名为首尔'
print(vs)                                        # dict_values(['北京', '首尔', '东京'])
```

在 3.7 版以后，字典顺序会确保为插入顺序，所以可以用以下两种方法创建键值二元组。例如：

```
country_dic = {'中国': '北京', '韩国': '首尔', '日本': '东京'}
pairs = list(zip(country_dic.keys(), country_dic.values()))
print(pairs)          # [('中国', '北京'), ('韩国', '首尔'), ('日本', '东京')]
pairs = [(k, v) for (k, v) in country_dic.items()]
print(pairs)          # [('中国', '北京'), ('韩国', '首尔'), ('日本', '东京')]
```

使用 sorted(dict.items()) 就能获得字典所有键值对并按键升序排序；如果想按照逆序排序，则只要设 reverse=True 即可。对字典的值（value）排序可以用 key 参数结合 lambda 表达式的方法完成，例如用 key=lambda x: x[n]，x 表示传入参数，此处传入的键值对的元组，x[n] 表示元组序号为 n 的项，在下面示例中，x[1] 表示成绩。

```
score_dic = {'Python': 99,'C': 87,'Java': 66,'C++': 88,'C#': 79,'Go': 92}
print(sorted(score_dic.items()))                               # 根据键升序排序
```

```
# [('C', 87), ('C#', 79), ('C++', 88), ('Go', 92), ('Java', 66), ('Python', 99)]
print(sorted(score_dic.items(), key=lambda x: x[1]))     # 根据值升序排序
# [('Java', 66), ('C#', 79), ('C', 87), ('C++', 88), ('Go', 92), ('Python', 99)]
```

实例 7.5 《水浒传》里人名和出现次数排序。

实例说明：字典 words_dic 中存储了《水浒传》里出现次数最多的 4 个人名和出现次数，将人名升序排序输出；出现次数降序排序输出；再根据出现次数降序排序，将键值对转为元素为二元组的列表输出。

实例代码如下：

```
words_dic = {'武松': 992, '宋江': 3531, '吴用': 625, '李逵': 1082}
print(sorted(words_dic.keys()))       # 根据键升序排序
# ['吴用', '宋江', '李逵', '武松']
print(sorted(words_dic.values()))     # 根据值升序排序
# [625, 992, 1082, 3531]
print(sorted(words_dic.items(), key=lambda x: x[1], reverse=True)) # 根据值降序
# [('宋江', 3531), ('李逵', 1082), ('武松', 992), ('吴用', 625)]
```

实例 7.6 中文词频统计。

实例说明：统计“西游记.txt”中出现次数最多的 10 个词和每个词出现的次数。

词和词出现的次数正好可以用字典中的键值对表示，遍历“西游记.txt”，将文件每行末的换行符去掉并拼接为一个字符串，再将字符串 txt 切分为词的列表。创建一个空字典，遍历词的列表，以每个词为键，以该词出现的次数为值，反复更新词典中的键和值。最后依据词典元素的值进行降序排序，输出前 10 个元素。

中文的文章与英文不同，英文每个单词间自然以空格进行分隔，可以用 split() 将英文字符串切分为单词的列表。而中文中以句子为分隔的，各词之间无分隔，将中文字符串切分成多个单词可以利用第三方库 jieba 库中 lcut(txt) 函数来完成，参数 txt 为一个中文字符串。在使用第三方库之前，需要先安装这个库，方法如下：

```
pip install jieba
```

定义一个词频分析函数，调用函数获得读取文件得到的字符串，利用 jieba 库中 lcut(txt) 函数分词得到中文词的列表。遍历这个列表，略过没有意义的词和单字词，以词为键构建字典，将词出现的数量作为元素的值反复修改字典，该词出现一次，其值就增加 1，最终得到全部词的词频字典。利用 sorted() 函数根据字典元素的值进行降序排序，返回排序的结果。

实例代码：

```
import jieba                                   # jieba是中文分词库，将中文句子切分成词

def file_string(file):
    """接收文件名为参数，读文件，返回一个字符串"""
    txt = ''                                                  # 创建空字符串
    with open(file, "r", encoding='utf-8') as data:           # 创建文件对象
        for line in data:                                     # 遍历文件对象
            txt = txt + line.strip()           # 去掉行末的换行符，拼接成一个字符串
    return txt                                                # 返回字符串
```

```
def text_analysis(txt):
    """接收字符串，切分为词，统计每个词出现的次数，返回以词为键，以数量为值的字典"""
    words_ls = jieba.lcut(txt)                              # 将字符串切分成词的列表
    frequency = {}                                          # 创建一个空字典
    exclude = ['一个', '那里', '怎么', '我们', '不知', '两个', '什么', '不是']
    for word in words_ls:                                   # 遍历切分好的词
        if word not in exclude and len(word) > 1: # 跳过一个字的词和exclude中的词
            frequency[word] = frequency.get(word, 0) + 1 # 以当前词为键，值加1，初值0
    items = sorted(frequency.items(), key=lambda x: x[1], reverse=True)
    # 按词频降序排序，返回以键和值组成的元组为元素的列表，元素类似('行者', 4073)
    return items                                            # 返回降序排序的词频列表


if __name__ == '__main__':
    filename = "西游记.txt"  # 文件名
    text = file_string(filename)                # 调用读文件函数，返回字符串类型
    ls = text_analysis(text)                    # 调用统计分析函数统计词频，得到列表
    for i in range(10):                         # 输出前10 个元素
        hot_word, amount = ls[i]                # 将元组元素分别赋值给hot_word和amount
        print("{0:<4}{1:>4}".format(hot_word, amount))# 词语左对齐；数量右对齐
```

输出结果：

```
行者 4073
八戒 1677
师父 1562
三藏 1265
唐僧 801
大圣 751
沙僧 721
妖精 627
和尚 617
菩萨 598
```

从输出的结果中，可以发现“行者”和“大圣”共出现4 824次，“师父”、“三藏”和“唐僧”共出现3 628次，二者出现的次数远胜过“八戒 ”的1 677次和“沙僧”的 721次，可见“孙悟空”与“唐僧”是西游记的绝对主角。

7.2 集合

集合类型用来保存无序的、不重复的不可变数据，可近似将集合看成是没有值的字典。集合分set（集合）和frozenset（冻结集合、不可变集合）两种，其区别是set是可变数据类型，集合内数据可增可减，有add()、remove()等方法。而frozenset是不可变数据类型，一旦创建，其数据不可增减，冻结集合可以作为字典的键或其他集合的元素。集合不支持索引和切片等序列操作，在增加和删除元素时集合也不记录新元素位置或者插入点。本节主要讨论可变集合（set）的使用方法，没有明确说明是冻结集合的情况下都是可变集合。

7.2.1 集合的创建

将一系列用逗号分隔的数据放在一对大括号中就可以创建非空集合，将集合类型数据赋值给变量即可创建并使用一个集合变量。例如：

```
city_set = {'吉林', '武汉', '北京'}    # 将集合数据赋值给变量，直接创建集合
print(city_set)                        # {'北京', '吉林', '武汉'}
```

空集合使用 set() 函数创建和表示，集合出现晚于字典，“{}”用于表示空字典，所以不能直接使用“{}”创建和表示空集合。

```
empty_set = set()                      # set()函数创建一个空集合，不能使用{}创建和表示
print(empty_set)                       # 输出 set()，表示一个空集合
```

将字符串、列表、元组、推导式、迭代器或字典等支持迭代的对象作为set()函数的参数，可以得到一个集合。例如：

```
print(set([78, 78, 78, 94, 65]))       # 将列表转为集合并去除重复元素 {65, 94, 78}
print(set('cheeseshop'))               # 字符串转集合{'e', 'h', 's', 'p', 'o', 'c'}
```

与列表推导式类似，集合也可以通过集合推导式创建。例如：

```
words_ls = {('武松', 992), ('宋江', 3531), ('吴用', 625), ('李逵', 1082)}
words_set = {x[0] for x in words_ls}
print(words_set)                       # {'李逵', '武松', '吴用', '宋江'}
words_dic = {'武松': 992, '宋江': 3531, '吴用': 625, '李逵': 1082}
words_set = {x for x in words_dic.keys() }
print(words_set)                       # {'李逵', '武松', '吴用', '宋江'}
```

实例 7.7 统计金牌项目。

实例说明： 列表gold_medal 中存储奥运会前10枚金牌的序号和项目，其中有些项目获得多块金牌，请编程输出前10枚金牌中不重复的项目。

实例代码：

```
gold_medal = [['第1金', '射击'], ['第2金', '举重'], ['第3金', '击剑'], ['第4金', '跳
             水'], ['第5金', '举重'],
             ['第6金', '举重'], ['第7金', '射击'], ['第8金', '跳水'], ['第9金', '射击'],
             ['第10金', '赛艇']]

sports_set = {x[1] for x in gold_medal}     # 集合推导式，用前10枚金牌的项目创建集合
print(sports_set) # 不重复获奖的项目{'跳水', '赛艇', '击剑', '射击', '举重'},
```

集合是一种可遍历结构，可以用在for循环中用于数据的遍历。集合具有无序且不重复的特点，基本功能包括关系测试和消除重复元素。

实例 7.8 计算植株平均高度。

实例说明： 张丰教授是研究植物的专家，一天，他让助手李华计算实验田中种植的不同高度的向日葵的高度平均值。植株的数量大于0 小于等于100，在一行中输入用空格分隔的若干个向日葵高度数据，输出其不同高度植株的高度平均值，结果保留2位小数。

实例代码：

```
# 测试输入的数据：156 188 161 154 178 175 161 175 174 188
height_ls = input().split()                          # 多个用空格分隔的输入切分为列表

height_set = {float(x) for x in height_ls}           # 集合推导式，元素转浮点数，去重
avg_height = sum(height_set) / len(height_set)       # 不同高度向日葵的高度和除以数量
print(f'不同高度植株的平均高度为：{round(avg_height, 2)}')
# 输出：不同高度植株的平均高度为：169.43
```

也可以用split()将输入切分为列表后，用map()直接将列表元素一一映射为浮点数，再置于set()函数中转为集合类型，去掉重复元素。代码如下：

```
height_set = set(map(float, input().split()))        # 输入映射为浮点数转集合
avg_height = sum(height_set) / len(height_set)       # 高度总和除以不同高度的数量
print(f'不同高度植株的平均高度为：{round(avg_height, 2)}')
```

实例 7.9 奥运奖牌统计。

实例数据：奥运奖牌.txt

实例说明：

文件奥运奖牌.txt中记录了2021年奥运会中国代表队获奖情况，包括奖牌种类、获奖日期、运动员、项目，中间用制表符“\t”分隔。请统计共获得多少奖牌，有哪些项目获得奖牌。

文件“奥运奖牌.txt”中的数据如下：

顺序	日期	运动员/运动队	项目
第1金	2021/7/24	杨倩	射击
第2金	2021/7/24	侯志慧	举重
第3金	2021/7/24	孙一文	击剑
第4金	2021/7/25	施廷懋/王涵	跳水
…			
第16铜	2021/8/2	周倩	摔跤
第17铜	2021/8/6	刘虹	竞走
第18铜	2021/8/7	龚莉	空手道
…			

实例代码：

```
with open('奥运奖牌.txt', 'r', encoding='utf-8') as olympic:
    medals_ls = [x.strip().split() for x in olympic] # 遍历文件对象，数据转二维列表
print(f'共获奖牌{len(medals_ls[1:])}枚') # 所有项目获奖牌总数，略过标题行，共获奖牌88枚
sports_set = {x[-1] for x in medals_ls} # 遍历二维列表，取每个子列表最后一个数据推导出集合
print(sports_set)                        # {'空手道', '田径女子链球', '蹦床',...}
print(f'共有{len(sports_set)-1}个项目获奖')# 获奖牌总数，略过标题行，共有24个项目获奖
```

可以用内置函数 len(s) 获取集合 s 中数据元素的个数，可以根据对象进入集合前后长度是否发生变化判定其中是否存在重复的元素。

实例7.10 奇特的四位数。

实例说明：一个四位数，各位数字互不相同，所有数字之和等于6，并且这个数是11的倍数。满足这种要求的四位数有多少个？各是什么？

想知道一个数字 num 中是否有重复数字，可用str(num)将这个数转为字符串类型，用 map(int, str(num))将字符串中的每个数字字符映射为整数类型，再用set()函数将其转为集合。代码如下：

```
num_set = set(map(int, str(num)))    # 以当前数上每位数字为元素构建集合num_set
```

若各位上有相同数字存在，重复数字会被去掉，则生成的集合长度必小于4，所以用len()测试集合元素数量，当结果为4时，当前数中不存在重复数字。

```
if len(num_set) == 4:                # num 中无重复数字
```

因超过3210的数中各位数字之和必大于6，并不需要从0000遍历到9999，只需要遍历到3210即可，减少搜索空间，提高效率。若该数对 11 取模的值等于 0，集合元素求和结果为6，且集合长度为4，则是满足要求的数。

实例代码：

```
num_ls = []                              # 用于存放符合条件的数字的空列表
for num in range(1000, 3211):            # 超3210的数各位数字和必大于6，减小搜索空间
    num_set = set(map(int, str(num)))  # 以当前数上每位数字为元素构建集合num_set
    if num % 11 == 0 and sum(num_set) == 6 and len(num_set) == 4:
        num_ls.append(num)               # 符合条件的数字加到列表num_ls中
print(len(num_ls))                       # 列表长度就是符合条件的数字的个数 6
print(num_ls)                            # [1023, 1320, 2013, 2310, 3102, 3201]
```

7.2.2 可变集合类型的操作

可变集合提供了一些关于元素更新、删除等相关操作的方法，常用操作及其方法描述见表7.2。

表7.2 集合常用操作方法

方　法	描　述
s.add(x)	向集合 s 中添加一个元素 x
s.remove(x)	从集合 s 中删除对象 x；如果 x 不是集合 s 中的元素(x not in s)，将引发 KeyError 异常。使用 s.remove(x) 删除元素时，建议先做存在性测试
s.discard(x)	如果 x 是集合 s 中的元素，从集合 s 中删除对象 x，如果s中不存在x也不会报错
s.pop()	无参数，从集合中移除任意一个元素，返回值为被移除的元素，如果集合为空则会引发 KeyError异常
s.clear()	删除集合 s 中的所有元素

实例 7.9也可以先创建空集合，遍历文件对象，每行切分为列表后取最后一个元素（获奖项目）加入集合中，若加入元素在集合中已经存在了，自动忽略，只保留一份。因为遍历时包含了标题行，所以用discard()方法删除集合中元素“项目”，集合中仅保留获奖体育项目名。

实例代码如下：

```
sports_set = set()                          # 创建空集合，不可用{}，{}表示空字典
with open('奥运奖牌.txt', 'r', encoding='utf-8') as medals:
    for x in medals:
```

```
        sports_set.add(x.strip().split()[-1]) # 遍历文件对象，取每行最后一个数据加入集合
    sports_set.discard('项目')               # 删除标题行中最后一个数据'项目'
    print(sports_set)                        # {'射击', '跳水', '举重', '羽毛球'...}
    print(len(sports_set))                   # 获奖的项目数量24，同一项目获多个奖只计一次
```

7.2.3 集合成员运算

集合支持成员运算，可用 x in s 和 x not in s操作判断数据x是否是集合s的成员。

实例 7.11 查询奥运项目是否获奖。

实例说明：在实例7.9的基础上，增加查询功能，用户输入一个项目名，查询是否是2021年奥运会中国队获奖项目。

实例代码：

```
def medals_game():
    """无参数，读取文件奥运奖牌.txt，将获奖项目名加入集合中，返回集合"""
    with open('奥运奖牌.txt', 'r', encoding='utf-8') as medals:
        sports_set = {x.strip().split()[-1] for x in medals} # 获奖项目名集合

    sports_set.discard('项目')               # 删除标题行中最后一个数据'项目'
    return sports_set                        # 返回获奖项目的集合

def query(sports_name):
    """接受一个项目名为参数，查询是否是获奖项目，返回字符串"""
    if sports_name in medals_set:            # 查询项目名在集合中是否存在
        return f'{sports_name}是获奖项目'
    else:
        return f'{sports_name}项目未获奖'

if __name__ == '__main__':
    medals_set = medals_game()               # 调用函数获取获奖项目名集合
    sports = input()                         # 输入一个体育项目名称
    print(query(sports))                     # 查询是否是获奖项目并输出
```

7.2.4 集合关系

当一个集合s中的元素包含另一个集合t中的所有元素时，称集合s是集合t的超集（s >= t），或反过来称t是s的子集（s <= t）。当两个集合中元素相同时，两个集合等价（s == t）。集合的关系运算方法和含义见表7.3。

表 7.3 集合的关系运算方法和含义

方法	符号	含义
s.issubset(t)	s <= t	s是否是t的子集，是返回True，否则返回False
	s < t	s是否是t的真子集，是返回True，否则返回False
s.issuperset(t)	s >= t	s是否是t的超集，是返回True，否则返回False
	s > t	s是否是真包含t，是返回True，否则返回False
s.isdisjoint(t)		s和t是否无共同元素，是返回True，否则返回False
	s == t	s是否和t相等，是返回True，否则返回False

实例 7.12　IP 地址转换。

实例说明：一个 IP 地址是由 4 个字节（每个字节 8 位）的二进制数组成。请将 32 位二进制数表示的 IP 地址转换为十进制格式表示的 IP 地址输出。

十进制格式的 IP 地址由用“.”分隔 4 个十进制数组成。当输入的数字不足 32 位或超过 32 位，或者输入的数字中有非 0 和 1 的数字时，输出“data error!”

输入的字符串未必符合法，可能位数不是 32，也可能包含其他字符，若把 IP 地址字符串转为集合，则其中重复的字符会被去掉；若为合法的 IP 地址，集合只能是 {'1'}、{'0'} 和 {'0','1'} 中的一个，这里可以利用集合关系方便地判定输入中是否包括非 '0'、'1' 的字符。

实例代码：

```
def check_ip(ip_bin):
    """接受字符串，判定是否为合法IP，当其合法时返回其对应的十进制IP，否则返回'data
      error!'"""
    ip_ls = []                                  # 用于存放十进制IP的列表
    if len(ip_bin) == 32 and set(ip_bin) <= {'0', '1'}: # 判断输入是否合法
        for i in range(4):                      # 每次取8位字符，转十进制数后转字符串加到列表中
            ip_ls.append(str(int(ip_bin [i * 8:(i + 1) * 8], 2)))
        ip_dec = '.'.join(ip_ls)                # 用"."将列表中的字符串拼接到一起
        return ip_dec                           # 输入合法时返回其对应的十进制IP
    else:
        return 'data error!'                    # 输入不合法时返回'data error!'

if __name__ == '__main__':
    IP = input()                                # 输入二制的IP
    print(check_ip(IP))     # 当IP合法时输出其对应的十进制IP，否则输出'data error!'
```

输入：

```
11011110111011000010101101110001
```

输出：

```
222.236.43.113
```

输入：

```
11001a0010016100009101010111 0010
```

输出：

```
data error!
```

7.2.5　集合运算

Python 中的集合和数学中的集合概念基本一致，也支持集合的并、交、差等操作，使用这些运算可以很方便地处理数学中的集合操作。集合运算的方法与含义见表 7.4。

表 7.4　集合运算的方法与含义

序　号	操作方法	符号运算	含　义
1	union(*others)	set | other	返回一个新集合，包含来自原集合以及 others 指定的所有集合中的元素（并集）

续表

序 号	操作方法	符号运算	含 义
2	intersection(*others)	set & other	返回一个新集合，包含原集合以及 others 指定的所有集合中共有的元（交集）
3	difference(*others)	set - other	返回一个新集合，包含原集合在 others 指定的其他集合中不存在的元（差集）
4	symmetric_difference(other)	set ^ other	返回一个新的集合，其中的元素或属于原集合或属于 other 指定的其他集合，但不能同时属于两者

注意：union()、intersection()、difference()及 symmetric_difference()方法可以接受任意可迭代对象作为参数。但使用它们所对应的运算符方式进行运算时，则要求运算符两侧的操作数都是集合。这种规定排除了容易出错的构造形式，如 set('abc') & 'cbs'，推荐可读性更强的函数方法，如 set('abc').intersection('cbs')。

集合运算示例如下：

```
s = set('bookshop')                # {'o', 'k', 'h', 's', 'b', 'p'}
t = set('cheeseshop')              # {'o', 'e', 'c', 'h', 's', 'p'}
print(s.union(t))                  # s | t, {'p','b','o','s','e','c','h','k'}
print(s.intersection(t))           # s & t, 集合共有的元素{'o', 'h', 's', 'p'}
print(s.difference(t))             # s - t, s中存在t中不存在的元素{'b', 'k'}
print(s.symmetric_difference(t))
# s ^ t, 只属于s或t的元素{'b', 'e', 'c', 'k'}
```

如果左右两个操作数的类型相同，即都是可变集合或不可变集合，则所产生的结果类型是相同的。但如果左右两个操作数的类型不相同（左操作数是 set，右操作数是 frozenset，或相反情况），则所产生的结果类型与左操作数的类型相同。

实际上 Python 中也提供了一些集合的操作方法，这些操作方法无返回值，直接作用于集合对象，相当于运算同步赋值。集合标准操作方法及运算符见表 7.5。

表 7.5 集合操作方法及符号运算

方 法	符 号	描 述
s.update(t)	s = s | t	s 中的元素更新为属于 s 或 t 的成员，即 s 与 t 的并集
s.intersection_update(t)	s = s & t	s 中的元素更新为共同属于 s 和 t 的元素，即 s 与 t 的交集
s.difference_update(t)	s = s - t	s 中的元素更新为属于 s 但不包含在 t 中的元素，即 s 与 t 的差集
s.symmetric_difference_update(t)	s = s ^ t	s 中的元素更新为那些包含在 s 或 t 中，但不是 s 和 t 共有的元素

使用集合操作方法时，参数可以是集合或可迭代数据对象；用符号运算时，参与运算的两个对象必须都是集合，如图 7.1 所示。

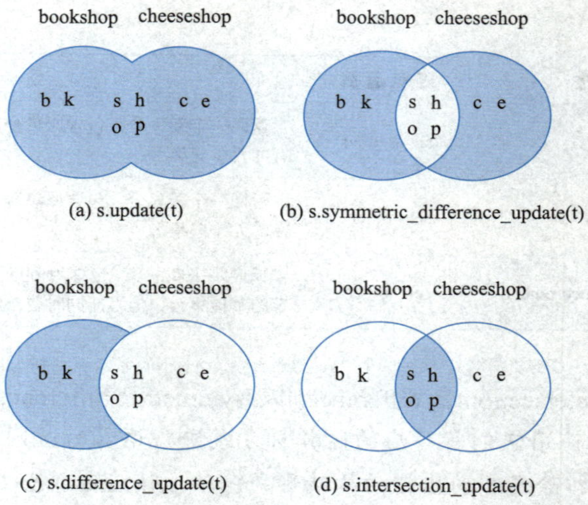

图 7.1　集合操作

实例 7.13　唐诗宋词高频词分析。

实例说明： 唐诗中出现的高频词有“不见”、“无人”、“将军”、“不知”、“昨夜”、“故人”、“长安”、“万里”、“相思”和“青山”；宋词中出现的高频词有“斜阳”、“风雨”、“几道”、“明月”、“归来”、“黄昏”、“东风”、“相思”、“千里”和“天涯”。统计并输出唐诗宋词中共同出现的高频词、唐诗中出现但在宋词中未出现的高频词，分析不同朝代诗人的写作风格变化。

```
tang_poetry= {'不见', '无人', '将军', '不知', '昨夜', '故人', '长安', '万里', '相思',
              '青山'}
song_ci_poetry={'斜阳', '风雨', '几道', '明月', '归来', '黄昏', '东风', '相思', '千
                里', '天涯'}

print(tang_poetry & song_ci_poetry)  # 唐诗和宋词中共同的高频词：{'相思'}
print(tang_poetry - song_ci_poetry)
# 唐诗中独有的高频词：{'不知', '昨夜', '故人', '不见', '无人', '万里', '青山', '长安', '将军'}
print(song_ci_poetry-tang_poetry)
# 宋词中独有的高频词：{'黄昏', '明月', '天涯', '几道', '斜阳', '东风', '千里', '风雨', '归来'}
```

从分析结果看，唐诗和宋词分别反映了唐代和宋代诗人的不同关注点和情感倾向，通过对“相思”这一主题的共同关注，唐代和宋代的诗人们展示了他们在人类情感体验上的一致性，反映了无论社会如何变迁，人们对于美好情感的追求和表达是永恒不变的。

唐朝是一个盛世，疆域辽阔，唐诗中出现了很多关于边塞、战争、征途和故乡的词汇，如“将军”、“长安”、“万里”和“故人”等在宋词中出现减少。宋朝政治上较为动荡，宋词的高频词如“斜阳”、“风雨”、“黄昏”和“东风”等，更多地体现了宋代诗人对自然景物、人生感怀以及对故国的思念之情。这反映了宋代诗人更多地表达内心的细腻情感和对现实的感慨，词中多有对人生无常和个人命运的思考。

7.3 datetime 库

Python标准库中提供了一个datetime 模块，用于提供用于处理日期和时间的处理方法。表7.6中给出了常用类的描述及提供的属性。

表 7.6 datetime 模块的常用类及属性

类	描 述	属性与常用方法
datetime.date	日期表示类，可以表示年、月、日等	year, month, day, today()、weekday()、isoweekday()、strftime()
datetime.time	时间表示类，可以表示小时、分钟、秒、毫秒等	hour, minute, second, microsecond，tzinfo, strftime()、isoformat()
datetime.datetime	日期和时间表示类，功能覆盖date和time类	year, month, day, hour, minute, second, microsecond, tzinfo, now()
datetime.timedelta	表示两个 date 对象或 time 对象，或者 datetime 对象之间的时间间隔，精确到微秒	days, seconds, microseconds, max, min
datetime.tzinfo	与时区有关的信息表示类	dst(),utcoffset(),tzname()

实例7.14 根据身份证号计算年龄。

实例说明：输入一个身份证号，要求在任何时间执行都正确地输出年龄。

年龄为当前年份减出生年份，题目要求任何时间都能输出正确的年龄，当前年份就不能直接写固定的数字。可以利用datetime.date.today()方法获得程序执行时的日期，再用year的属性获取其中年份部分，然后用当前的年份减出生年就可以得到程序执行时的年龄。

实例代码：

```
import datetime

user_id = input()                                      # 例如 440111200406264２××
year_birth = int(user_id[6:10])                        # 2004
print('今天日期是：', datetime.date.today())             # 今天日期是：2024-08-02
age = datetime.date.today().year - year_birth          # 目前年份减出生年
print(f'今年{age}岁')                                   # 今年20岁，随执行时的年份变化
```

表7.7中给出了datetime类的描述及常用属性，使用时可查询或根据提示使用。

表 7.7 datetime 类的常用属性

属 性	描 述
datetime.min	可表示的最早时间，datetime(MINYEAR, 1, 1, tzinfo=None)
datetime.max	可表示的最晚时间，datetime(MAXYEAR, 12, 31, 23, 59, 59, 999999, tzinfo=None)
datetime.year	返回someday包含的年份，在 MINYEAR 和 MAXYEAR 之间，包含边界
datetime.month	返回someday包含的月份，取值范围1～12
datetime.day	返回1到指定年月的天数间的数字
datetime.hour	返回someday包含的小时，取值范围是 range(24)

续表

属　　性	描　　述
datetime.minture	返回 someday 包含的分钟，取值范围是 range(60)
datetime.second	返回 someday 包含的秒，取值范围是 range(60)
datetime.microsecond	返回 someday 包含的毫秒，取值范围是 range(1000000)

例如：

```
import datetime

print(datetime.datetime.now())                  # 2024-08-02 19:51:01.151430
print(datetime.datetime.now(datetime.UTC))      # 2024-08-02 11:51:01.151430+00:00
print(datetime.datetime(2024, 8, 2))            # 2024-08-02 00:00:00
```

表 7.8 中给出了 datetime 常用的时间格式化方法，表 7.9 给出了利用 strftime() 格式化日期时间的方法，使用时可查询或根据提示使用。

表 7.8　datetime 常用的时间格式化方法

属　　性	描　　述
datetime.isoformat()	采用 ISO861 标准显示时间
datetime.isoweekday()	根据日期计算星期后返回 1～7，对应星期一到星期日
datetime.strftime(format)	根据格式化字符串 format 进行格式显示的方法

表 7.9　strftime（format）

格式化字符	日期 / 时间	值范围和实例
%Y	年份	0001～9999
%m	月份	01～12
%B	月名	January ～December
%b	月名缩写	jan ～Dec
%d	日期	01～31
%A	星期	Monday ～Sunday
%a	星期缩写	Mon ～Sun
%H	小时（24h）	00～23
%M	分钟	00～59
%S	秒	00～59
%x	日期	月 / 日 / 年
%X	时间	时：分：秒

在支持日期时间数学运算的同时，实现的关注点更着重于如何能够更有效地解析其属性用于格式化输出和数据操作。

实例7.15 特殊的生日。

实例说明： 每个日期可以转成8位数字，例如2018年5月12日对应的就是20180512。如果某人的生日转成8位数字后，8个数字都没有重复，而且自他出生之后到今天，再也没有这样的日期了，请问此人的生日是哪天？

Python内置了datetime库，提供了很多与日期和时间相关的函数。此题可以借助 datetime 库里的一些方法解决，获取今天日期的方法是 datetime.now()，可得到形如2020-09-04的日期。返回日期间隔的方法是timedelta(days=1)，括号中的days=1表示日期间隔为1天。从当前天向前查看每一天的日期中是否有重复数字，第一个出现的没有重复数字的日期就是答案。判断日期中是否有重复数字可用集合方法。

实例代码：

```
import datetime

def birthdate(date):
    while True:
        date = date - datetime.timedelta(days=1)  # 从今天起依次减，间隔一天
        str_day = date.strftime('%Y%m%d')         # 格式化后形如20190701
        if len(set(str_day)) == 8:                # 集合去重，无重复数时8个元素
            return f'{str_day[:4]}年{str_day[4:6]}月{str_day[6:]}日'

if __name__ == '__main__':
    today = datetime.datetime.now()               # 获取今天日期，形如2025-05-06
    print(birthdate(today))                       # 1987年06月25日
```

datetime是一个非常有用的库，几乎和日期或时间相关的操作都可以找到相关的函数或方法。利用第三方库可以极大地简化程序设计过程，减少代码行数、简化逻辑，可以有效地减少错误和异常的发生。

小结

本章介绍了字典和集合类型，这两种类型对象中的元素都没有序号，不可以用索引和切片方法获取其中元素。字典的元素分为“键”和“值”两部分，其中“键”只能使用不可变数据类型且不可以重复。可以根据键来索引值，基于字典的查询效果较高。集合的元素也要求是不可变数据类型且不可以重复，基于这个特性，经常将集合用于去除重复的数据。集合支持并、交、差等运算，可用于数据的统计和筛选等方面。datetime是标准库，不需要安装就可以使用，提供了很多与日期和时间相关的属性和方法供用户使用。

实训

实训说明：文件cet4.txt、cet6.txt分别是四、六级词汇，dict.txt为普通英汉字典文件，各文件中存储不同数量的英语单词，统计分析四、六级词汇中共有的词和分别独有的单词并输出；将3个文件中的单词读入一个字典中，重复的单词只保留一份；分别统计每个字母开头的单词的数量；实现单词释义查询和翻译中文句子的功能；模仿背单词软件，编写让用户背单词的程序。

第8章 文件

程序对数据读取和处理都是在内存中进行的，程序设计结束或关闭后，内存中的这些数据也会随之消失。文件是指为了重复使用或长期使用的目的，存放于外部存储器中的数据保存形式，文件是信息交换的重要途径，也是利用程序解决实际问题的重要媒介。数据写入文件后，可以长期保存，供其他程序的应用随时读取和处理。本章将详细讲授利用程序创建、打开与关闭文件的方法，文本文件的读/写操作，以及利用第三方库读取文件中的数据并对数据进行分析与统计的方法。

思维导图

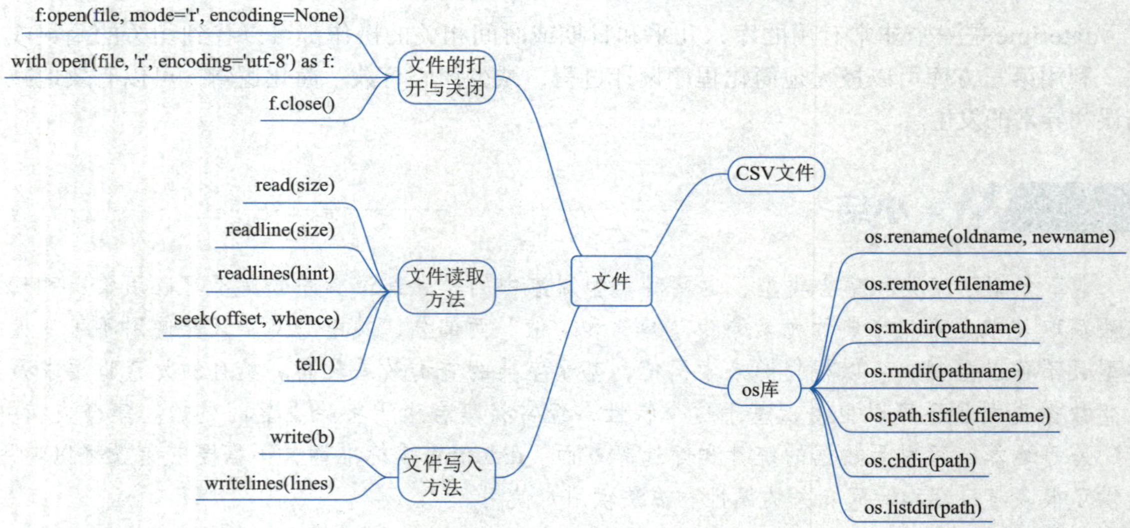

8.1 文件的打开与关闭

按照数据在磁盘上存储时的组织形式不同，文件可以分为文本文件和二进制文件两类。文本文件内部存储的是常规的中西文字符、数字、标点等符号，换行常用符号 '\n' 表示，此类文件一般可以使用普通文本编辑工具打开和编辑，人们可以直接阅读和理解文件内容。例如，文本文件（txt）、逗号分隔值（csv）、日志文件（log）、配置文件（ini）等。二进制文件中的数据以二进制的形式存储，读取此类文件需要能够解析二进制数据的结构和含义的应用软件。例如，图片文件（jpeg）、视频文件（mpeg）、Windows下的可执行文件（exe）都是典型的二进制文件。

不论是文本文件还是二进制文件，文件进行写入或读取操作，一般都可以分为以下三步：

（1）打开文件并创建文件对象。

（2）通过文件对象对文件中的内容进行读取和写入等操作。

（3）关闭并保存文件内容。

Python 内置文件操作函数 open()可以打开文件并创建一个文件对象，用于读或写操作。打开的文件使用完毕，必须关闭文件对象以确保对文件中数据的所有改变都写回文件中，同时释放文件的读写权限，使其他程序可以操作该文件。文件对象具有一个close()方法可以用于关闭文件对象，close()方法被执行时，会先将文件缓冲区中的数据写入文件，再关闭已打开的文件对象。为保证在任何情况下文件都被正常关闭，经常将close()放在异常处理方法中的finally子句下的语句块中，以确保无论程序遇到什么问题都可以使文件正常关闭。基本语法如下：

```
fr = open(file, mode='r', encoding=None)    # fr为变量名，是用户为文件对象所命名字
fr.close()                                  # 关闭所创建的文件对象，fr为文件对象名
```

Python还提供了一种内置类型，称为内容管理器，用于设置某个对象的使用范围，一旦离开这个范围，将会有特殊的操作被执行。内容管理器由关键字with和as联合启动，将文件打开操作置于内容管理器中，不需要再用close()语句显式地关闭文件，一旦离开隶属with … as的缩进代码范围，文件对象的关闭操作会自动执行。

即使上下文管理器范围内的代码因错误异常退出，文件对象的关闭操作也会正常执行。使用上下文管理器，用缩进语句描述文件的打开及操作范围，保证了文件使用完毕后的关闭操作。建议在进行文件操作时，使用这种方法以避免文件关闭错误。

```
with open(file, mode='r', encoding=None) as fr:    # fr是用户为文件对象所命名字
    pass                                        # 在缩进区域写对文件对象进行操作的语句
```

file 参数是一个带路径的文件名，可以相对当前打开文件所在路径（./temp.txt）的相对路径，当打开的文件与当前程序文件在同一路径下时，不需要写路径。考虑到程序的可移植性，一般建议使用相对路径。也可以用一个从根目录开始的绝对路径（如'c:\\temp\\temp.txt'），使用绝对路径时要注意，若反斜杠与后面字符可构成转义字符时，需要使用两个反斜杠表示，或者在路径字符串前面加r，r表示raw，明确告诉解释器这个字符串是个原生字符串，不要转义。例如，'c:\temp\temp.txt'中“\t”是转义字符，所以需要写成'c:\\temp\\temp.txt'或r'c:\temp\temp.txt'，从而避免解析错误。例如：

```
# \t为制表符，\n是换行符，解析后路径会出错
fr = open('c:\temp\next.txt', mode='r', encoding=None)
# \\t解析为\t，\\n解析为\n，解析正确
fr = open('c:\\temp\\next.txt', mode='r', encoding=None)
# 加r不会对字符串中的特殊字符进行转义，解析正确
fr = open(r'c:\temp\next.txt', mode='r', encoding=None)
```

mode 参数是可选参数，用于指定文件打开的方式和类型，省略时使用默认值 'r'，以只读方式打开。该参数可以使用的符号包括 'r'、'w'、'x'、'a'、'b'、't'、'+' 等，具体含义见表 8.1。Python 严格区分二进制和文本输入/输出，用二进制模式打开文件时，不做任何解码，直接用二进制对象返回文件内容；用文本模式打开文件时，先用平台默认的编码方式或 encoding 参数指定的编码方式对字节流进行解码，再用字符串形式返回文件内容。

表 8.1 mode 参数符号含义

符　号	含　义
'r'	以只读模式打开文件（默认值）
'w'	以写数据模式打开文件，该文件已存在，先清除该文件中所有内容；该文件不存在，先创建该文件再打开
'x'	以创建文件写数据模式打开文件，该文件已存在，打开失败
'a'	以追加写数据模式打开文件，该文件已存在，新数据追加在现有数据之后；该文件不存在，先创建文件后在打开
'b'	以二进制模式打开文件处理数据
't'	以文本模式打开文件处理数据（默认模式）
'+'	打开文件并允许更新，相当于增加读或写模式（与 'r'、'w' 或 'a' 组合使用，如 'r+' 可读可写、'w+' 可写可读、'a+' 可追加写，可读）

不指定encoding 参数时使用当前操作系统默认编码类型（中文 Windows 一般默认 GBK 编码，Mac 和 Linux 等一般默认编码为 UTF-8 编码）。Python 3 推荐使用 UTF-8 编码，UTF-8 是一种针对 Unicode 的可变长度字符编码，用 1～6 个字节编码字符，包含全世界所有国家需要用到的字符。使用二进制模式打开文件时，encoding 参数不可用。

open() 函数打开文本文件会创建一个可迭代对象，可以通过遍历的方式访问文件中的数据，每个循环依次获得文件中的一行数据，文件的每一行转为一个字符串，行末有一个换行符 '\n'。

实例 8.1 输出文件内容。

实例说明： 有一个utf-8编码的文本文件“出塞.txt”，内容如下，编程读取文件的内容：

出塞

秦时明月汉时关，万里长征人未还。

但使龙城飞将在，不教胡马度阴山。

访问文件中的数据，必须先用 open() 函数打开文件，要求只读取文件、不修改文件内容时，读取模式参数 mode 的值可设为 'r' 或省略不写。设置 encoding='utf-8' 参数表示以 utf-8 编码方式处理数据。

实例代码：

```
f = open('81 出塞.txt', 'r', encoding='utf-8')  # 读模式打开文件
# 以只读模式打开'出塞.txt'文件，返回文件对象命名为f，编码为utf-8
```

文件打开后得到的是一个文件对象，不要试图用 print(f) 输出文件内容，这个操作只能返回文件对象的信息：

```
<_io.TextIOWrapper name=出塞.txt' mode='r' encoding='utf-8'>
```

文件内容可用循环逐行输出，文件的每一行被当作一个字符串，每个行末有一个换行符“\n”，所以返回的第一行应该为“出塞\n”，在用 print() 函数输出时，行末的换行符“\n”会被解析为一个换行，导致输出的每一行数据后有一个空行存在。可以用strip() 方法去掉行末的换行符，使输出时不再有额外的空行。代码如下：

```
fr = open('出塞.txt', 'r', encoding='utf-8') # 打开文件创建文件对象，命名为fr
for line in fr:                              # 对文件对象进行逐行遍历
    print(line.strip())                  # line.strip()函数去掉行末的换行符，消除空行
fr.close()                                   # 关闭文件对象
```

应用内容管理器实现：

```
with open('出塞.txt', 'r', encoding='utf-8') as fr:
    for line in fr:                          # 对文件对象进行逐行遍历
        print(line.strip())                  # line.strip()函数去掉行末的换行符
```

输出结果：

```
出塞
秦时明月汉时关，万里长征人未还。
但使龙城飞将在，不教胡马度阴山。
```

8.2 文件读/写操作

文本文件和二进制文件的读/写基本相同，其区别是文本文件的读/写按照字符串方式，二进制文件的读/写按照字节流的方式。为便于理解，本节以文本文件为例进行文件读/写操作的讲解。

8.2.1 文件读取方法

Python 文件对象提供了3种读取数据的方法：read()、readline() 和readlines()。文件读取方法的描述见表8.2。每种方法可以接受一个可选参数以限制每次读取的数据量，但通常情况下不使用参数。

表 8.2　文件读取方法

方　法	描　述
read(size)	无参数或参数为-1时，读取全部文件内容；当参数size为大于或等于0的整数时，读取size个字符
readline(size)	无参数或参数为-1时，读取并返回文件对象中的一行数据，包括行末结尾标记'\n'，字符串类型。当参数size为大于或等于0的整数时，最多返回当前行的前size个字符
readlines(hint)	无参数时，读取文件全部数据，返回一个列表，列表中每个元素是文件对象中的一行数据，包括行末的换行符“\n”。当参数hint为大于或等于0的整数时，读取hint个字符所在的行
seek(offset,whence)	改变当前文件操作指针的位置，offset为指针偏移量，whence代表参照物，有3个取值：0文件开始、1当前位置、2文件结尾
tell()	返回文件指针当前的位置

1. seek() 指针操作方法

Python在文件读取过程中使用了一个指针，在文件刚打开时，这个指针指向文件内容的起始处，伴随着读/写的进行指针逐步往后移动。下一次读/写从指针当前位置向后进行，当指针移动到文件结尾后，其后已经没有数据，再试图读取数据就没有返回值。此时，如果期望重新读取文件中的数据，可使用seek()将文件读取指针移动到文件开头可期望的开始读取位置。

操作指针的方法如下：

```
seek(offset, whence=SEEK_SET)
```

① offset 代表文件指针的偏移量，单位是字节（byte）。

② whence 代表参照物，有3个取值：

whence = 0 表示文件开始，0是默认值，文本和二进制文件都可用；whence = 1 表示当前位置；whence = 2 表示文件结尾。

当 whence = 0时偏移量可以设为0或正值。当 whence = 1 或 whence = 2 时，在二进制文件中可以设置任意偏移量，在文本文件中，只允许设置偏移量为 0，不允许使用其他数字作为偏移量。

在对文本文档使用 seek() 方法时，一般使用 seek(0) 将文件指针移动到文件开始位置。当文件是中文、韩文等非西文字符时，一个字符可能占2字节、3字节甚至最多6字节，很难使指针精确移动到一个字的起始位置，导致解码失败，所以非纯西文文件尽量不使用偏移量。

2. tell() 方法

使用文件对象的 tell() 方法，可以获取当前文件指针的位置。

3. read() 方法

```
read(size=-1)
```

read() 方法从文本文件中读取并最多返回 size 个字符，返回的数据类型为字符串。当 size 为负值或者None 时，从当前位置一直读取到文件结束（end of file，EOF），即读取文件指针当前位置后面的全部剩余字符。如果文件大于可用内存，可以反复调用 read(size) 方法读取。

> **注意：** 文本文件中每行末尾的换行符和文中的标点符号都会各占一个字节存储，需要计算在 size 内。

例如：

```
with open('出塞.txt', 'r', encoding='utf-8') as fr:
    print([fr.read(20)])                    # 读取前20个字符放入列表中输出，方便查看换行符
    print(fr.read())                        # 读取并输出剩余字符
```

输出：

```
['出塞\n秦时明月汉时关，万里长征人未还。\n']
但使龙城飞将在，不教胡马度阴山。
```

从输出结果中可以看到，读取的字符包括标点符号和空格、换行符等空白字符。

4. readline() 方法

```
readline(size=-1)
```

readline()方法每次只读取一行数据，文件指针移动到下一行开始。当指针已经处于文件末尾时，返回一个空字符串。如果指定了 size，将在当前行最多读取size个字符，本行剩余字符少于size时，读取到本行结束。readline()方法通常比readlines()速度慢，仅当没有足够内存可以一次读取整个文件时，才使用readline()方法。

```
with open('出塞.txt', 'r', encoding='utf-8') as fr:
    print([fr.read(11)])       # ['出塞\n秦时明月汉时关，']
    print(fr.readline(10))     # 万里长征人未还。
```

5. readlines() 方法

```
readlines(hint=-1)
```

readlines()方法一次读取文件中所有数据行，文件指针一次性就移动到文件结尾处。readlines()方法自动将文件内容转成一个列表，列表中每个元素是文件对象中的一行数据，该列表可以由 for... in ... 结构进行处理。可以指定 hint 参数值来读取的直到指定字符所在的行。

```
with open('出塞.txt', 'r', encoding='utf-8') as fr:
    print(fr.readlines(4))    # 输出 ['出塞\n', '秦时明月汉时关，万里长征人未还。\n']
```

实际上，用open()方法打开文件后，生成的文件对象本身就支持用for... in ... 结构进行遍历。直接对文件对象进行遍历，不需要将文件中的数据一次性读到内存中，可以读一行处理一行。当数据文件非常大时，用直接遍历文件对象的方法，既可以避免内存不足的问题，又可以提高处理速度。

实例 8.2　提取文件中的英文。

实例说明：《论语》是春秋时期思想家、教育家孔子的弟子及再传弟子记录孔子及其弟子言行而编成的语录文集。全书比较集中地体现了孔子及儒家学派的政治主张、伦理思想、道德观念、教育原则等。作品语言简练，浅近易懂，而用意深远。《论语》自宋代以后，被列为“四书”之一，成为古代学校官定教科书和科举考试必读书。

“论语十则中英对照.txt”的内容是中英文对照版本的片段，请将其中英文提取出来。

最早的计算机只处理西文字符，所以unicode编码值小于256的都是西文，中文的unicode编码的值均大于256。根据这个特性，只需要筛选出unicode编码值小于256的字符拼接成一个字符串即可。Python内置函数ord()可用于获取字符的unicode编码的值。

实例代码：

```
def read_file():
    """接收文件名为参数，过滤掉中文以字符串形式返回英文内容 """
    with open('论语十则中英对照.txt', 'r', encoding='utf-8') as novel:
        txt = novel.read()      # 读取文件全部内容为字符串
    english_txt = ''            # 初始化英文文本
    for c in txt:               # 遍历字符串中的每个字符
        if ord(c) < 256:        # 字符的Unicode编码小于256的是英文
```

```
            english_txt = english_txt + c   # 将英文字符添加到英文文本中
        return english_txt                  # 返回英文文本
if __name__ == '__main__':
    print(read_file())                      # 调用函数，输出英文文本
```

8.2.2 文件写入方法

文件的写入操作使用 open() 函数，将 mode 参数设置为 'w'、'x'、'a' 等具有写权限的模式，或用“r+”给使用读模式打开的文件增加写权限。但要注意，使用“r+”模式时文件处于改写状态，新写入的数据会覆盖原文件起始位置相同字符数量的数据。

Python 文件对象提供了 write() 和 writelines() 两个写入数据的方法，可将指定的字符串和以字符串为元素的列表写入文件。writelines() 方法只是将列表内容直接输出，不会自动在每一个元素后面增加换行。所以在构造列表时，在需要换行的位置加入一个换行符 '\n'，以控制写入一行数据后换到下一行。这两种方法都可将字符串和列表中的内容写入文件中永久保存。文件写入方法见表 8.3。

表 8.3　文件写入方法

方　法	描　述
write(b)	将给定的字符串或字节流对象写入文件
writelines(lines)	将一个元素全为字符串的列表写入文件

实例 8.3　写入文件。

实例说明：将列表 score_ls 中的数据分 [['姓名', 'C语言', 'Java', 'Python', 'C#'], ['罗明', '95', '96', '85', '63'], ['朱佳', '75', '93', '66', '85']] 三行写入当前路径下的 score.txt 中，再把列表 score_str 中的数据 ['李思, 86, 76, 96, 93\n 郑君, 88, 98, 76, 90\n'] 追加到文件 score.txt 中。

列表 score_ls 中的元素仍为列表，子列表的元素是字符串，可以遍历列表，再用 join() 方法将每个子列表中的元素拼接为一个字符串。为了实现换行效果，字符串末尾再拼接一个换行符“\n”，然后用 write(b) 方法将字符串写入文件对象中。列表 score_str 中的元素是字符串，可以直接用 writelines(lines) 方法将其直接写入到文件中。

实例代码：

```
score_ls = [['姓名', 'C语言', 'Java', 'Python', 'C#'],
            ['罗明', '95', '96', '85', '63'], ['朱佳', '75', '93', '66', '85']]
score_str = ['李思,86,76,96,93\n', '郑君,88,98,76,90\n']  # 元素是字符串的列表
with open('score.txt', 'w', encoding='utf-8') as f:
    for lst in score_ls:                    # 遍历二维列表，lst是子列表
        f.write(','.join(lst) + '\n')       # 子列表转字符串，末尾拼接换行符，写入文件
    f.writelines(score_str)                 # 将元素是字符串的列表写入文件
print('写入成功')                            # 退出with关闭文件，输出提示信息
```

输出如下结果到 score.txt：

```
姓名,C语言,Java,Python,C#
罗明,95,96,85,63
```

```
朱佳,75,93,66,85
李思,86,76,96,93
郑君,88,98,76,90
```

8.3 文件的应用

8.3.1 CSV 格式文件

CSV 文件又称逗号分隔值，以纯文本形式存储表格数据。CSV 是一种通用的、相对简单的文件格式，最广泛的应用是在程序之间转移表格数据，而这些程序本身是在不兼容的格式上进行操作的。因为大量数据库程序和 Excel 等电子表格程序都支持 CSV，所以 CSV 格式文件常用于数据文件的输入、输出格式。CSV 文件由任意数目的记录组成，记录间以逗号或某种换行符分隔；每条记录由字段组成，字段间的分隔符是其他字符或字符串，最常见的是逗号或制表符。

一般要求每条记录都有同样的字段序列，文件开头不留空行。如果包含列名，则位于文件第一行。每行数据不跨行，无空行。以半角逗号作分隔符，列为空也要用空字符串表示其存在。字段内容如存在半角单引号（ ' ），用半角双引号（ "" ）将该字段值包含起来。文件读/写时引号、逗号操作规则互逆，内码可为 ASCII、Unicode 或者其他字符。

CSV 是本质上还是文本文档，所以对文本进行读/写的方法都适用于 CSV 格式文件的数据处理。而 CSV 格式的文件中数据基本上都是由行和列构成的二维数据，可以使用列表嵌套的方法对其进行处理。

下面用一个例子讲解用列表处理 CSV 数据的方法。

实例 8.4　读文件统计成绩。

实例数据：score.csv

实例说明：有一个存放学生课程成绩的文件 score.csv，存有 6 名同学各 4 门课的成绩。文件内容如下：

姓名,C,Java,Python,C#
罗明, 95, 96, 85, 63
朱佳, 75, 93, 66, 85
李思, 86, 76, 96, 93
郑君, 88, 98, 76, 90
王雪, 99, 96, 91, 88
李立, 82, 66, 100, 77

按要求完成以下操作：

① 读取文件中的数据，每行数据根据逗号切分为列表，输出二维列表。

② 计算每名同学的总分附加到列表中各门课程成绩后面。

③ 根据每名同学的总分进行降序排序输出。

④ 将排序后的结果写入新文件 score_total.csv 中。

打开文件后对文件进行遍历，读取每行的内容为一个用逗号分隔的字符串，格式为 '罗明, 95, 96, 85, 63\n'，用split(',')函数根据逗号切分元素可产生一个列表，形如['罗明', '95', '96', '85', '63']，将这个列表作为一个元素附加到列表ls中，构成一个二维列表。

实例代码：

```
score = []                                                  # 创建空列表
with open('score.csv', 'r', encoding='utf-8') as fr:        # 创建文件对象
    for line in fr:                                         # 遍历文件对象
        line_ls = line.strip().split(',')                   # 去除换行符并切分为列表
        score.append(line_ls)                               # 子列表加入到二维列表中
print(score)                                                # 输出二维列表
```

输出：

```
[['姓名', 'C语言', 'Java', 'Python', 'C#'],
['罗明', '95', '96', '85', '63'],
['朱佳', '75', '93', '66', '85'],
['李思', '86', '76', '96', '93'],
['郑君', '88', '98', '76', '90'],
['王雪', '99', '96', '91', '88'],
['李立', '82', '66', '100', '77']]
```

为每名同学增加总成绩，可以将列表序号为0的元素score[0]拼接上['总分']，对剩余部分列表score[1:]进行遍历，每次得到一名同学的列表x，切片x[1:]为各门课的成绩，用map()函数将每个元素都映射为整数，再用sum()函数对其进行求和并附加到列表中。代码如下：

```
title = score[0] + ['总分']                          # 列表拼接，一维列表
score_total = [title]                    # 创建新列表，首元素为原列表标题行增加平均成绩
for x in score[1:]:                                  # 略过标题行进行遍历
    total = sum(map(int, x[1:]))                     # 切取成绩部分映射为整数，计算总成绩
    score_total.append(x + [str(total)])             # 每个列表拼接字符型平均成绩
print(score_total)
```

二维列表排序用sorted()，只对数据中成绩进行排序，略过标题行，数据排序关键字用匿名函数，排序依据中列表最后一个元素（序号为-1），降序排序，将排序后的新列表与标题行列表再拼接到一起输出。代码如下：

```
score_sort = sorted(score_total[1:], key=lambda x: int(x[-1]), reverse=True)
score_total_sort = [score_total[0]] + score_sort  # 列表排序后与标题行列表拼接
print(score_total_sort)
```

在将处理好的数据写回文件时，要注意创建文件对象模式要有写权限，而且用write()写回数据时，原CSV文件中的分隔符（逗号）需要重新加进去。可以用join()函数，括号中以序列为参数，指定用半角逗号“,”作为连接符，将序列中的各元素用逗号连接起来。行末的换行符也需要重新加入，以免所有数据写到一行中，换行符的添加可用字符串连接的方式，用“+”将“\n”与列表中的元素连接起来。代码如下：

```
with open('score_total.csv', 'w', encoding='utf-8') as f:
    for x in score_total_sort:                         # 遍历排序后的二维列表
        f.write(','.join(x) + '\n')                    # 将字符串s写入文件，附加到后面
print('写入成功')                                       # 退出缩进关闭文件，输出提示信息
```

将不同的处理用独立的函数实现，每段代码都只实现一项功能，比较容易实现和调试。而且读与写分开处理，也避免读/写模式设置错误或指针位置错误导致出错的问题。因为列表是可变数据类型，所以在函数中可以用列表的append()方法直接对列表进行修改，可减少函数参数与返回值的使用。代码如下：

```
def read_file(filename):
    """接收表示文件名的字符串为参数，将文件中的数据转为二维列表并返回"""
    score_lst = []                                       # 创建空列表
    with open(filename, 'r', encoding='utf-8') as fr:  # 打开文件
        for line in fr:                                  # 遍历文件对象
            line_ls = line.strip().split(',')            # 去除换行符并切分为列表
            score_lst.append(line_ls)                    # 子列表加入到二维列表中
    return score_lst                                     # 返回二维列表

def score_add_total():
    """用列表附加的方法，为每名同学增加总分，score是可变数据类型全局变量，可修改"""
    score[0].append('总分')                              # 标题行增加'总分'
    for x in score[1:]:                                  # 略过标题行进行遍历
        total = sum(map(int, x[1:]))                     # 切取成绩部分映射为整数，计算总分
        x.append(str(total))                             # 每个列表增加字符型总分

def score_of_sort():
    """成绩数据按总分降序排序，返回排序的二维列表"""
    score_sort = sorted(score[1:], key=lambda x: int(x[-1]), reverse=True)
    score_sort = [score[0]] + score_sort                 # 拼接标题行
    return score_sort

def write_str(filename):
    """接收要写入文件名为参数，将列表中的数据以csv格式写入到文件中"""
    with open(filename, 'w', encoding='utf-8') as f:
        for x in score_sorted:  # 遍历二维列表，score_sorted是全局变量
            f.write(','.join(x) + '\n')                  # 将字符串写入文件
    print('写入成功')                                    # 输出提示信息

if __name__ == '__main__':
    file = 'score.csv'                                   # 定义读取的文件名变量
    file_total = 'score_total.csv'                       # 定义写入的文件名变量
    score = read_file(file)                              # 读文件，二维列表命名为score
    score_add_total()                                    # 为列表增加总成绩元素
    score_sorted = score_of_sort()                       # 排序后的列表命名为score_sorted
    write_str(file_total)                                # 写入文件
```

排序后文件内容：

```
姓名,C语言,Java,Python,C#,总分
王雪,99,96,91,88,374
郑君,88,98,76,90,352
李思,86,76,96,93,351
罗明,95,96,85,63,339
李立,82,66,100,77,325
朱佳,75,93,66,85,319
```

8.3.2 文件与文件夹操作

Python 内置 os 库（operating system library）提供了大量和目录及文件操作相关的方法。使用 import os 语句导入 os 库后，即可使用其相关方法。os 库常用方法见表 8.4。

表 8.4 os 库常用方法

方　法	描　述
os.**getcwd**()	获取当前工作路径
os.**chdir**(path)	将当前工作路径修改为 path，如 os.chdir(r'c:\Users')
os.**listdir**(path='.')	以列表形式返回 path 路径下的所有文件名，不包括子路径中的文件名
os.**mkdir**(path)	新建一个名为 path 的文件夹
os.**rmdir**(path)	移除（删除）目录 path，文件夹不为空则报 OSError 错误
os.**makedirs**(name)	递归创建目录，自动创建到达最后一级目录所需要的中间目录
os.**removedirs**(path)	递归删除目录，尝试依次删除 path 中提到的每个父目录
os.**rename**(src, dst)	将文件或目录 src 重命名为 dst，重命名后将删除旧路径中不需要的目录
os.**renames**(old, new)	递归重命名目录或文件，重命名后将删除旧路径中不需要的目录
os.**remove**(file)	删除文件 file，文件不存在则报错
os.**path.isfile**(path)	如果 path 是文件，返回 True，否则返回 False
os.**path.isdir**(path)	如果 path 是目录，返回 True，否则返回 False
os.**path.exists**(path)	判断文件夹或文件 path 是否存在，存在返回 True，否则返回 False
os.**path.getsize**(file)	文件 file 存在，返回其大小（byte 为单位），不存在则报错

os 库常用操作示例：

```
import os

result = os.getcwd()                          # getcwd() 获取当前工作目录
print(result)                                 # F:\weiyun\2020\19 测试文件
os.makedirs('D:\\testpath\\path')             # 递归创建文件夹，路径存在转义字符（\t）时
                                              # 必须用\\转义
os.makedirs(r'D:\testpath\path\test')         # 路径字符串前加r表示原生字符串，不转义
os.chdir('D:\\testpath\\path')                # 改变当前工作目录
os.rmdir('test')                              # rmdir() 删除空目录
os.chdir('D:\\')                              # 改变当前工作目录，退出要删除的文件夹
os.removedirs(r'D:\testpath\path')            # 递归删除空文件夹
```

实例 8.5 文件重命名与删除。

实例说明： 将 D:\\testpath\\path 中的文件 XRD.txt 的名字修改为 xrd.txt，删除该文件夹下的文件 XRD.csv。

实例代码：

```
import os

os.chdir(r'D:\testpath\path\test')            # 改变当前工作目录
os.rename('XRD.txt','xrd.txt')                # 当前路径下XRD.txt重命名为xrd.txt
```

```
if os.path.exists('xrd.csv'):                 # 判定欲删除的文件是否存在
    os.remove('xrd.csv')                      # 将当前路径下文件xrd.txt删除
    print('xrd.csv已经被删除')                # 删除成功输出提示
else:
    print('文件xrd.csv不存在')                # 删除不成功时提示
```

实例8.6 从多文件中提取数据汇总。

实例说明：在当前路径下的“./stock/”文件夹中存放数量众多的名为类似600004.csv的数据文件，每个文件中记录一只股票的交易数据，其中有一条是日期为2020-06-10的数据。请将每个文件中日期为2020-06-10的数据提取出来，根据逗号切分开，汇总到一个列表中。实例代码如下：

```
import os

def read_file(ls):
    """读取列表中的文件，汇总日期为2020-06-10的数据到一个二维列表"""
    data = [['Date', 'High', 'Low', 'Open', 'Close', 'Volume', 'Adj Close']]
    for file in ls:             # 遍历列表中文件名,每次循环file获取一个新的文件名
        with open(dataPath + file, 'r', encoding='utf-8') as f:
            for line in f:  # 遍历文件，每次循环line获取文件中的一行
                x = line.strip().split(',')  # 文件中的行切分为列表
                if x[0] == '2020-06-10':     # 若列表首元素为2020-06-10
                    data.append(x)           # 将这条数据附加到列表data 中
            print(f'文件 {file} 读取成功')    # 输出读取成功提示信息
    return data                 # 返回每个文件中日期为2020-06-10的数据的列表

if __name__ == '__main__':
    dataPath = './stock/'                    # 文件在当前文件下的stock中
    fileList = os.listdir(path=dataPath)     # 返回dataPath下文件名列表
    print(fileList)                          # 查看文件名列表
    print(read_file(fileList))               # 查看汇总的数据
```

实例8.7 批量改文件名。

实例说明：“股票代码.csv”中保存有股票代码与股票名等信息，将“./stock/test_rename/”路径下的以股票代码命名的文件统一改为以股票名。

“股票代码.csv”数据格式如下：

```
ts_code,symbol,name,area,industry,list_date
000001.SZ,000001, 平安银行, 深圳, 银行,19910403
…
920002.BJ,920002,N万达,,,20240530
689009.SH,689009,九号公司-WD,北京, 摩托车,20201029
```

实例代码如下：

```
import os

def read_to_dic():
    """读股票代码文件，返回以股票代码为键，以股票名为值的字典"""
    stock_dic = {}                 # 创建空字典
    with open('股票代码.csv', 'r', encoding='utf-8') as fr:
        fr.readline()              # 跳过第一行标题行
```

```
        for line in fr:        # 遍历文件对象中的每一行
            stock = line.strip().split(',')  # 去掉行尾的换行符，根据逗号切分为列表
            stock_dic[stock[0]] = stock[2] # 以股票代码为键，以股票名为值，存入字典
    return stock_dic      # 返回股票代码字典

def re_name(file_ls):
    """遍历列表中的文件名，修改对应文件名为股票代码对应的股票名，无返回值"""
    for line in file_ls:  # 遍历列表中的文件名
        os.rename(path + line, new_path + stock_dict.get(line[:-4], line[:-4]) + '.csv')
        # 更名为类似铜冠铜箔.csv，如果字典中没有对应的股票名，则保持原文件名
        print(f'{line}改名为: {stock_dict.get(line[:-4], line[:-4]) + '.csv'} 成功')

if __name__ == '__main__':
    path = './test_rename/'  # test_rename文件夹中有类似301217.SZ.csv的多个文件
    new_path = './new_name/'           # 当前路径下的空文件夹
    file_list = os.listdir(path)       # 获取文件夹中的文件名列表
    print(f'原文件名列表{file_list}')  # 输出原文件名列表
    stock_dict = read_to_dic()         # 生成代码与股票名的字典
    re_name(file_list)                 # 调用函数批量修改文件名
```

原文件名列表['301217.SZ.csv', '301218.SZ.csv',..., '600009.SH.csv']

301217.SZ.csv 改名为：铜冠铜箔 .csv 成功

301218.SZ.csv 改名为：华是科技 .csv 成功

……

600009.SH.csv 改名为：上海机场 .csv 成功

实例 8.8 批量处理多个文件中的数据。

实例说明： 查看“./stock/”路径下的文件名，将其中包含的多个 csv 文件中的数据合并到一个二维列表中，为每行数据增加股票代码，将其转为 json 格式写入新文件 stock.json 中。

实例代码：

```
import os
import json

def filename_list(path):
    """接收路径字符串为参数，获取该路径下所有文件名，以列表形式返回"""
    name_list = os.listdir(path)  # 获取该路径下文件名列表
    # print(name_list)             # 查看文件名列表
    return name_list               # 返回文件名列表

def read_title(file):
    """接收文件名为参数，读取文件第一行为二维列表并返回 """
    with open(file, 'r', encoding='utf-8') as file_title:
        title = [['Stock code'] + file_title.readline().strip().split(',')]
    # print(title)  # [['Stock code', 'Date', 'High', 'Low', ..., 'Adj Close']]
    return title    # 返回标题列表

def read_file(file):
    """接收带路径的文件名为参数，略过文件第一行，读取文件内容为二维列表格式"""
    with open(file, 'r', encoding='utf-8') as data:
```

```
        data.readline()  # 略过标题行
        data_ls = [[file[8:14]] + line.strip().split(',') for line in data]
    # print(data_ls)  # 查看格式 ['600000', 2010-01-04,...,5.441317081451416]
    return data_ls    # 返回数据列表

def merge_data(path, name_list):
    """将所有csv文件中的数据与股票代码关联后合并到一个列表中"""
    merge_list = read_title(path + '600000.csv')
    for filename in name_list:                    # 遍历文件名列表
        data_ls = read_file(path + filename)      # 依次读取每个文件中的数据
        merge_list = merge_list + data_ls         # 合并数据到一个列表中
    # print(merge_list)                           # 查看合并后的数据
    return merge_list                             # 返回合并后的数据

def list_to_dict(merge_list):
    """接收包含数据的列表，将其转为字典类型，列表第一个元素中的值分别作为键"""
    list_of_dict = []                      # 创建一个空列表
    for i in range(1, len(merge_list)):  # 遍历数据列表标题之后的元素
        list_of_dict.append(dict(zip(merge_list[0], merge_list[i])))
    # 用zip()函数将标题与其他元素中对应序号元素组成键值对
    # print(list_of_dict)                  # 查看转换后的数据
    return list_of_dict                    # 返回转换后的数据

def dict_to_json(list_of_dict, filename):
    """接收元素为字典类型的列表和准备创建的json文件名为参数，将数据转为json格式写入文件"""
    with open(filename, "w", encoding='utf-8') as dataJson:
        json.dump(list_of_dict, dataJson, indent=4, ensure_ascii=False)
    print('数据写入json文件成功')          # 提示数据已写入文件

if __name__ == '__main__':
    filepath = './stock/'                  # 文件名
    stock_list = []
    stock_code_list = filename_list(filepath)
    merge_csv_list = merge_data(filepath, stock_code_list)
    merge_csv_dict = list_to_dict(merge_csv_list)
    file_in_json = './stock.json'
    dict_to_json(merge_csv_dict, file_in_json)
```

小结

通过本章的学习，能够掌握将文件读取为字符串或列表的方法，掌握将Python数据存储为文件的能力，实现数据持久保存。在此基础上具备对文件中的数据进行分析和自然语言处理的能力。学习os模块的方法，可以批量处理多个文件中的数据。

实训

实训要求：编写一个程序，从一篇文章的文本文件中随机取出一个单词，要求用户在有限

次数内逐个字母猜测，直到猜到单词中的全部字母或超出次数限制结束游戏。为降低难度，将所有单词字母转为小写。在开始游戏时，提示用户得到单词的长度为几个字符和有多少次猜测机会。用户在每次输入猜测的字母时，要先给出提示性的信息再接受输入。如果字母在单词中存在，则在单词的相应位置显示猜中的字母，否则更新猜测次数。当用户猜到了单词中的全部字母，或用完所有次数还没猜测出来时，游戏结束。

第 9 章 数据分析与可视化

机器学习和数据挖掘等领域的快速发展，对数据集提出了越来越高的要求，而互联网上的信息具有数据量大、更新快等特点，爬虫可以按照一定的规则自动地从网络上抓取数据。

pandas 纳入了大量的库和一些标准的数据模型，提供了高性能和高可用性的数据结构用于解决数据分析问题，使 Python 成为强大而高效的数据分析工具。

杂乱无序的数据往往会让人产生压迫感和厌倦感，一张可视化信息图表能清晰地传递庞杂信息和数据，大大缩减人们理解分析复杂数据的时间，提高获取信息的效率。在数据可视化方面，Matplotlib 库提供了非常强大的数据可视化能力。本章将在讲授函数曲线绘图与美化的基础上，详细讲授文件中各种类型数据的绘图方法，学习利用 plot()、hist()、bar()、pie()、scatter() 等函数绘制线型图、直方图、柱形图、饼图、散点图的绘制，在此基础上，简单介绍中英文词云的绘制方法。

思维导图

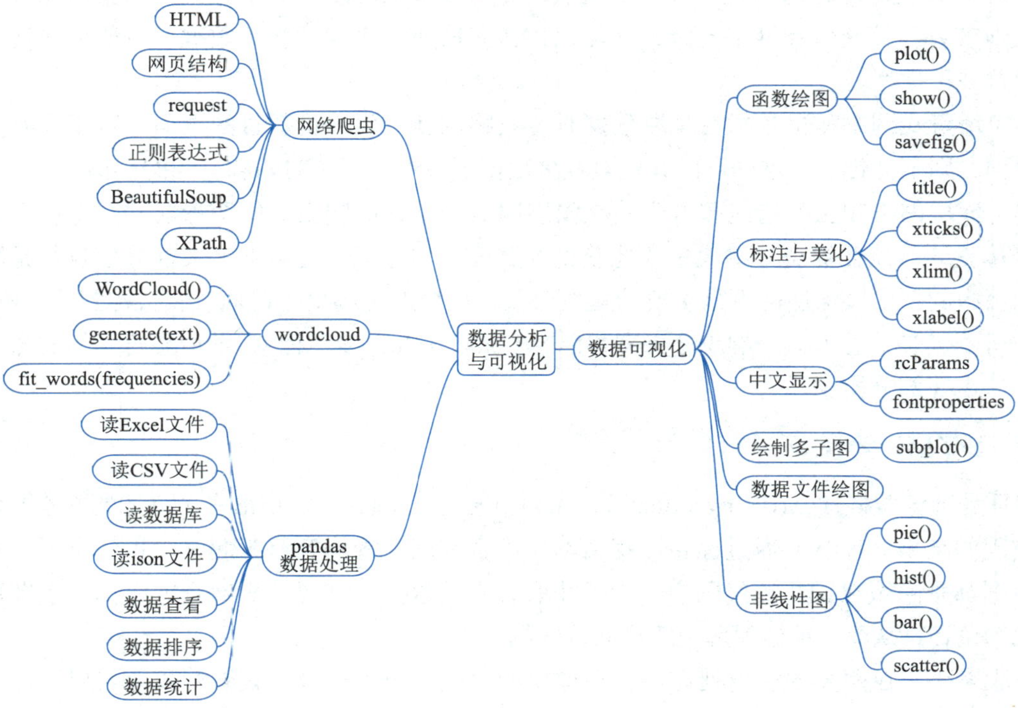

9.1 网络爬虫

9.1.1 网络爬虫概述

互联网是目前最大的一个数据库，具有数据量大、更新快等特点，人工方式从网页上采集数据工作量非常大。随着机器学习和数据挖掘等领域的快速发展，对数据采集提出了越来越高的要求。

如果把互联网比作一张蜘蛛网，数据便存放于蜘蛛网的各个节点，而爬虫就是一只小蜘蛛，是可以按照一定的规则自动地从网络上爬取数据的代码。爬虫可以模拟浏览器对存储指定网页的服务器发起请求，从而获得网页的HTML文件，再从这个文件中提取所需要的数据。

网络爬虫按照实现的技术和结构可以分为通用网络爬虫、聚焦网络爬虫、增量式网络爬虫和深层网络爬虫等几种类型。在实际的使用过程中，经常是多种类型组合使用。

（1）通用网络爬虫又称全网爬虫，是百度和谷歌等搜索引擎爬取系统的重要组成部分，主要目的是将互联网上的网页下载到本地，形成一个互联网内容的镜像备份，有非常高的应用价值。通用网络爬虫从互联网中搜集网页，采集信息，这些网页信息用于为搜索引擎建立索引从而提供支持，它决定着整个引擎系统的内容是否丰富，信息是否即时，因此其性能的优劣直接影响着搜索引擎的效果。通用网络爬虫的爬取范围和数量巨大，爬取的是海量数据，对爬行速度和存储空间要求极高，一般采用并行的工作方式。

（2）聚焦网络爬虫是“面向特定主题需求”的一种网络爬虫程序，因此也称为主题网络爬虫。它与通用搜索引擎爬虫的区别在于聚焦爬虫在实施网页爬取时会对内容进行处理筛选，按照预先确定的主题，有选择地进行网页爬取，尽量保证只爬取与需求相关的网页信息，从而可以极大地节省存储硬件和网络资源，并可以快速获取所需主题的相关数据。一般用户使用的爬虫都是这一种类型。

（3）增量式网络爬虫是指在爬取数据时，只爬取新产生或更新过的页面，对于没有发生变化的页面，则不会爬取，这样可以有效地减少数据下载量，减少时间和空间的开销。

（4）深层网络爬虫是指能爬取隐藏在深层网页中信息的爬虫。所谓深层网页是指不能通过静态链接获取、需要提交一些表单才能获得的页面。实际上，互联网上大部分信息都是隐藏在深层网页中的，所以深层网页是主要的爬取对象。深层网络爬虫主要通过爬行控制器、解析器、表单分析器、表单处理器、响应分析器、LVS（label value set，标签/数值集合）控制器、URL表和LVS表等部分构成。

9.1.2 HTML 简介

网页是浏览器将HTML（hypertext markup language，超文本标记语言）描述的文本文件解析之后呈现的结果。HTML通过标签可将文本、声音和图片等内容组织起来。也就是说，互联网上的数据都是隐藏在这些源代码中，为了获取其中的数据，需要分析网页的结构，了解数据存储方式和位置，从而才能编写爬虫程序获取数据。

一般来说，在网页的空白处右击，在弹出的快捷菜单中选择“查看网页源代码”命令就可以看到网页的源代码，但这种方式不便于分析数据在源代码中所处的位置。谷歌浏览器提供了一个开发者工具，能更直观地标示出网页内容和源代码的对应关系，帮助定位数据位置。

例如，在谷歌浏览器中打开百度首页，然后按【F12】键或【Ctrl+Shift+I】组合键即可开启开发者工具，界面如图9.1所示。窗口左侧正常显示网页，右侧显示源代码，默认显示Elements选项卡，源代码中用“<>”括起来的文本称为Elements对象或网页元素，大部分数据就存放在这些Elements对象中。

图 9.1 开启开发者工具

单击开发者工具左上角的元素选择工具，再将鼠标移动到网页窗口的任意元素上，该元素会被突出显示。单击元素，则源代码中存放该数据的代码会被展开和选中，可以帮助用户快速定位数据。

这个网页结构比较复杂，下面创建一个简单的网页学习HTML的基本元素。在PyCharm中，选择File→New命令，在弹出的界面中单击HTML File输入一个主文件名并按【Enter】键，系统会自动补全“.html”扩展名，创建一个HTML网页文件。PyCharm会自动生成网页的基本框架的源代码，源代码由一系列成对出现的包含在“<>”中的标签和包围在标签中的数据组成。其中，<html>和</html>表示其中的代码是HTML，<head>和</head>之间的数据主要用于网页的描述，如“<title>爬虫练习</title>”表示这个网页的标题是“爬虫练习”，<body>和</body>之间放置这个网页上呈现的数据和呈现形式的代码。

```
<!DOCTYPE html>                <!--网页声明，告诉浏览器用html规范解释当前文档-->
<html lang="en">               <!--声明这是一个HTML文档-->
  <head>                       <!--定义文档头部-->
    <meta charset="UTF-8">     <!--描述文档属性-->
    <title>爬虫练习</title>     <!--定义文档标题-->
  </head>                      <!--文档头部结束标签-->
  <body>                       <!--定义文档主体，包含文档所有内容-->
  </body>                      <!--文档主体结束标签-->
</html>                        <!--HTML文档结束标签-->
```

除了这些标签外，常用的HTML标签还有以下几种：

1. <div> 标签

<div> 可定义文档中的区块，可以把文档分割为独立的、不同的部分来显示内容，可用 width 和 height 定义块的宽度和高度；也可以用 id 或 class 来标记 <div>，使标签的作用更加有效。可以对同一个 <div> 元素应用 class 或 id 属性，这两者的主要差异是，class 用于元素组，而 id 用于标识单独的唯一的元素。例如，在 <body> 和 </body> 之间插入下面三行代码就可以定义一个区块用于显示一条新闻的标题。

```
<!--定义一个区块-->
<div class="hot-news-wrapper">
  <span class="title-content-title">数字人才紧缺 新需求开启就业新空间</span>
</div>
```

2. <ul><ol> 和 <li> 标签

<ul> 和 <ol> 标签用于定义无序列表和有序列表，<li> 用于列表标签之下，用于定义列表中的一项。下述代码可在前面定义的区块中定义一个包含 2 项的无序列表和一个包含 2 项的有序列表。

```
<div class="hot-news-wrapper">
    <ul>  <!--定义一个无序列表-->
          <li><span  class="title-content-title">数字人才紧缺新需求开启就业新空间
</span></li>
          <li><span class="title-content-title">支撑数字经济高质量发展——数字人才"养成记"</span></li>
    </ul>
    <ol>  <!--定义一个有序列表-->
        <li><span class="title-content-title">"数字人才"需求旺盛</span></li>
        <li><span class="title-content-title">数字化人才培养势在必行</span></li>
    </ol>
</div>
```

浏览器解析后将在网页上显示以下内容：

```
• 数字人才紧缺 新需求开启就业新空间
• 支撑数字经济高质量发展——数字人才"养成记"
1. "数字人才"需求旺盛
2. 数字化人才培养势在必行
```

3. <h1> 到 <h6> 标签

<h> 标签可定义标题，<h1> 定义一级标题。<h6> 定义最小的标题。

4. <a> 标签

<a> 标签定义超链接，<a> 元素最重要的属性是 href 属性，它指示链接的目标，用于从一网页链接到 href 指定的位置。

5. <p> 标签

<p> 标签定义段落，不设置样式时，<p> 标签的内容在网页中显示为一行。

6. <span> 标签

<span> 标签可以将网页元素放在一行中显示，可以为 span 应用 id 或 class 属性，这样既可以增加适当的语义，又便于对 span 应用样式或精确获取其中的数据。

7. <img> 标签

<img> 标签用于创建一个图像的占位空间，用于从网页中链接图像，<img> 标签有两个必需的属性：src 属性和 alt 属性。src 属性用于指定图片的地址，alt 属性用于指定无法正常加载图片时的替换文本。

8. <table> 标签

<table> 标签定义 HTML 表格，简单的 HTML 表格由 <table> 元素以及一个或多个表示行的 <tr>、表示表头单元格的 <th> 或标准单元格的 <td> 元素组成。

```
<table border="1">
    <tr>
        <th>序号</th>
        <th>标题</th>
    </tr>
    <tr>
        <td>1</td>
        <td>数字人才紧缺 新需求开启就业新空间</td>
    </tr>
    <tr>
        <td>2</td>
        <td>数字化人才培养势在必行</td>
    </tr>
</table>
```

浏览器解析后显示结果如下：

序号	标题
1	数字人才紧缺　新需求开启就业新空间
2	数字化人才培养势在必行

9.1.3 网页结构

在百度首页上按【F12】键打开开发者工具，可以快速获取百度热搜中的数据在源代码中的存放位置。单击开发者工具左上角的元素选择工具，鼠标移到百度页面上部，可以看到这个区域的内容来自 id="head_wrapper" 的<div>。鼠标移到百度热搜区域，可以看到，排名前十的热搜新闻数据来自 class="s-hotsearch-wrapper" 的<div >，<div>中有一个 class="s-hotsearch-content" 的无序列表<ul >，列表中有 10 项 class="hotsearch-item odd(even)" 的项<li >，每项中存放一条热点新闻标题，其中用一个<a>标签放置该条新闻的链接信息。

如果能够获取 class="title-content-title" 的<span>中的文本就可以获取新闻标题，获取<a>标签中的 href 值就可以获取新闻的链接。

9.1.4 request 模块

前面介绍了在浏览器中获取和查看网页的源代码，为了实现数据的自动获取，可以应用第三方库 request，这个模块可以模拟浏览器发起 HTTP 或 HTTPS 协议的网络请求，从而实现利用Python程序自动获取网页源代码的目的。request模块中发起多络请求的方法有get()和post()，get()的功能是向服务器发起获取网页的请求，该函数只获取资源，不会在服务器中执行修改操作。post()的功能是向服务器传送数据，服务器根据这些数据做出响应，post()函数经常用于模拟用户登录。

1. get() 函数参数

（1）headers：用于设置请求头信息，为防止爬取数据，很多服务器会对发起的请求进行身份验证，主要手段就是查看请求头中的User-Agent中描述请求方身份的信息。不同浏览器的User-Agent值不同，可以利用开发者工具查看请求头信息。打开开发者工具并切换到Network选项卡，单击All并刷新页面，在Name窗格会显示加载的数据包，如图9.2所示。单击主页的数据包，切换至Headers选项卡，其中下有一个名为User-Agent的参数，服务器就是通过这个参数值判断请求方的身份。

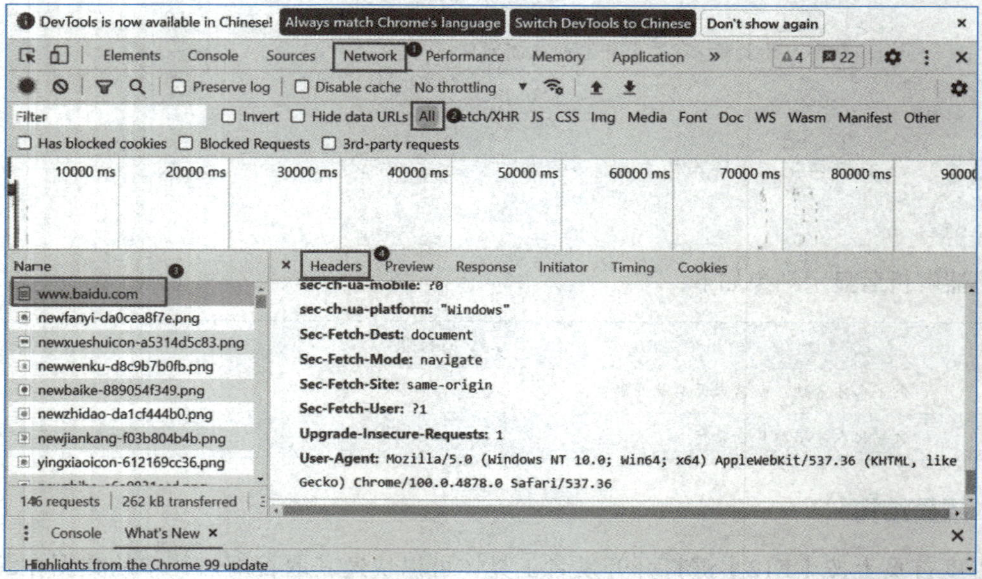

图 9.2　模拟浏览器访问

服务器对User-Agent信息进行识别后，若判定请求不是由浏览器发起的，就不会返回正确的页码源代码。因此，爬虫为了将自己模拟成浏览器，就需要在get()函数发起请求时加上headers参数，并为该参数设置合适的值。代码如下：

```
import requests

# 网页头，模拟浏览器行为
headers = {'User-Agent': 'Mozilla/5.0 (Windows NT 10.0; Win64; x64)'
                         'AppleWebKit/537.36 (KHTML, like Gecko) '
                         'Chrome/125.0.0.0 Safari/537.36'}
url = 'https://movie.×××××.com/'  # 请求的网址
response = requests.get(url=url, headers=headers)
print(response)         # 输出<Response [200]>，200状态码表示请求已成功
print(response.text)    # 查看获取到的数据
```

（2）params：用于在发送请求时携带动态参数，将用户参数发送给服务器，供服务器获取相关网页。

（3）timeout：用于设置请求超时的时间。由于网络或其他原因，并不是每次请求都会被服务器接收到，如果一段时间内服务器还未返回响应结果，requests会重复发起请求，爬虫程序可能会挂起很长时间来等待响应结果的返回。适当设置参数值可以在请求超时的时候抛出异常。例如：

```
import requests                      # 导入requests模块

response = requests.get(url='https://www.baidu.com', timeout=1.0)
print(response.text)
```

（4）proxies：用于设置代理服务器，网站会限制在短时间内发起大量请求的IP。为规避这种反爬手段，可使用代理服务代替实际的IP地址发起请求。

一些设计好后内容就不再变化的网页称为静态网页，这类网页上的数据是最容易获取的，可以用get()获取网页对象，再用text属性获取网页的源代码文本，然后对文本进行解析获取其中的数据。例如：

```
import requests                      # 导入requests模块

# 用get()方法请求url指定的网页，服务器返回一个响应对象，命名为response
response = requests.get(url='https://www.baidu.com')
print(response.text)                 # text属性以文本的方式返回请求对象
# <!--STATUS OK--><html> <head><body link=#0000cc>...</body> </html>
```

get()响应对象分响应头和响应体两部分，例如响应头包含响应状态码、日期、内容类型和编码格式等信息。响应体包含了字符串形式的网页源代码。响应对象的text属性可以字符串形式提取响应对象中的网页源代码，输出响应对象的text属性值可以确定网页源代码是否成功获取到。例如：

```
import requests                      # 导入requests模块

# 用get()方法请求url指定的网页，返回响应对象response
response = requests.get(url='https://www.baidu.com')
print(response)                      # 返回对象<Response [200]>
print(response.status_code)          # 返回状态码200
print(response.encoding)             # 返回自动解码得到的编码ISO-8859-1
print(response.raw)                  # 获取来自服务器的原始套接字响应
# <urllib3.response.HTTPResponse object at 0x0000023A8AD411B0>
print(response.headers)              # 获取响应头
# {'Cache-Control': 'private, no-cache, ... 'Transfer-Encoding': 'chunked'}
print(response.content)              # 以字节的方式返回请求对象
# b'<!DOCTYPE html>\r\n<!--STATUS OK--><html>...</body> </html>\r\n'
```

2. 获取动态网页数据

动态网页是指服务器返回一个网页模板，数据通过其他方式填充到模板指定位置，想获取的数据一般在返回的数据中。一般来说，随浏览器滚动条下拉，网页上加载更多数据的就是动态加载，也可以利用开发者工具定位目标数据所在的数据包，再根据数据包的类型判断数据是否为动态加载。

在谷歌浏览器中打开豆瓣电影排行榜网站，在页面上的分类栏目中单击“音乐”分类，打开音乐类电影页面。按【F12】键打开开发者工具，切换到Network选项卡，单击All按钮，按【F5】键刷新页面，在左侧Name窗格中找到主页面的数据包（一般是第一个）并单击，在Name窗格切换到Response选项卡，按【Ctrl+F】组合键调出搜索框，输入要爬取的数据，例如输入页面上第一条记录“海上钢琴师”并按【Enter】键，若搜索关键字存在于源代码中，就能在源代码中定位到该关键字，若搜索结果为“0”，表明在源代码中没有该关键字，说明此网页上的数据是动态加载的如图9.3所示。

此时单击开发者工具上方的放大镜图标，打开搜索框，输入关键字“海上钢琴师”并按【Enter】键，在搜索结果中单击数据包，即可定位到包含该关键字的数据包，然后就可以编写代码爬取网页上的数据。

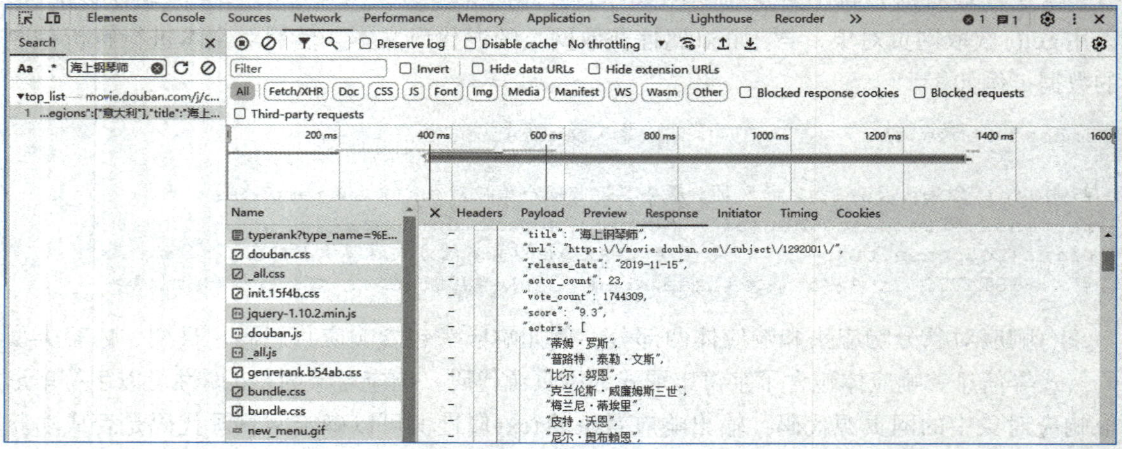

图 9.3　定位关键词的数据包

代码如下：

```
import requests  # 导入requests模块

# 网页头，模拟浏览器行为
headers = {
    'User-Agent': 'Mozilla/5.0 (Windows NT 10.0; Win64; x64) AppleWebKit/537.36
    (KHTML, like Gecko) Chrome/125.0.0.0 Safari/537.36'}
url = 'https://movie.douban.com/j/chart/top_list'
# 浏览器传递参数，'limit': '2'表示只返回前2条数据，修改数字可以得到更多数据
data = {'type_name': '音乐',
        'type': '14',
        'interval_id': '100:90',
        'action': '',
        'start': '0',
        'limit': '2'}
# 用get()方法对网址发起请求并获取响应对象
response = requests.get(url=url, headers=headers, params=data)
```

```
result_json = response.json()  # 获取响应对象中JSON格式数据
print(result_json)
```

可以得到排行榜前两条影片的数据：


```
[{'rating': ['9.3', '50'], 'rank': 1, 'cover_url': 'https://img9.doubanio.com/××××/photo/s_ratio_poster/public/p2574551676.jpg', 'is_playable': True, 'id': '1292001', 'types': ['剧情', '音乐'], 'regions': ['意大利'], 'title': '海上钢琴师', 'url': 'https://movie.douban.com/subject/1292001/', 'release_date': '2019-11-15', 'actor_count': 23, 'vote_count': 1744379, 'score': '9.3', 'actors': ['蒂姆·罗斯', '普路特·泰勒·文斯', '比尔·努恩', '克兰伦斯·威廉姆斯三世', '梅兰尼·蒂埃里', '皮特·沃恩', '尼尔·奥布赖恩', '阿尔贝托·巴斯克斯', '加布里埃莱·拉维亚', '科里·巴克', '西德尼·科尔', 'Luigi De Luca', '尼古拉·迪·平托', '费米·依鲁福祖', '伊斯顿·盖奇', '凯文·麦克纳利', '布莱恩·普林格', '沙拉·鲁宾', '希思科特·威廉姆斯', '阿妮妲·扎格利亚', '安吉洛·迪洛雷塔', '吉达·布塔', '曲敬国'], 'is_watched': False}, {'rating': ['9.3', '50'], 'rank': 2, 'cover_url': 'https://img1.doubanio.com/view/photo/s_ratio_poster/public/p2884280708.jpg', 'is_playable': False, 'id': '1291549', 'types': ['剧情', '音乐'], 'regions': ['法国', '瑞士', '德国'], 'title': '放牛班的春天', 'url': 'https://movie.dcuban.com/subject/1291549/', 'release_date': '2004-10-16', 'actor_count': 17, 'vote_count': 1369996, 'score': '9.3', 'actors': ['让-巴蒂斯特·莫尼耶', '热拉尔·朱尼奥', '弗朗索瓦·贝莱昂', '凯德·麦拉德', '让-保罗·博奈雷', '雅克·贝汉', '玛丽·布奈尔', '马克桑斯·贝汉', '格雷戈里·加迪诺尔', '托马斯·布伦门塔尔', '西里尔·伯尔尼科特', '西蒙·法戈特', '泰奥杜尔·卡雷-卡赛尼', '菲利普·杜·詹纳兰德', '埃里克·德斯玛莱茨', '狄迪尔·弗拉蒙', '卡罗尔·韦斯'], 'is_watched': False}]
```


获取电影封面图片：

```
img_url = result_json[0]['cover_url']         # 用列表索引和字典键索引从爬取的数据中取
                                              # 得封面的url地址
response = requests.get(url=img_url)          # 获取图片数据的响应对象
content = response.content                    # content属性可提取图片的二进制字节码
with open('海上钢琴师.jpg','wb') as fp:        # 以写二进制模式创建文件对象
    fp.write(content)                         # 将图片写入文件对象中
```

执行代码后可在当前文件夹中看到“海上钢琴师.jpg”，表明获取电影封面图片成功，如图9.4所示。

图 9.4 电影封面

9.1.5 正则表达式

爬虫所获取的网页源代码中的很多内容是用户不需要的，可以使用正则表达式对网页源代码的字符串进行匹配，提取出需要的数据。

爬虫程序经常需要从大段文本中提取信息，正则表达式是提取信息最直接的方法之一。正则表达式（regular expression，RE）是一个字符串，可用于匹配一段有规律的字符串信息，也可用来检查、提取和替换一个字符串中符合某种规律的子串。

例如，一个网页上有多个用户的邮箱地址，想提取网页上全部的邮箱时，可以构造一个正则表达式。邮箱的基本格式为“名称@域名”，“@”符号必须存在且只出现一次，假

设不考虑中文用户名和中文域名，用户名只允许由英文字母、数字、下画线、英文句号，以及中画线组成，合法的域名的规律为“[N级域名][三级域名.]二级域名.顶级域名”，如cn、edu.cn、whut.edu.cn、mail.whut.edu.cn等。那么，就可以构造如下的正则表达式用于查找和提取网页上所有的合法邮箱数据。

```
^[a-zA-Z0-9_-]+@[a-zA-Z0-9_-]+(\.[a-zA-Z0-9_-]+)+$
```

所以，在学习爬虫程序之前，需要先掌握正则表达式的基本符号和利用正则表达式提取信息的基本方法。组成正则表达式的字符分为两种基本类型：普通字符和元字符。普通字符包含所有大写和小写字母、所有数字、所有标点符号和一些其他符号。例如，'A'，'a'，或者'0'，都是最简单的正则表达式，它们就匹配自身，可以拼接普通字符，如last匹配字符串'last'。

1. 基本符号

（1）特殊字符：是指在正则表达式中具有特殊含义的专用字符，可以用来规定其前导字符在目标对象中出现的模式，使正则表达式具有处理能力。常用的特殊字符的含义见表9.1。

表 9.1　特殊字符的含义表

字　符	描　述
.	（点）在默认模式，匹配除换行符（\n、\r）之外的任何单个字符，相当于 [^\n\r]
^	（插入符号）匹配字符串的开始位置
$	匹配字符串的结尾或者新的一行前面的字符串的结尾，例如，foo$ 匹配 'foo'
[]	字符集合，范围内的所有字符都可以被匹配。例如，[amk] 匹配 'a'、'm' 或者 'k'；[a-z] 匹配任何小写 ASCII 字符；[0-5][0-9] 将匹配 00～59 的两位数字
|	A|B，A 和 B 可以是任意正则表达式，匹配 A 或者 B，任意个正则表达式可以用“|”连接
(...)	（组合），匹配括号内的任意正则表达式，并标识出组合的开始和结尾
\	转义字符，使后面一个元字符失去特殊意义，匹配字符本身

（2）限定符：用来指定正则表达式的一个给定组件必须要出现多少次才能满足匹配。有 *、+、?、{n}、{n,} 或 {n,m} 共6种，正则表达式限定符见表9.2。

表 9.2　正则表达式限定符表

字　符	描　述
*	匹配前面的子表达式零次或多次。例如，“ab*” 能匹配 "a" 及 "abb"，* 等价于 {0,}
+	匹配前面的子表达式一次或多次。例如，“ab+” 能匹配 "ab" 及 "abb"，但不能匹配 "a"，+ 等价于 {1,}
?	匹配前面的子表达式零次或一次。例如，ab? 能匹配 'a' 或者 'ab'，但不能匹配 "abb"，? 等价于 {0,1}
*? +? ??	*、+、和 ? 修饰符都是贪婪的，它们在字符串进行尽可能多的匹配。在修饰符之后添加 “?” 将使样式以非贪婪方式或者最简方式进行匹配；匹配尽量少的字符。例如，<.*?> 仅匹配 '<a>'
{m}	m 是一个非负整数。确定匹配前面的子表达式 m 次。例如，'o{2}' 能匹配 "food" 中的两个 o，但不能匹配 "Bob" 中的 'o'
{m,n}	m 和 n 均为非负整数，其中 m <= n。最少匹配 m 次且最多匹配 n 次。例如，a{3,5} 将匹配 3 到 5 个 'a'。忽略 m 意为指定下界为 0，忽略 n 指定上界为无限次。例如 a{4,}b 将匹配 'aaaab' 或者 1000 个 'a' 尾随一个 'b'，但不能匹配 'aaab'。逗号不能省略，否则无法辨别修饰符应该忽略哪个边界

续表

字　符	描　述
{m,n}?	前一个修饰符的非贪婪模式，只匹配尽量少的字符次数。例如，对于 'aaaaaa'，a{3,5} 匹配 5个 'a'，而 a{3,5}? 只匹配3个 'a'。

表9.3列出由反斜杠“\”和一个字符组成的特殊序列。

表 9.3　特殊序列表

字　符	描　述
\A	只匹配字符串开始位置
\b	匹配单词开始或结尾位置的空字符串
\B	匹配空字符串，但不能在词的开头或者结尾
\d	匹配任何Unicode十进制数
\D	匹配任何非十进制数字的字符
\s	匹配任何空白字符，包括空格、制表符、换页符等，等价于 [\f\n\r\t\v]
\S	匹配任何非空白字符，等价于 [^ \f\n\r\t\v]
\w	匹配字母、数字、数字和下画线，等价于 [A-Za-z0-9_]
\W	匹配当前区域中既非字母数字，也非下画线的字符
\Z	只匹配字符串结尾

（3）转义字符：绝大部分Python标准转义字符（见表9.4），也可以是正则表达式的组成部分。

表 9.4　转义字符表

字　符	描　述
\cx	匹配由 x 指明的控制字符
\f	匹配一个换页符，等价于 \x0c 和 \cL
\n	匹配一个换行符，等价于 \x0a 和 \cJ
\r	匹配一个回车符，等价于 \x0d 和 \cM
\t	匹配一个制表符，等价于 \x09 和 \cI
\v	匹配一个垂直制表符，等价于 \x0b 和 \cK

下面通过一些简单的实例，帮助理解正则表达式的用法。

（1）\w与\W：\w匹配字母、数字、数字和下画线，\W匹配当前区域中既非字母数字也非下画线的字符。例如：

```
import re

email = 'vasp@qq.com'
print(re.findall(r'\W', email))                    # ['@', '.'], 匹配非字母、数字、下画线
print(''.join(re.findall(r'\w', email)))# vaspqqcom,用join()将结果连接为一个字符串
```

（2）\s 与\S：\s 匹配任何空白字符，包括空格、制表符、换页符等，\S 匹配任何非空白字符。例如：

```
import re

poem = """苏幕遮  范仲淹\n
\n
\t\t碧云天，黄叶地，秋色连波，波上寒烟翠。\n
\n      """
print(''.join(re.findall(r'\S', poem)))
# 苏幕遮范仲淹碧云天，黄叶地，秋色连波，波上寒烟翠。
```

（3）\d 与\D：\d 匹配所有数字字符，\S 匹配所有非数字字符。例如：

```
import re

temp_str = '子曰1：学2而时习3之，不亦说4乎？有朋5自远方来，不亦乐6乎？'
print(''.join(re.findall(r'\D', temp_str)))
# 子曰：学而时习之，不亦说乎？有朋自远方来，不亦乐乎？
```

（4）^ 和 $：'^s' 只匹配位于字符串开头的字符串 s，'s$' 只匹配位于字符串末尾的字符串 s。例如：

```
import re

temp_str = '武汉理工大学位于武汉'
print(re.findall('武汉', temp_str))    # 匹配字符串中的武汉，['武汉', '武汉']
print(re.findall('^武汉', temp_str))   # 只匹配位于字符串开头的武汉，['武汉']
print(re.findall('武汉$', temp_str))   # 只匹配位于字符串末尾的武汉，['武汉']
```

（5）点号“.”、星号“*”和问号“?”：一个点号可以匹配除换行符（\n、\r）之外的任何单个字符，相等于 [^\n\r]。包括但不限于英文字母、数字、汉字、英文符号和中文符号等。问号“?”匹配前面的字符 0 次或 1 次，星号“*”匹配前面的字符任意多次。例如：

```
import re

temp_str = 'abcaaabb'
print(re.findall('a.b', temp_str))    # ['aab']
print(re.findall('a?b', temp_str))    # ['ab', 'ab', 'b']
print(re.findall('a*b', temp_str))    # ['ab', 'aaab', 'b']
print(re.findall('a.*b', temp_str))   # ['abcaaabb']，匹配任意个数的任意字符
print(re.findall('a.*?b', temp_str))  # ['ab', 'aaab']，匹配任意个数的任意字符
```

（6）转义字符“\”：在正则表达式中，反斜杠“\”是一个特殊字符，用于转义其他正则表达式元字符的特殊意义。

```
import re

temp_str = '\teaching'
print(''.join(re.findall('t', temp_str)))
# 因\t为制表符，匹配不到t
temp_str = '\\teaching'
print(''.join(re.findall('t', temp_str)))    # 因\\t转义，可以匹配t
```

```
temp_str = r'\teaching'                      # r告诉编译器这是一个普通字符串，无须转义
print(''.join(re.findall('t', temp_str)))    # 输出t
```

正则表达式“.*”表示匹配任意个数的任意字符，能匹配多长就匹配多长，称为贪婪匹配；“.?”也表示匹配任意个数的任意字符，但是能匹配多短就匹配多短，称为非贪婪匹配。

“武汉..大学”匹配字符串前2个字符是“武汉”，后面两个字符是“大学”，中间还有2个字符的字符串，中间有多少个字符就用多少个点。

（7）字符集[]：方括号[]用于定义一个字符集，允许匹配一组特定的字符中的任意一个字符。

```
import re

temp_str = 'abb ahb azb a0b  a6b a9b'
print(re.findall('a[a-z]b', temp_str))        # ['abb', 'ahb', 'azb']
# 中间字符属于a-z的字母就可以匹配
print(re.findall('a[0-9]b', temp_str))        # ['a0b', 'a6b', 'a9b']
# 中间字符属于0～9的数字就可以匹配
print(re.findall('a[abc]b', temp_str))        # ['abb']
# 中间字符只能是abc之一才可以匹配
```

（8）分组()：圆括号可以将一个正则表达式分成多个子表达式（也称为分组）。这样可以对整个分组应用量词（如*, +, ?等）或者进行替换操作。当正则表达式中包含圆括号时，匹配的文本会被存储到一个编号的捕获组中。可以在后续的替换操作或者引用中使用这些捕获组，例如\1、\2等。例如：

```
import re

temp_str = 'vasp@qq.com'
print(re.findall(r'(\w+)@(\w+)\.(\w+)', temp_str))
# [('vasp', 'qq', 'com')]
```

2. 正则表达式的应用

掌握了正则表达式，就可以利用内置于re模块中的函数，在网页源代码中提取数据。下面介绍几个常用的函数：

（1）findall()函数：

```
re.findall(pattern, string, flags=0)
```

findall()函数能提取满足正则表达式的所有字符串。例如：

```
import re
import requests
from bs4 import BeautifulSoup

# 网页头，模拟浏览器行为
headers = {'User-Agent': 'Mozilla/5.0 (Windows NT 10.0; Win64; x64)
AppleWebKit/537.36 (KHTML, like Gecko) Chrome/125.0.0.0 Safari/537.36'}
url = 'https://www.shicimingju.com/shici××××/songcisanbaishou.html'

# 浏览器传递参数
```

```
response = requests.get(url=url, headers=headers, timeout=1.0)
response.encoding = 'utf-8'
text = response.text

# 匹配诗歌标题
poem_titles = re.findall(r'<a href=".*?" class="bt">(.*?)</a>', text)
print(poem_titles)
```

可以获得该页面上所有宋词名。

（2）search() 函数：

```
re.search(pattern, string, flags=0)
```

search() 函数扫描整个字符串，找到并返回匹配样式的第一个满足正则表达式的字符串，使用 group() 函数取值，匹配不到时返回 None。例如：

```
import re

temp_str = '?vasp@qq.com'
ret = re.search(r'\w', temp_str)
print(ret.group())       # 匹配到时使用group()函数取值，返回字符串'v'
```

（3）match() 函数：

```
re.match(pattern, string, flags=0)
```

与 search() 函数功能类似，区别是从头开始匹配 0 个或多个字符，若开头不满足，后面满足正则表达式的字符串也不会被匹配。如果没有匹配，就返回 None。例如：

```
import re

temp_str = '?vasp@qq.com'
ret = re.match(r'\w', temp_str)
print(ret)               # None
```

（4）sub() 函数：

```
re.sub(pattern, repl, string, count=0, flags=0)
```

返回通过使用 repl 替换在 string 最左边非重叠出现的 pattern 而获得的字符串。如果样式没有找到，则不加改变地返回 string。repl 可以是字符串或函数，如果为字符串，则其中任何反斜杠转义序列都会被处理。

通过正则表达式从网页中提取数据主要是利用字符串的方法，通过分析网页源代码，编写正则表达式提取其中有用的数据。

9.1.6 BeautifulSoup 模块

BeautifulSoup 是一个能够解析网页源代码结构的第三方库，可用于解析和提取 HTML/XML 文档中的数据。该模块支持 HTML 解析器和许多功能强大的第三方解析器。下面实例中使用 lxml 解析器将网页源代码加载为 BeautifulSoup 对象，再使用对象方法提取数据。使用前先要通过 pip install lxml 安装这个模块。代码如下：

```
pip install beautifulsoup4
```

1. 实例化

实例化BeautifulSoup对象就是使用解析器分析指定的网页源代码，得到该源代码的结构模型。例如：

```
import requests  # 导入requests模块
from bs4 import BeautifulSoup

# 网页头，模拟浏览器行为
headers = {'User-Agent': 'Mozilla/5.0 (Windows NT 10.0; Win64; x64) AppleWebKit/537.36 (KHTML, like Gecko) Chrome/125.0.0.0 Safari/537.36'}
url = 'https://www.shicimingju.com/shici××××/songcisanbaishou.html'
# 浏览器传递参数
response = requests.get(url=url, headers=headers, timeout=1.0)
response.encoding = 'utf-8'
soup = BeautifulSoup(response.text, 'lxml')
# 用获取的网页源代码实例化BeautifulSoup对象
print(soup)
```

2. 定位标签

实例化一个BeautifulSoup对象后，就可以使用该对象来定位网页中的标签元素。

（1）通过标签名进行定位：网页源代码中可能会有多个同名标签，通过标签名定位只能返回其中第一个标签。例如：

```
import requests          # 导入requests模块
from bs4 import BeautifulSoup

# 网页头，模拟浏览器行为
headers = {'User-Agent': 'Mozilla/5.0 (Windows NT 10.0; Win64; x64) AppleWebKit/537.36 (KHTML, like Gecko) Chrome/125.0.0.0 Safari/537.36'}
url = 'https://www.shicimingju.com/shici××××/songcisanbaishou.html'
# 浏览器传递参数
response = requests.get(url=url, headers=headers, timeout=1.0)
response.encoding = 'utf-8'
# 用获取的网页源代码实例化BeautifulSoup对象
soup = BeautifulSoup(response.text, 'lxml')
print(soup.h3)          # 返回第一个<h3>标签下的数据
# <h3 class="bt">宋词三百首（300首）</h3>
```

（2）通过标签属性进行定位：标签属性有class、id等，主要使用class属性来定位标签。因为class是python关键字，所以此处应用时在单词末尾加下画线，写为class_以示区分。也可以同时使用标签名和属性进行定位。例如：

```
import re
import requests
from bs4 import BeautifulSoup

# 网页头，模拟浏览器行为
headers = {'User-Agent': 'Mozilla/5.0 (Windows NT 10.0; Win64; x64) AppleWebKit/537.36 (KHTML, like Gecko) Chrome/125.0.0.0 Safari/537.36'}
```

```
url = 'https://www.shicimingju.com/shici××××/songcisanbaishou.html'

# 浏览器传递参数
response = requests.get(url=url, headers=headers, timeout=1.0)
response.encoding = 'utf-8'
soup = BeautifulSoup(response.text, 'lxml')
# 查找所有class名为flex1的div元素
poem = soup.find_all('div', class_='flex1')
print(poem)
```

输出结果：

```
[<div class="flex1">
<a class="bt" href="/chaxun/list/3578.html">渔家傲•塞下秋来风景异</a>
<a class="name" href="/chaxun/zuozhe/129.html">
<span>范仲淹 [宋]</span></a>
<div class="text">
塞下秋来风景异，衡阳雁去无留意。四面边声连角起。千嶂里，长烟落日孤城闭。
...
</div>]
```

（3）通过选择器进行定位：使用select()函数可以根据指定的选择器返回所有符合条件的标签。常用的选择器有id、class、标签和层级选择器。id选择器可以根据标签的id属性进行定位，使用方法为select('#id名')，括号中的“#”代表id选择器，后面内容为id属性值，返回一个列表。

class选择器可以根据标签的class属性进行定位，使用方法为select('.class名')，返回满足条件的所有标签的列表。例如：

```
print(soup.select('.text'))
```

用标签选择器进行定位与只用标签名进行定位的不同之处在于该方法可以返回所有该类型的标签。HTML中经常是一个标签包含另一个标签，形成层层嵌套的结构。利用层级选择器可以先定位外层的标签，再定位内层的标签，逐层定位，精确定位到内层标签。例如：

```
poem_titles = soup.select('a.bt')
print(poem_titles)
```

获取到所有包含词名的数据。

3. 从标签中提取文本

定位到标签后可以利用标签的string属性或text属性从标签中提取文本内容。string属性返回的是直接存储于该标签中的文本，而不是存于标签下其他标签中的文本。如果当前标签没有直系文本，或者当前标签包含子标签，导致string属性无法确定要提取哪些文本，会返回None。

```
print(soup.select('.text')[0].string)        # None，无直接存储的数据
```

text属性返回的是指定标签下的所有文本。

```
print(soup.select('.text')[0].text) # 所有文本，如输出结果所示
```

输出结果：

塞下秋来风景异，衡阳雁去无留意。四面边声连角起，千嶂里，长烟落日孤城闭。浊酒一杯家万里，燕然未勒归无计。羌管悠悠霜满地，人不寐，将军白发征夫泪。

9.1.7 XPath 表达式

1. 定位标签

lxml 是一个功能强大的模块，其etree类可以将网页源代码实例化为一个etree对象，支持使用XPath表达式进行标签的定位，从而获取数据。创建etree对象后的网页可以视为树状结构，标签作为树的节点，标签之间为平级或上下级关系，通过上级能定位到下级，如图9.5所示。XPath表达式描述了从一个节点到另一个节点的路径，通过标签的属性或名称定位到上级标签，再通过路径定位到该标签的任意下级标签。

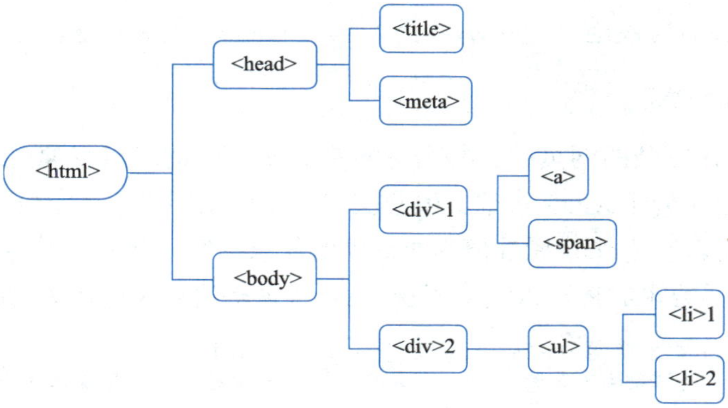

图 9.5 树状结构

使用XPath进行数据解析首先需要对etree对象进行实例化。对于本地HTML文档，使用parse()函数进行etree对象的实例化。对于爬虫从网上获取到的网页源代码字符串，使用HTML()函数进行实例化。例如：

```
from lxml import etree
import requests  # 导入requests模块

headers = {'User-Agent': 'Mozilla/5.0 (Windows NT 10.0; Win64; x64) AppleWebKit/537.36 (KHTML, like Gecko) Chrome/125.0.0.0 Safari/537.36'}
url = 'https://www.shicimingju.com/shici××××/songcisanbaishou.html'
response = requests.get(url=url, headers=headers, timeout=1.0)
html = etree.HTML(response.text)     # <Element html at 0x1fedd5a0700>
print(html)
```

完成对象的实例化后，就可以用XPath表达式定位标签并提取数据。

（1）标签名定位："/"表示一个层级，"//"表示多个层级，将数据所在标签一直向上回溯到树的根标签，也就是html之间的所有标签作为层级关系字符串，作为XPath()的参数即可获取最底层标签下面的数据。例如，"/html/body/div/div/div/div/div/h3"可获取h3下面的数据"宋词三百首（300首）"。例如：

```
from lxml import etree
import requests                          # 导入requests模块
```

```
    headers = {'User-Agent': 'Mozilla/5.0 (Windows NT 10.0; Win64; x64) AppleWebKit/
537.36 (KHTML, like Gecko) Chrome/125.0.0.0 Safari/537.36'}
    url = 'https://www.shicimingju.com/shici××××/songcisanbaishou.html'
    response = requests.get(url=url, headers = headers, timeout=1.0)
    # print(response.text)
    html = etree.HTML(response.text)      # <Element html at 0x1fedd5a0700>
    print(html.xpath('/html/body/div/div/div/div/div/h3')[0].text)
    # 宋词三百首（300首）
```

也可以用“//”表示当前标签节点之上的每一级标签节点，对应的XPath表达式为“//h1”。

（2）索引定位：etree对象的每一个层级都是一个包含所有标签节点的列表，如果同一层级中有多个同名的标签节点，使用列表索引就能定位到所需的标签节点，即通过索引定位。例如：

```
    print(html.xpath('/html/body/div[2]/div[2]/div[1]/div[2]/div/ul/li[1]/div[2]/
div/a[1]')[0].text)
    # 渔家傲•塞下秋来风景异
```

（3）属性定位：在复杂的网页中，每个标签都有属性，此时可以通过属性定位。下面代码中“//”表示多个顶层，处于XPath表达式的开头代表从任意层级开始定位；“*”代表任何标签，“[@class="text"]”代表定位class属性值为"text"的任意标签，使用这种方法可以定位到指定属性的任意标签。不满足要求时还可以配合用or、and等逻辑运算来进行更精确的定位。

```
    print(html.xpath('//*[@class="text"]')[0].text)
    # 塞下秋来风景异，衡阳雁去无留意。四面边声连角起，千嶂里，长烟落日孤城闭。
```

2. 提取文本内容

定位到标签节点后，可以在XPath表达式后面添加“/text()”提取该节点的直系文本内容，添加“//text()”提取该节点下的所有文本内容，添加“/@属性名”提取该节点的指定属性值。例如：

```
    print(html.xpath('//*[@class="text"]/text()'))
    print(html.xpath('//*[@class="text"]//text()'))
```

XPath表达式可以使用谷歌浏览器开发者工具的快捷菜单命令快速获取。在谷歌浏览器中打开网页，再打开开发者工具，在Elements选项卡下的源代码中右击要获取XPath表达式的标签，在弹出快捷菜单中选择Copy→Copy XPath命令（见图9.6），即可复制该标签的XPath表达式。例如，《醉花阴・薄雾浓云愁永昼》所在标签的表达式为“//div[@class="cont2"]/div/ul/li[2]/div[2]/div”，复制出来就可以在爬虫代码中使用。例如：

```
    text_lst = html.xpath('//div[@class="cont2"]/div/ul/li[2]/div[2]/div//text()')
    print(text_lst)              # 查看数据格式
    # 去除文本中的空行、空字符串、'查看全文'
    text_lst = [x.strip() for x in text_lst if x.strip() and x.strip() !='查看全文']
    print(text_lst)              # 得到完整诗句列表
```

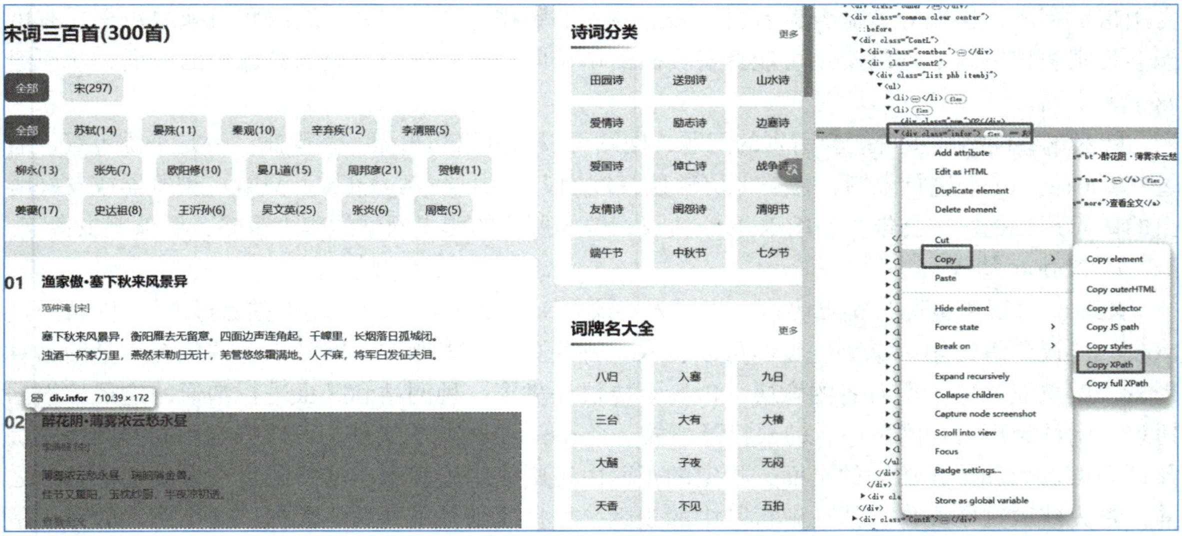

图 9.6 复制标签的 XPath 表达式

代码如下：

```
from lxml import etree
import requests # 导入requests模块

headers = {'User-Agent': 'Mozilla/5.0 (Windows NT 10.0; Win64; x64) AppleWebKit/537.36 (KHTML, like Gecko) Chrome/125.0.0.0 Safari/537.36'}
url = 'https://www.shicimingju.com/shici××××/songcisanbaishou.html'
response = requests.get(url=url, headers = headers, timeout=1.0)
poem = []

for i in range(1, 16): # 宋词共有15页，修改URL中的序号
    url = 'https://www.shicimingju.com/shici××××/songcisanbaishou_' + str(i) + '_0__0.html'
    response = requests.get(url=url, headers=headers, timeout=5.0)
    html = etree.HTML(response.text) # <Element html at 0x1fedd5a0700>
    text_lst = html.xpath('//div[@class="cont2"]//text()')
    # 去除文本中的空行、空字符串、'展开全文'和'收起'
    text_lst = [x.strip() for x in text_lst if x.strip() and x.strip() not in ['展开全文''收起']]
    poem = poem + text_lst # 将全部页面上文本合并到一个列表
    for line in poem:
        print(line) # 输出查看全部宋词文本
```

9.1.8 爬虫协议

互联网上的网页通过超链接互相关联起来形成网状结构。网络爬虫的工作方式就像蜘蛛在网上沿着链接爬来爬去，根据爬取初始URL解析html网页，抽取其中的超链接，接着再爬取这些新发现的链接指向的网页，循环往复，从而达到获取网页上的数据的目的。

在互联网中，每天都有不计其数的爬虫在日夜不息地爬取数据，在这个过程中，因Web服务器默认接受所有访问，网络爬虫可能会给Web服务器带来巨大的资源开销，过多的爬虫还会占用带宽资源，甚至导致服务器宕机。服务器上的数据有产权归属，网络爬虫获取数据后有可能会带来法律风险。网络爬虫可能具备突破简单访问的控制能力，获取被保护的数据，从而泄露个人隐私。

针对这些网络爬虫可能会引发的问题，网站可以对网络爬虫做一些限制。一是来源审查，通过判断User-Agent进行限制，检查来访者HTTP协议头的User-Agent域，只响应浏览器或友好爬虫的访问；二是发布公告，利用 Robots协议，告知所有的爬虫网站的爬虫策略，要求爬虫遵守。

1. Robots 协议

Robots协议（也称为爬虫协议、机器人协议等）的全称是“网络爬虫排除标准”，网站通过Robots协议告诉搜索引擎哪些页面可以爬取，哪些页面不能爬取。网站内容的所有者是网站管理员，爬虫应该尊重所有者的意愿。Robots协议提供了一种网站和爬虫进行沟通的途径，根据协议，网站管理员在网站域名的根目录下放一个robots.txt 文本文件，可以指定不同的网络爬虫能访问的页面和禁止访问的页面，指定的页面由正则表达式表示。网络爬虫在采集这个网站之前，首先获取这个文件，然后解析其中的规则，根据规则采集网站的数据。这个协议的存在是提醒网络爬虫去遵守一些约定，但起不到防止爬虫的作用。遵守Robots协议的爬虫才是好爬虫，但是并不是每个爬虫都会主动遵守Robots协议。

当一个爬虫访问一个站点时，首先应该检查该站点根目录下是否存在robots.txt，如果存在，就要按照该文件中的内容来确定访问的范围；如果该文件不存在，将能够访问网站上所有没有被口令保护的页面。

2. Robots 协议的写法

最简单的robots.txt只有两条规则：

（1）User-agent：指定对哪些爬虫生效。

（2）Disallow：指定要屏蔽的网址。

爬虫爬取时利用http协议中的User-agent声明自己的身份，robots.txt利用User-agent来区分各个引擎的爬虫。例如，Google网页搜索爬虫的User-agent为Googlebot，百度的网页搜索的User-agent为Baiduspider。

例如，淘宝网站不希望被××××爬取，其https://www.××××××.com/robots.txt 内容设置如下，其中*代表所有，/代表根目录。

```
User-agent: ××××
Disallow: /

User-agent: ××××
Disallow: /
```

9.1.9 爬虫的实例

一般情况下，获取网页使用BeautifulSoup即可，只有做复杂的爬虫类的应用才需要用到PySpider等类型的框架。本节给出几个不使用框架，直接用Python源代码写的获取数据的代码。

实例 9.1 爬取双色球开奖数据。

实例说明： 从网站http://kaijiang.500.com/×××.shtml获取最30期双色球的开奖数据，并写入csv文件中。

实例代码：

```
import requests
from bs4 import BeautifulSoup
import time


def get_ball(url, page):
    """解析网页，获取开奖结果，输出提示信息，并写入csv文件"""
    html = requests.get(url, headers = headers, timeout=1.0).text   # 获取网页源码
    soup = BeautifulSoup(html, 'html.parser')        # 解析网页源码
    list = soup.select('div.ball_box01 ul li')       # 获取开奖结果
    ball = []                                        # 存放开奖结果
    for li in list:                                  # 遍历开奖结果
        ball.append(li.string)                       # 将开奖结果添加到ball列表中
    write_to_csv(page, ball)                         # 将开奖结果写入csv文件
    print(f"第{page}期开奖结果录入完成")               # 打印提示信息


def write_to_csv(page, ball):
    """将开奖结果逐行写入csv文件"""
    with open('双色球开奖结果.csv', 'a', encoding='utf_8_sig') as fw:
        fw.write(f'第{page}期,{ball[0]},{ball[1]},{ball[2]},{ball[3]},{ball[4]},
'f'{ball[5]},{ball[6]}\n')


def get_page():
    url = "http://kaijiang.500.com/×××.shtml"      # 双色球开奖信息网址
    html = requests.get(url, headers = headers, timeout=1.0)      # 获取网页源码
    html.encoding = "GB18030"                        # 设置编码格式
    soup = BeautifulSoup(html.text, 'html.parser')   # 解析网页源码
    pageList = soup.select("div.iSelectList a")      # 获取各期的网址列表
    recent_pages = pageList[:30]                     # 获取最近30期的网址列表
    for p in recent_pages:                           # 遍历最近30期的页码
        time.sleep(5)              # 延迟执行5秒，确保可以获取到数据
        url = p['href']                              # 获取每期开奖结果的网址
        page = p.string                              # 获取每期开奖结果的期数
        get_ball(url, page)      # 解析网页，获取开奖结果，输出提示信息，并写入csv文件


if __name__ == '__main__':
    headers = {'User-Agent': 'Mozilla/5.0 (Windows NT 10.0; Win64; x64)
AppleWebKit/537.36 (KHTML, like Gecko) Chrome/125.0.0.0 Safari/537.36'}
    get_page()  # 调用函数，获取最近30期的开奖结果
```

输出结果：

```
第24062期开奖结果录入完成
第24061期开奖结果录入完成
第24033期开奖结果录入完成
…
第23089期开奖结果录入完成
```

同时在当前路径下创建文件“双色球开奖结果.csv”，将近30期的开奖结果逐行写入到文件中。

9.2 pandas 数据处理

9.2.1 pandas 文件操作

对于文本文件中的数据，可以用遍历的方法简单读取，对于其他格式的数据文件或存储在数据库中的数据，可以借助pandas库来读取。

pandas是基于NumPy的一个开源库，提供了高性能和高可用性的数据结构以用于解决数据分析问题，它纳入了大量的库和一些标准的数据模型，提供了可用于高效操作大型数据集的工具，是使Python成为强大而高效的数据分析工具的重要因素之一。pandas兼容所有Python的数据类型，除此之外，还支持两种数据结构：一维数组Series 和二维表格型数据结构DataFrame，这里只介绍利用pandas读取数据的相关方法。

使用pandas库之前需要先通过pip install pandas命令安装，通常，pandas的引用方式为：

```
import pandas as pd
```

pandas输入/输出API提供了对文本、二进制和结构化查询语言（SQL）等不同格式类型文件的读/写函数，可以方便快速地读取本地文件，如csv、txt、json和html等文本文件及Excel文件。其主要方法见表9.5。

表 9.5　pandas 输入 / 输出 API

格式类型	数据描述	读	写
文本	CSV	read_csv()	to_csv()
文本	JSON	read_json()	to_json()
文本	HTML	read_html()	to_html()
文本	Local clipboard	read_clipboard()	to_clipboard
二进制	MS Excel	read_excel()	to_excel()
二进制	HDF5 Format	read_hdf()	to_hdf()
二进制	Feather Format	read_feather()	to_feather()
二进制	Parquet Format	read_parquet()	to_parquet()
二进制	Msgpack	read_msgpack()	to_msgpack()
二进制	Stata	read_stata()	to_stata()
二进制	SAS	read_sas()	—
二进制	Python Pickle Format	read_pickle()	to_pickle()
SQL	SQL	read_sql()	to_sql()
SQL	Google Big Query	read_gbq()	to_gbq()

这些API可以方便地把各种类型的数据读取为Dataframe格式的数据，可用columns和values属性分别获取其标题和数据部分，再利用tolist()函数将其转为列表类型进行数据分析和处理。也可以直接应用pandas方法对DataFrame格式数据进行处理。

9.2.2　Excel 文件读取

Excel文件的读取主要应用read_excel()，其主要参数及其意义如下：

```
pd.read_excel(io, sheet_name=0, header=0, names=None, index_col=None, usecols=None,
              squeeze=False, converters=None, skiprows=None,
              nrows=None, skipfooter=0)
```

（1）io：Excel的存储路径。

（2）sheet_name：要读取的工作表名称，默认读取第一个工作表，可以是整型数字、列表名或SheetN。整型数字：目标sheet所在的位置，以0为起始，如sheet_name = 1代表第2个工作表。列表名：目标sheet的名称，中英文皆可。SheetN：代表第N个sheet，S要大写，注意与整型数字的区别。

（3）header：用哪一行作列名。默认为0，如果设置为[0,1]，则表示将前两行作为多重索引。

（4）names：自定义最终的列名。一般适用于Excel缺少列名，或者需要重新定义列名的情况。names的长度必须和Excel列长度一致，否则会报错。

（5）index_col：用作索引的列。

（6）usecols：需要读取哪些列。可以使用整型，从0开始，如[0,2,3]；也可以使用Excel传统的列名A、B等字母，如"A：C, E" = "A, B, C, E"，注意左右边界都包含。usecols可避免读取全部数据，而是以分析需求为导向选择特定数据，提高效率。

（7）squeeze：当数据仅包含一列，squeeze为True时，返回Series，反之返回DataFrame。

（8）converters：强制规定列数据类型，主要用途是保留以文本形式存储的数字。

pandas默认将文本类的数据读取为整型，converters参数可以指定各列数据的类型，如converters = {'出货量':float, '月份':str}，将“出货量”列数据类型强制规定为浮点数，“月份”列强制规定为字符串类型。

（9）skiprows：跳过特定行。skiprows= n，跳过前n行；skiprows = [a, b, c]，跳过第a+1、b+1、c+1行（索引从0开始）。

（10）nrows：需要读取的行数，nrows = n 读取前n行。

（11）skipfooter：跳过末尾n行，skipfooter = n 跳过末尾的n行。

实例 9.2　读取Excel文件中的证券数据。

实例说明：Excel文件stock.xlsx中存储了一些股票数据，将其读取到列表中输出。

文件中只有一个工作表，读取工作表中的所有数据，只需要向read_excel()传递带路径的文件名即可，返回值是一个dataframe类型的数据，其columns属性值是表头数据，其values属性值是除去表头外的表格中的数据，此处可以用tolist()方法将values属性值转为列表类型。

实例代码：

```
import pandas as pd

data = pd.read_excel('stock.xlsx')           # 读取excel中的数据为dataframe类型
print(data)                                  # 输出DataFrame类型的数据查看格式
ls = data.values.tolist()                    # DataFrame类型中的数据转为列表类型
print('输出列表类型的数据\n',ls)              # 输出列表
```

输出结果：

```
        时间      ETF     华夏     博时     广发     券商    创业板
0 2018-01-15   4.265   4.560   1.650   1.736   0.920   1.634
1 2018-01-16   4.308   4.595   1.700   1.750   0.941   1.631
2 2018-01-17   4.295   4.590   1.699   1.740   0.973   1.639
3 2018-01-18   4.323   4.621   1.675   1.744   0.980   1.636
4 2018-01-19   4.335   4.632   1.683   1.740   1.002   1.630
```

输出列表类型的数据：

```
[[Timestamp('2018-01-15 00:00:00'), 4.265, 4.56, 1.65, 1.736, 0.92, 1.634],
[Timestamp('2018-01-16 00:00:00'), 4.308, 4.595, 1.7, 1.75, 0.941, 1.631],
[Timestamp('2018-01-17 00:00:00'), 4.295, 4.59, 1.699, 1.74, 0.973, 1.639],
[Timestamp('2018-01-18 00:00:00'), 4.323, 4.621, 1.675, 1.744, 0.98, 1.636],
[Timestamp('2018-01-19 00:00:00'), 4.335, 4.632, 1.683, 1.74, 1.002, 1.63]]
```

注意： 与遍历方法读取文件不同，缺省参数读取的数据中，数值类型的数据直接转为数值型，可以直接参与数值运算和统计分析。Dataframe 中的日期时间数据被转为 Timestamp 类型，可用字符串格式化方法重新转为需要的格式。

实例 9.3 手机销售数据分析。

实例说明： Excel 文件中的 Sheet1 中存储表 9.6 的数据，出货量单位为百万台，份额单位为%：

表 9.6 手机销售数据

品牌厂商	2019 Q3 出货量	2019 Q3 市场份额	2018 Q3 出货量	2018 Q3 市场份额
A	41.5	42	25.2	24.6
B	18.1	18.3	22.3	21.8
C	16.4	16.6	21	20.5
D	9.7	9.8	14	13.6
E	8.1	8.2	7.6	7.5
Ofther	5.1	5.1	12.4	12.1
合计	98.9	100	102.6	100

计算每家公司销售的同比增幅，附加到每行数据末尾，根据增长率降序排序并输出。

Excel 文件中的数据可以利用 pandas 库的 read_excel() 方法读取，获得的 DataFrame 格式数据

可用dataframe.values.tolist()方法转为列表类型。

实例代码：

```
import pandas as pd                                    # 导入pandas库

df = pd.read_excel('sale.xlsx')                        # 读数据dataframe
ls = df.values.tolist()                                # dataframe转列表
growth = []
for x in ls:
    growth.append(x + [round((x[1] - x[3]) / x[3] * 100, 2)])    # 向列表增加增长率
# growth = [[x + [round((x[1]-x[3])/x[3] * 100,2)]] for x in ls] # 用列表推导式实现
print(growth)                                          # 输出更新的数据
growth.sort(key=lambda x: x[5], reverse=True)          # 按增长率降序排序
print(growth)                                          # 输出降序排序数据
```

9.2.3　CSV文件读取

将用常规分隔符分隔的文本文件读取到DataFrame可以使用read_csv()方法。其主要参数及意义如下：

```
pandas.read_csv(filepath_or_buffer, sep='\t', delimiter=None, header='infer',
         names=None, engine=None, encoding=None)
```

（1）filepath_or_buffer：文件路径或URL。

（2）sep：分隔符，默认值为'\t'，当文本中的分隔符不是制表符时，可用sep='分隔符'来指定。Python可自动检测分隔符。

（3）delimiter：参数sep的替代参数，默认值为None。

（4）header：整型或整型列表，用作列名的行号和数据的开头。

（5）names：要使用的列名的列表，如果文件不包含标题行，则应显式传递header = None。

（6）engine：使用解析器引擎，其值可为'c'或'python'。c引擎速度更快，而python引擎目前功能更加完善。

（7）encoding：默认None，编码在读/写时用UTF（例如'utf-8'）。

实例9.4　读取csv文件中的数据。

实例说明： 文件score.csv中存储了一些成绩数据，读文件将数据转为列表类型输出。

实例代码：

```
import pandas as pd

score = pd.read_csv('score.csv',encoding='utf-8') # 读取文本中的数据为DataFrame类型
print(score)
ls = score.values.tolist()                        # DataFrame类型中的数据转为列表类型
print('输出列表类型的数据\n',ls)                    # 输出列表
```

输出结果：

```
     姓名    C语言    Java   Python   C#     C++
0    罗明     95      96      85      63     91
1    朱佳     75      93      36      85     88
```

```
2       李思      86      76      96      93      67
3       郑君      88      98      100     90      89
4       王雪      99      96      9       88      86
```

输出列表类型的数据：

```
[['罗明', 95, 96, 85, 63, 91],
['朱佳', 75, 93, 66, 85, 88],
['李思', 86, 76, 96, 93, 67],
['郑君', 88, 98, 76, 90, 89],
['王雪', 99, 96, 91, 88, 86]]
```

9.2.4 读数据库

在实际应用中，使用文本文件或Excel存储数据并不是最好的方式，用户能够对这些类型的文件中的数据进行的操作非常有限，数据处理效率也不高，更好的方式是将数据存储到数据库中，通过连接数据库进行相关操作。

目前应用最多的是关系型数据库，可以使用对象-关系映射技术把关系数据库的表结构映射到对象上。SQLAlchemy是一个支持Python语言的SQL工具包和对象-关系映射，可以为开发者提供高效的数据库访问设计和高性能的数据访问方法。SQLAlchemy支持大部分主流数据库，如SQLite、MySQL、Postgres、Oracle、MS SQLServer 和 Firebird等。在使用之前，需要通过pip install sqlalchemy安装这个库。

SQLite是Python内置的一个轻量级数据库，可以直接使用。使用其他数据库时，需要pip安装与数据库匹配的驱动（如mysqlclient、pymssql、psycopg2、cx-Oracle或 db等）才可以连接数据库对数据进行操作。下面以SQLite数据库为例了解一下数据库中数据的读/写方法。

sqlalchemy.create_engine(*args, **kwargs) 函数可被用于创建数据库引擎，数据库位置可用本地路径，也可用网络URL。

pandas中的read_sql()方法可以查询数据库中的数据并直接返回DateFrame，在方法的参数中可以传入SQL语句。read_sql()方法的主要参数及意义如下：

```
pandas.read_sql(sql, con, index_col=None, coerce_float=True, params=None,
                parse_dates=None, columns=None, chunksize=None)
```

（1）sql：表名或要执行的查询语句。

（2）con：ADBC连接，SQLAlchemy连接，字符串或sqlite3连接connection。

（3）columns：需要从表中查询的列名的列表。

实例9.5 读数据库中成绩数据。

实例说明： 数据库文件test.db中存储了一些成绩数据，将其读取为列表类型输出。

实例代码：

```
import pandas as pd
from sqlalchemy import create_engine

# 定义元信息，绑定到引擎
engine = create_engine('sqlite:///./test.db', echo=True)      # 定义引擎
```

```
# 从数据库test.db中的数据表score中读取数据到DateFrame
from_sql = pd.read_sql('score', engine)     # 读数据库表'score'中的数据到DateFrame中
print(from_sql)                             # 查看输出DateFrame格式数据格式
ls = from_sql.values.tolist()               # DateFrame类型中的数据转为列表类型
print('输出列表类型的数据:\n',ls)            # 输出转为列表的数据
```

输出列表类型的数据:

```
      姓名    C语言    Java  Python    C#     C++
0     罗明     95      96     85      63     91
1     朱佳     75      93     66      85     88
2     李思     86      76     96      93     67
3     郑君     88      98     76      90     89
4     王雪     99      96     91      88     86
[['罗明', 95, 96, 85, 63, 91],
['朱佳', 75, 93, 66, 85, 88],
['李思', 86, 76, 96, 93, 67],
['郑君', 88, 98, 76, 90, 89],
['王雪', 99, 96, 91, 88, 86]]
```

9.2.5 读 json 文件

利用read_json()方法，可以从json格式的文件中读取数据到DataFrame。

实例 9.6　读取json文件中的数据。

实例说明：文件scoreTest.json中存储的数据是json格式，读取其中的数据并转为列表。

实例代码：

```
import pandas as pd

score = pd.read_json('scoreTest.json',encoding='utf-8')# 读取文本中的数据为dataframe
                                                       # 类型
print('dataframe类型: ')
print(score)
print('转为列表类型: ')
print(score.values.tolist())
```

输出结果：

```
      姓名    C语言    Java  Python    C#     C++
0     罗明     95      96     85      63     91
1     朱佳     75      93     66      85     88
2     李思     86      76     96      93     67
3     郑君     88      98     76      90     89
4     王雪     99      96     91      88     86
```

转为列表类型：

```
[['罗明', 95, 96, 85, 63, 91],
['朱佳', 75, 93, 66, 85, 88],
['李思', 86, 76, 96, 93, 67],
['郑君', 88, 98, 76, 90, 89],
['王雪', 99, 96, 91, 88, 86]]
```

9.2.6 数据查看

利用pandas读取数据后，可采用切片的方法查看其中指定的部分数据，也可用head(n)和tail(n)方法查看开始或结尾的n行数据。例如：

```
import pandas as pd

score_df = pd.read_csv('score.csv', encoding='utf-8')     # 转DataFrame
print(score_df.head(n=3))                                # 返回前3行数据，n缺省时返回5行
print(score_df.tail(n=3))                                # 返回后3行数据，n缺省时返回5行
print(score_df[['姓名', 'Python']][:5])                  # 返回姓名和Python两列的前5个数据
```

输出结果：

```
        姓名    C语言    Java  Python   C#    C++
0       罗明     95      96     85     63     91
1       朱佳     75      93     36     85     88
2       李思     86      76     96     93     67

        姓名    C语言    Java  Python   C#    C++
2       李思     86      76     96     93     67
3       郑君     88      98     100    90     89
4       王雪     99      96     9      88     86

        姓名    Python
0       罗明     85
1       朱佳     36
2       李思     96
3       郑君     100
4       王雪     9
```

9.2.7 数据排序

sort_values()方法可根据参数值进行排序，第一个参数是排序依据的列，默认为升序排序，设置参数值ascending=False可实现降序排序。

```
import pandas as pd

score_df = pd.read_csv('score.csv', encoding='utf-8')   # 转dataframe
# 以Python成绩做排序依据，降序排序输出，[:5]是对数据进行切片，只输出前5个数据。
print(score_df.sort_values('Python', ascending=False)[:5])
```

输出结果：

```
        姓名    C语言    Java  Python   C#    C++
3       郑君     88      98     100    90     89
2       李思     86      76     96     93     67
0       罗明     95      96     85     63     91
1       朱佳     75      93     36     85     88
4       王雪     99      96     9      88     86
```

9.2.8　数据统计

pandas提供了一些数值型数据的统计方法，可以更方便地实现数据的统计，表9.7中列出了pandas中提供的统计方法，可用于各种统计运算。

表 9.7　pandas 描述统计方法

方法名称	描　述	方法名称	描　述
count()	非空值数目	std()	样本标准差
sum()	求和	var()	方差
mean()	平均值	sem()	标准误差
mad()	平均绝对偏差	skew()	样本偏离
median()	中位数	kurt()	样本峰度
min()	最小值	quantile()	样本分位数
max()	最大值	cumsum()	累加
mode()	众数	cumprod()	累乘
abs()	绝对值	cummax()	累积最大值
prod()	乘积	cummin()	累积最小值

实例9.7　成绩统计。

实例说明：数据在数据库中存储时，经常要进行规范化设计，以减少冗余和方便维护。文件score_group.csv中的数据是从数据库中导出的，存放着多名同学5门课程的成绩。请分别统计每位同学的平均成绩、最高成绩和最低成绩；每门课程的平均成绩、最高成绩和最低成绩。

```
姓名,      学号,       课程名,  分数
刘雨,0121701100507,高数,    80
刘雨,0121701100507,英语,    88
刘雨,0121701100507,程序设计,96
刘雨,0121701100507,物理,    82
刘雨,0121701100507,经济,    95
刘傲,0121701100510,高数,    85
...
刘婷,0121701100631,物理,    85
刘婷,0121701100631,经济,    90
```

对于此类数据，可以先将数据拆分成组，对每个分组的数据应用函数进行统计，再汇总计算结果。

实例代码：

```
import pandas as pd

score_df = pd.read_csv('score_group.csv', encoding='utf-8')
print(score_df['分数'].groupby(score_df['姓名']).mean())  # 返回每个人的平均分
print(score_df['分数'].groupby(score_df['课程名']).mean())  # 返回每门课的平均分
```

输出结果：

```
姓名
刘傲        77.0
刘婷        84.0
刘雨        88.2
吴飞        77.2
孙伟        82.0
孙新        76.2
张强        90.0
张皓        66.4
杨霖        69.4
马志        80.0
Name: 分数, dtype: float64
课程名
物理        77.5
程序设计    78.3
经济        79.6
英语        82.1
高数        77.7
Name: 分数, dtype: float64
```

还可以应用agg()函数对分组结果进行汇总，同时完成平均成绩、最高成绩和最低成绩的统计：

```
import pandas as pd

score_df = pd.read_csv('score_group.csv', encoding='utf-8')
print(score_df['分数'].groupby(score_df['姓名']).agg(['mean', 'max', 'min']))
print(score_df['分数'].groupby(score_df['课程名']).agg(['mean', 'max', 'min']))
```

输出结果：

```
            mean      max      min
姓名
刘傲        77.0      87       66
刘婷        84.0      90       80
刘雨        88.2      96       80
吴飞        77.2      83       69
孙伟        82.0      88       78
孙新        76.2      94       56
张强        90.0      95       85
张皓        66.4      76       58
杨霖        69.4      86       46
马志        80.0      90       67
            mean      max      min
课程名
物理        77.5      92       56
程序设计    78.3      96       46
经济        79.6      95       63
```

```
英语        82.1      95      67
高数        77.7      88      58
```

9.3 数据可视化

在各个领域经常用各种数字类指标描述数据整体状态，为了更形象地描述数据的意义，经常用绘图的方法对数据中的信息进行直观的呈现。

Matplotlib 是一个应用最为广泛的、高质量的 Python 2D绘图库。它能让用户很轻松地将数据图形化，并且提供多样化的输出格式。利用Matplotlib绘制简单曲线图首先要导入Matplotlib库中绘制曲线图的子库pyplot，一般起别名为plt。绘制曲线的关键函数有两个：一个函数是plot(x, y)，作用是根据坐标x, y值绘图；另一个函数是show()，作用为将缓冲区的绘制结果在屏幕上显示出来。语法格式如下：

```
import matplotlib.pyplot as plt       # 导入Matplotlib库的子库pyplot，别名plt

plt.plot(x, y)                        # 根据坐标x、y值绘图
plt.show()                            # 将缓冲区的绘制结果在屏幕上显示出来
```

过（1，1）、（2，4）、（3，9）（4，16）、（5，25）绘制折线。代码如下；

```
import matplotlib.pyplot as plt

x = [1, 2, 3, 4, 5]
y = [1, 4, 9, 16, 25]

plt.plot(x, y)                        # 根据坐标 x, y 值绘图
plt.show()                            # 显示绘制结果
```

输出结果如图9.7所示。

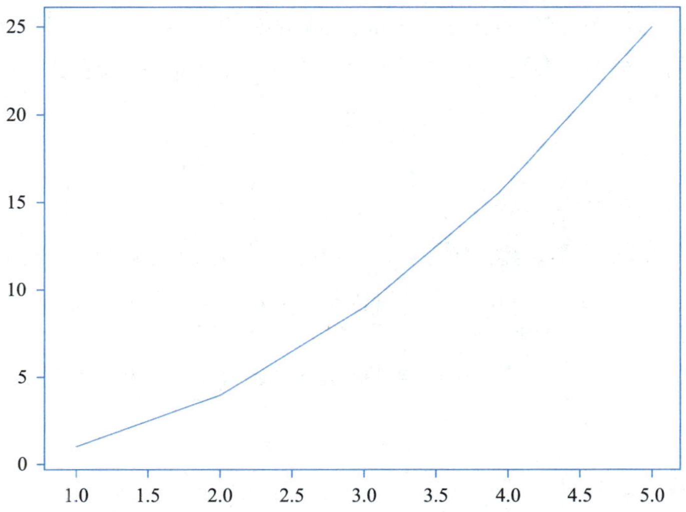

图 9.7　折线图

9.3.1 函数绘图

利用range()函数可以产生整数序列，利用列表推导式和math库中的函数，可以产生系列函数值的列表，绘制函数曲线。例如：

```
import matplotlib.pyplot as plt
import math
x = range(0, 8)
sin_lsx = [math.sin(i) for i in x]   # 根据x值计算系列sin(x)值
cos_lsx = [math.cos(i) for i in x]   # 根据x值计算系列cos(x)值
plt.plot(x, sin_lsx)                 # 根据坐标 x、sin_lsx 值绘sin(x)图
plt.plot(x, cos_lsx)                 # 根据坐标 x、cos_lsx 值绘cos(x)图
plt.show()                           # 显示绘制结果
```

输出结果如图9.8所示。

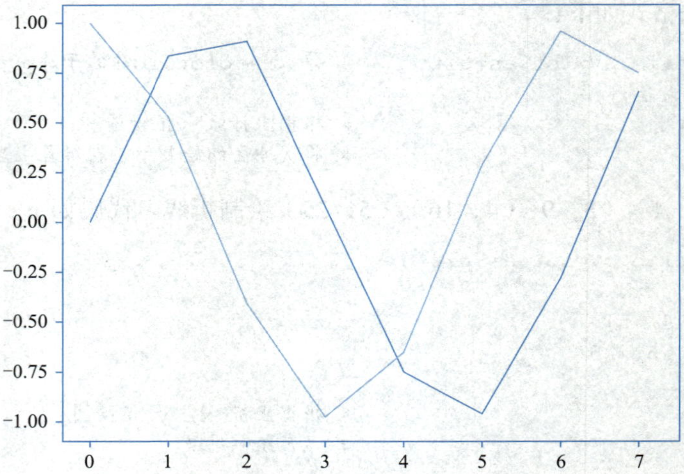

图 9.8　函数曲线

因为range()函数只能产生整数序列，只能绘制折线图。若希望绘制更平滑的函数曲线，可以利用NumPy提供的函数产生系列浮点数的数组，常用函数描述见表9.8。

表 9.8　NumPy 常用函数

函　数	描　述
array([x,y,x],dtype = int)	将序列对象转换为数组，np.array([1, 2, 3, 4])返回数组 [1 2 3 4]
arange([x,]y[,i])	创建从x到y，步长为i的数组。np.arange(6) 返回数组[0 1 2 3 4 5]
linspace(x,y[,n])	参数为起始值、终止值和元素总数（默认50），创建一维等差数组。 np.linspace(1, 5, 5) 返回数组 [1. 2. 3. 4. 5.]
logspace(x,y[,n])	参数为起始值、终止值和元素总数，创建一维等比数组

例如：

```
import numpy as np
import matplotlib.pyplot as plt
```

```
x = np.linspace(1, 10, 10)      # [1. 2. 3. 4.  5.  6.  7.  8.  9. 10.]
square = x ** 2                 # x中每个数据平方[1. 4. 9. 16. 25. 36. 49. 64. 81. 100.]
cubic = x ** 3                  # x中每个数据立方[1.  8.  27.  64.  125.  216.  343.
                                # 512. 729. 1000.]
plt.plot(x, x)                  # 绘制直线y=x
plt.plot(x, square)             # 绘制曲线y=x**2
plt.plot(x, cubic)              # 绘制曲线y=x**3
plt.show()                      # 显示绘制结果
```

输出结果如图9.9所示。

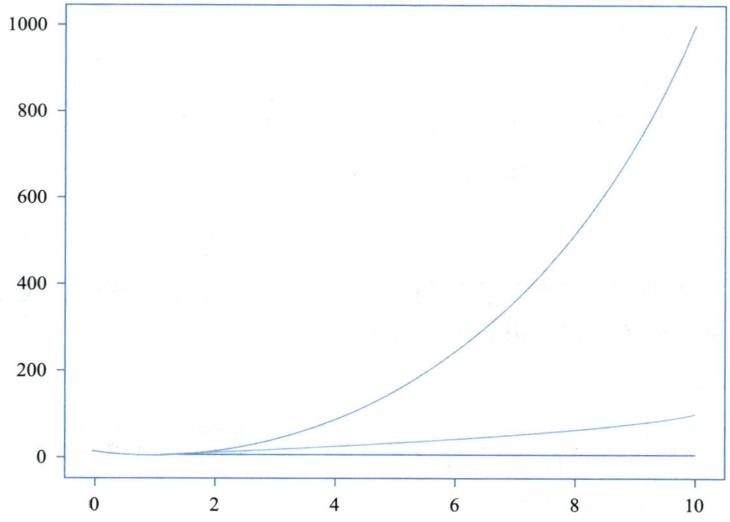

图 9.9　平滑的函数曲线

NumPy还提供了sin()、cos()、tan()等三角函数及反三角函数，exp()、log()等指数与对数函数，add()、power()、sqrt()和mod()等数学运算函数，这些函数可接受列表或数组为参数，返回包括系列函数值的数组。

实例 9.8　正余弦函数曲线绘制。

下面利用np.linspace()产生包含50个x值的数组，利用np.sin()和np.cos()分别计算得到50个y值，绘制平滑的正余弦曲线图。

实例代码：

```
import matplotlib.pyplot as plt       # 导入pyplot子库命名为plt
import numpy as np                    # 导入numpy库命名为np

x_arr = np.linspace(0, 2*np.pi)       # 0～2pi之间产生50个等间距的点的数组
sin_arr = np.sin(x_arr)               # 根据x值计算50个sin(x)值，数组类型
cos_arr = np.cos(x_arr)               # 根据x值计算50个cos(x)值，数组类型
plt.plot(x_arr, sin_arr)              # 根据坐标 x、sin_lsx 值绘sin(x)曲线图
plt.plot(x_arr, cos_arr)              # 根据坐标 x, cos_lsx 值绘cos(x)曲线图
plt.show()                            # 显示绘制结果
```

输出结果如图9.10所示。

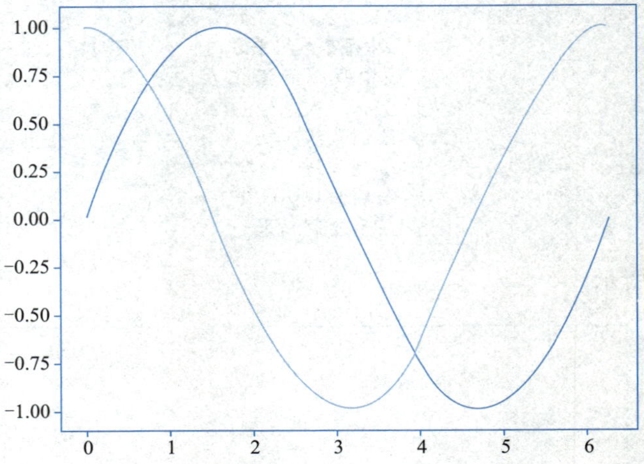

图 9.10　绘制正余弦函数曲线

9.3.2　标注与美化

Matplotlib 中支持对曲线进行各种标注与美化，规定线条颜色、线型、线标识、图名等操作。线条风格、线条颜色、线条标记及相关函数的介绍。

plot() 函数的主要参数如下：

```
plot([x], y, [fmt])                              # 绘制单条曲线
plot([x], y, [fmt], [x2], y2, [fmt2], ...)       # 同时绘制多条曲线
```

（1）x, y：参数 x、y 可为数组类型数据或标量。

（2）fmt：表示线条颜色、标记和线型的格式字符串类可选参数，fmt = '[marker][line][color]'，例如，以下代码中 'go--' 表示标记为 “o”（圆点），线型为虚线，颜色为 green。等价于 color='green',linestyle='--',marker='*'。

```
plt.plot(x, y, 'go--') # 'go--'等价于color='green', marker='o', linestyle='dashed'
plt.plot(x, y, color='green', marker='o', linestyle='dashed')
```

plot() 还可以通过不同参数设置线条属性、线条颜色、常用线条标记，见表 9.9～表 9.11。

表 9.9　线条属性

属　性	描　述
color 或 c	颜色
label	曲线标识
linestyle 或 ls	线型，实线 “-”、虚线 “:”、破折线 “--”、点画线 “-.”
linewidth 或 lw	线宽度
marker	数据点标记

表 9.10　线条颜色（color 或 c）

color	别　名	颜　色	color	别　名	颜　色
blue	b	蓝色	green	g	绿色
red	r	红色	yellow	y	黄色
cyan	c	青色	black	k	黑色
magenta	m	洋红色	white	w	白色

表 9.11　常用线条标记（marker）

标　记	描　述	标　记	描　述
,	像素	>	右三角形
.	点	<	左三角形
o	圆	v	倒三角形
D	菱形	^	正三角形
d	小菱形	1	正三分支
s	正方形	2	倒三分支
p	五边形	3	左三分支
h	六边形	4	右三分支
H	六边形	*	星号
8	八边形	+	加号
|	竖直线	P	填充的加号
_	水平线	x	乘号
None、" "、""	无标记	'$...$'	字符串转为数学文本描述

实例 9.9　正余弦函数曲线标注。

实例说明：绘制正余弦函数的曲线，并为其增加图名、标签、设置线型、数据点标记、坐标轴、刻度限定、填充和注释。

为方便学习和理解，本节对这些要求分以下 4 步实现：

（1）设置线型、颜色与图名。

实例代码：

```
import matplotlib.pyplot as plt          # 导入pyplot子库命名为plt
import numpy as np                       # 导入numpy库命名为np

x_arr = np.linspace(0, 2*np.pi)          # 0～2pi之间产生50个等间距的点的数组
sin_arr = np.sin(x_arr)                  # 根据x值计算50个sin(x)值，数组类型
# 绘制正弦曲线，使用红色的、虚线、宽度为 2（像素）的线条
plt.plot(x_arr, sin_arr, '*--r', lw=2)
cos_arr = np.cos(x_arr)                  # 根据x值计算50个cos(x)值，数组类型
# 绘制余弦曲线，使用蓝色的实线、宽度为1（像素）的线条，标识为圆点
```

```
plt.plot(x_arr, cos_arr, marker='o', linestyle="-", color="blue", linewidth=1)
plt.show()                                  # 显示绘制结果
```

输出结果如图 9.11 所示。

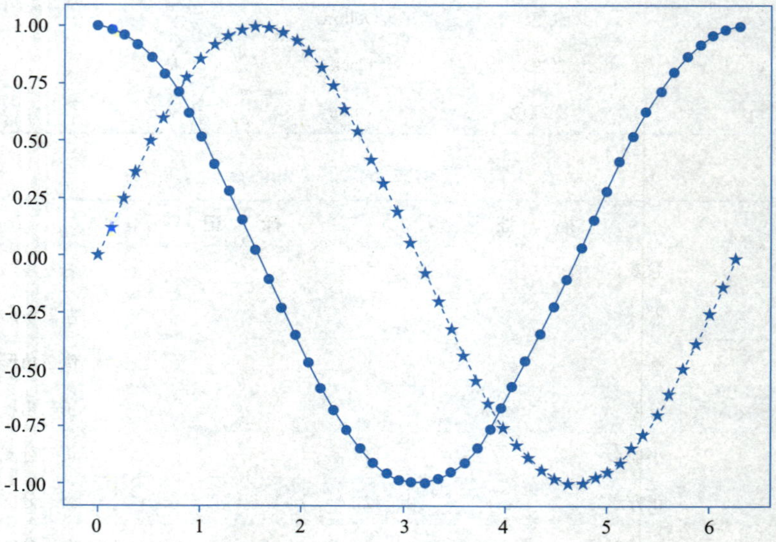

图 9.11　设置线型、颜色与数据点标记

标签相关函数见表 9.12。

表 9.12　标签相关函数

函　数	描　述
title()	为当前绘图添加标题
legend()	为当前绘图放置图注
annotate()	为指定数据点创建注释
xlabel(s)	设置 x 轴标签
ylabel(s)	设置 y 轴标签
xticks()	设置 x 轴刻度位置和标签
yticks()	设置 y 轴刻度位置和标签

在使用 Matplotlib 模块画坐标图时，往往需要对坐标轴设置很多参数，这些参数包括横纵坐标轴范围、坐标轴刻度大小、坐标轴名称等。在 Matplotlib 中包含了很多函数，用来对这些参数进行设置。坐标轴相关函数见表 9.13，绘制直线相关函数见表 9.14。

表 9.13　坐标轴相关函数

函　数	描　述
xlim(xmin,xmax)	设置当前 x 轴取值范围
ylim(ymin,ymax)	设置当前 y 轴取值范围

表 9.14 绘制直线相关函数

函　数	描　述
axhline(x=0, ymin=0, ymax=1)	绘制水平线，y 取值从 0 到 1 为整个区间
hlines()	绘制水平线
axvline(x=0, ymin=0, ymax=1)	绘制垂直线，y 取值从 0 到 1 为整个区间
vlines()	绘制垂直线

Matplotlib 内置多个函数可实现各种填充效果，常用的填充函数包括填充水平区域、填充竖直区域和填充两条曲线包围的区域等，函数介绍见表 9.15。

表 9.15 常用的填充函数

函　数	描　述
axhspan()	水平区域
axvspan()	竖直区域
fill_between()	填充两条曲线围起的区域，区间由横坐标限定
fill_betweenx()	填充两条曲线围起的区域，区间由纵坐标限定

Matplolib 支持将绘制的图形显示在屏幕上和保存在文件中，显示在屏幕上使用函数 show()，无参数。保存图片文件使用 savefig(' 文件名 ') 函数，参数是保存的文件名。

注意：如果需要保存文件，savefig(' 文件名 ') 语句必置于 show() 语句前，这是因为 show() 函数在显示图像的同时，会清空缓冲区，无法再保存成文件。

函数介绍见表 9.16。

表 9.16 保存与显示相关函数

函　数	描　述
savefig(‘文件名’)	保存绘制的图像，必须置于绘制完成之后和 show() 之前，需要先安装 pillow 库
show()	显示绘制的图像，同时清空缓冲区

（2）设置坐标轴上下限、坐标轴标记，绘制 x、y 轴。

实例代码如下：

```
import matplotlib.pyplot as plt                        # 导入pyplot子库命名为plt
import numpy as np                                     # 导入numpy库命名为np

x_arr = np.linspace(0, 2*np.pi)                        # 0～2pi之间产生50个等间距的点的数组
sin_arr = np.sin(x_arr)                                # 根据x值计算50个sin(x)值，数组类型
cos_arr = np.cos(x_arr)                                # 根据x值计算50个cos(x)值，数组类型
plt.plot(x_arr, sin_arr, '*--r', lw=2, label="sin(x)") # label="sin(x)"线的标识
plt.plot(x_arr, cos_arr, 'o-b', label="cos(x)")        # label="cos(x)"线的标识
plt.title('正弦余弦函数曲线', fontproperties="SimHei")  # 加图名，指定中文字体保证正确显示
plt.xlabel(u'x(弧度)', fontproperties="SimHei")        # 加x轴标签
```

```
    plt.ylabel(u'y', fontproperties="SimHei")          # 加y轴标签
    plt.legend(loc='lower left')                       # 设置线条名显示位置为左下角
    plt.ylim(-1.1, 1.1)                                # 设置纵轴的上下限，使边框比曲线略大
    plt.yticks([-1, 0, +1])                            # 设置纵轴标记，只显示3个值
    # 设置横轴标记取5个点，并用r'$...$'转为数学表示形式显示，\pi表示π
    plt.xticks([0, np.pi/2, np.pi, 3*np.pi/2, 2*np.pi], [0, r'$\pi/2$', r'$\pi$',
r'$3\pi/2$', r'$2\pi$'])
    plt.axhline(0, linestyle='--', color='black')      # 绘制水平线y=0，x轴
    plt.axvline(0, linestyle='--', color='black')      # 绘制垂直线x=0，y轴
    plt.savefig('正余弦函数曲线图.jpg')                  # 保存到文件，务必放在show()前面
    plt.show()                                         # 显示绘制结果
```

输出结果如图 9.12 所示。

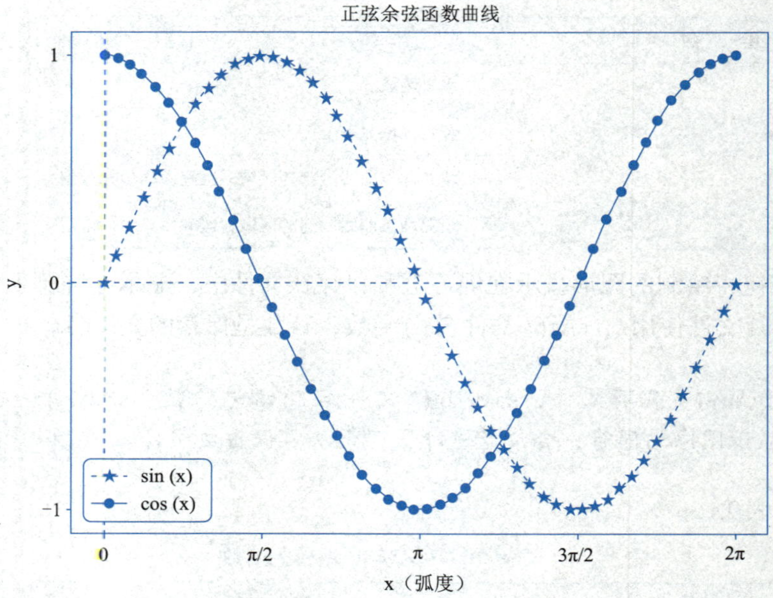

图 9.12　设定坐标轴标记

9.3.3　中文显示

Matplotlib 默认字体由一组 rcParams 控制，默认使用安装在用户计算机上的英文字体系列，如 Helvetica、Times 等，中文无法正常显示。可以通过设置 rcParams 参数值来修改用于显示的中文字体。例如：

```
    plt.rcParams['font.sans-serif'] = ['FangSong']     # 指定中文用仿宋体显示
    plt.rcParams['axes.unicode_minus'] = False         # 使负号'-'正确显示
```

在实际使用中也可以在需要显示中文的语句中修改 fontproperties 属性值指定字体：

```
    plt.title('正弦余弦图像',fontproperties="SimHei")
```

在 Matplotlib 中，text()、annoteate()、title()、suptitle()、xlabel()、ylabel() 等与文本相关的函数均支持用 fontproperties 属性值指定字体。例如：

```
import matplotlib.pyplot as plt                           # 导入pyplot子库命名为plt
import numpy as np                                        # 导入numpy库命名为np

plt.rcParams['font.sans-serif'] = ['FangSong']            # 指定中文用仿宋体显示
plt.rcParams['axes.unicode_minus'] = False                # 使负号'-'正确显示
x_arr = np.linspace(0, 2*np.pi)                           # 0~2pi之间产生50个等间距的点的数组
sin_arr = np.sin(x_arr)                                   # 根据x值计算50个sin(x)值，数组类型
cos_arr = np.cos(x_arr)                                   # 根据x值计算50个cos(x)值，数组类型
plt.plot(x_arr, sin_arr, '*--r', lw=2, label="sin(x)")    # label="sin(x)"线的标识
plt.plot(x_arr, cos_arr, 'o-b', label="cos(x)")           # label="cos(x)"线的标识

plt.title('正弦余弦函数曲线')                              # 加图名，指定中文字体保证正确显示
plt.xlabel('x(弧度)')                                      # 加x轴标签
plt.ylabel('y')                                            # 加y轴标签
plt.legend(loc='lower left')                               # 设置线条名显示位置为左下角
plt.show()                                                 # 显示绘制结果
```

输出结果如图9.13所示。

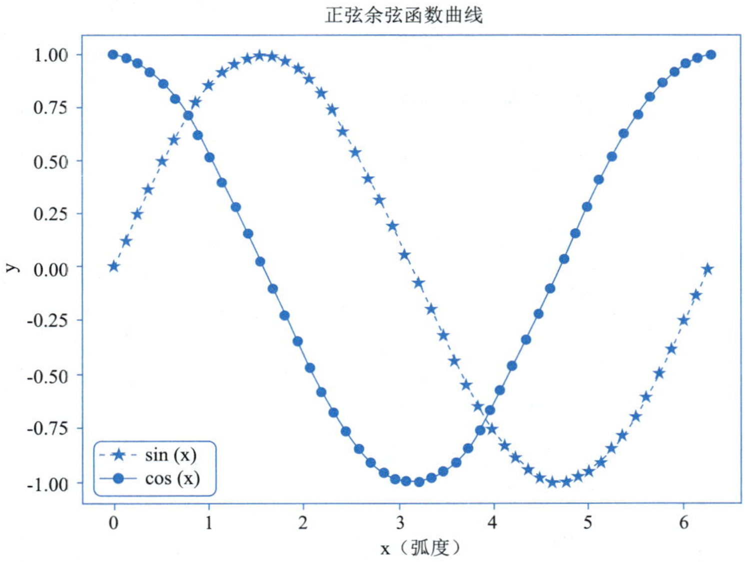

图 9.13　设置中文字体

9.3.4　绘制多子图

Matplotlib提供将同一画布划分成多个子区域的方法，可以将多个图形在同一个画布上不同区域绘制。可应用subplot()函数实现，语法如下：

```
plt.subplot(nrows, ncols, index)
```

参数nrows、ncols、index分别表示行数、列数和序号，当前画布被划分为nrows × ncols个子区域，index表示当前图绘制在第index个子区域。当行数、列数和序号全部小于10时，也可以将三个数字合并成一个三位数字来表示。例如，subplot(2, 3, 3) 和subplot(233) 都可以创建一个2行3列的绘图区域，当前图占用序号为3的区域。

实例 9.10　绘制多个子图。

实例说明：将一个画布分三个子图区域，第一行分两个子图，分别绘制正弦和余弦函数曲线，第二行为一个子图区域，绘制函数 $y=\sin(6x)$ 的曲线。

实例代码：

```
import matplotlib.pyplot as plt                # 导入pyplot子库命名为plt
import numpy as np                             # 导入numpy库命名为np

x_arr = np.linspace(0, 2*np.pi, 256)           # 0～2pi之间产生256个等间距的点的数组
sin_arr = np.sin(x_arr)                        # 根据x值计算50个sin(x)值，数组类型
cos_arr = np.cos(x_arr)                        # 根据x值计算50个cos(x)值，数组类型
plt.subplot(2, 2, 1)                           # 分成2行2列，占用第一个位置
plt.plot(x_arr, sin_arr, '--r', lw=2)          # 红色破折线
plt.subplot(2, 2, 2)                           # 分成2行2列，占用第二个
plt.plot(x_arr, cos_arr, ':g')                 # 绿色虚线
plt.subplot(2, 1, 2)                           # 分成2行1列，占用第二个
plt.plot(x_arr, np.sin(6*x_arr), '-b', lw=2) # y="sin(6x)"函数曲线
plt.show()                                     # 显示绘制结果
```

绘制结果如图 9.14 所示。

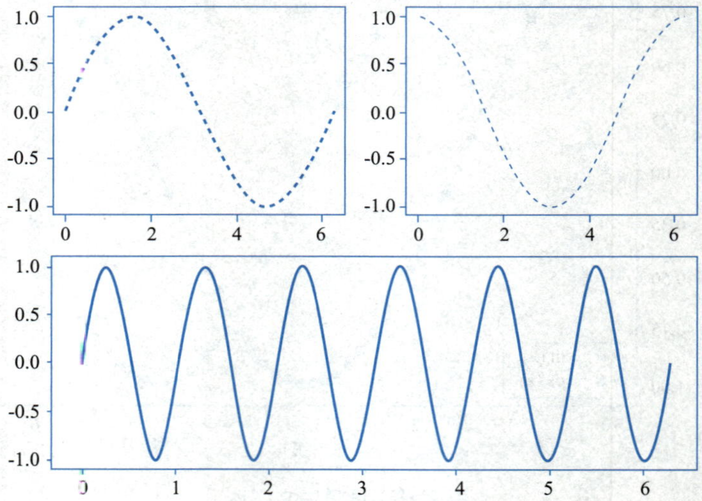

图 9.14　绘制多个子图

9.3.5　数据文件绘图

除去根据函数绘制曲线外，更多的应用是根据文件中的数据绘制数据曲线。一般的做法是打开文件，读取文件中的数据到列表中，再绘制数据曲线。

实例 9.11　读文件绘制数据曲线。

实例说明：有一个包含两列数据的文件 dos.csv，每行中的两列数据分别代表 x、y 坐标，利用文件中的数据绘制数据曲线。下面仅给出文件前 5 行数据：

```
-57.47, 0.00011
```

```
-57.46, 0.00014
-57.45, 0.00017
-57.44, 0.00022
-57.43, 0.00028
…
```

利用文件中的数据绘制曲线，首先需要打开文件并逐行读取文件中的数据，要注意读取每行数据时，行末有一个换行符“\n”需要用replace()替换掉或用strip()函数过滤掉。读取的数据是字符型，需要转换成float()函数或eval()函数转换为数字型。然后将数据附加到列表中，构建分别包含x和y坐标的两个列表，再利用Matplotlib绘图。

实例代码：

```
import matplotlib.pyplot as plt

x_ls, y_ls = [], []                                   # 创建两个空列表
with open('dos.csv', 'r', encoding='utf-8') as file:
    for line in file:                                 # 逐行读取文件中的数据
        x, y = line.strip().split(',')                # 切分成列表，元素分别命名为x和y
        x_ls.append(float(x))                         # x转为浮点型附加到列表中
        y_ls.append(float(y))                         # y转为浮点型附加到列表中
plt.plot(x_ls, y_ls, linewidth=2)                     # 绘制数据曲线
plt.show()                                            # 显示绘制结果
```

绘制结果如图9.15所示。

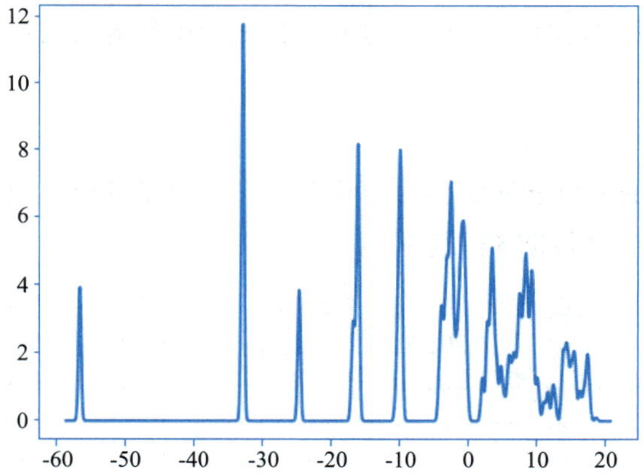

图 9.15　读文件绘制数据曲线

这种方法容易理解，但稍显烦琐，可以利用列表推导式对其进行简化。打开文件后，先将每行数据去掉行末的换行符后切分为列表，存入列表ls中，再用列表推导式将ls中的元素分别放入lsx、lsy两个列表中。例如：

```
import matplotlib.pyplot as plt

with open('dos.csv', 'r', encoding='utf-8') as file:
    ls = [line.strip().split(',') for line in file] # 文件数据转换二维列表
x_ls = [float(x[0]) for x in ls]                    # 列表x_ls为ls子列表中序号为0的元素
```

```
    y_ls = [float(x[1]) for x in ls]              # 列表y_ls为ls子列表中序号为1的元素
plt.plot(x_ls, y_ls, linewidth=2)                 # 绘制数据曲线
    plt.show()                                    # 显示绘制结果
```

在NumPy中，使用loadtxt()函数可以方便地读取csv或txt文件，参数delimiter=’，’表示用逗号作为分隔符自动切分字段，并将数据转为NumPy数组。

```
import matplotlib.pyplot as plt
import numpy as np

data = np.loadtxt('dos.csv', delimiter=',')
plt.plot(data[:, 0], data[:, 1])                  # 切片方法获取两列数据
plt.show()
```

在pandas库中，使用read_csv()函数可以方便地读取csv或txt文件，delimiter=','表示用逗号作为分隔符自动切分字段，并将数据载入为dataframe类型。可通过列标签或dataframe.iloc[:,i]获取其中第 i 列数据。

```
import matplotlib.pyplot as plt
import pandas as pd

data = pd.read_csv('dos.csv', delimiter=',')
plt.plot(data.iloc[:, 0], data.iloc[:, 1])        # 分别索引两列数据
plt.show()
```

当数据文件中包括多列数据时，可用循环的方法，每次读两列数据绘图，重复执行，完成所有数据的读取和绘制。

实例 9.12 多列数据绘图。

有一个包含多列数据的文件PDOS.csv，8列数据分别代表4组x、y坐标，利用文件中的数据绘制数据曲线。下面仅给出文件前5行数据：

```
-57.47, 0.00011, -57.16, 0.00011, -57.04, 0.00010, -57.47, 0.00011
-57.46, 0.00014, -57.15, 0.00013, -57.03, 0.00011, -57.46, 0.00014
-57.45, 0.00017, -57.14, 0.00015, -57.02, 0.00013, -57.45, 0.00017
-57.44, 0.00022, -57.13, 0.00017, -57.01, 0.00014, -57.44, 0.00022
-57.43, 0.00028, -57.12, 0.00020, -57.00, 0.00016, -57.43, 0.00028
…
```

比较容易理解的方法是循环读取数据，每次读取相邻的2列数据置于列表x_ls 和y_ls中，分别作为一组x、y坐标绘制曲线。取消10和11行的注释，可获得区域放大的效果。

实例代码如下：

```
import matplotlib.pyplot as plt

cl = ['cyan', 'green', 'red', 'blue']                          # 构建颜色列表
with open('PDOS.csv', 'r', encoding='utf-8') as file:
    data_ls = [line.strip().split(',') for line in file] # 读文件到二维列表

for i in range(0, 8, 2):                                       # i取偶数0、2、4、6
```

```
    x_ls = [float(lst[i]) for lst in data_ls]          # lst中序号为i的元素
    y_ls = [float(lst[i + 1]) for lst in data_ls]      # lst中序号为i+1的元素
    plt.plot(x_ls, y_ls, color=cl[i // 2], linewidth=2) # 绘制当前曲线

plt.xlim(-5, 5)             # 设置x轴的上下限，获得区域放大的曲线
plt.ylim(-0.5, 8)           # 设置y轴的上下限，获得区域放大的曲线
plt.show()                  # 显示绘制结果
```

绘图结果如图9.16所示。

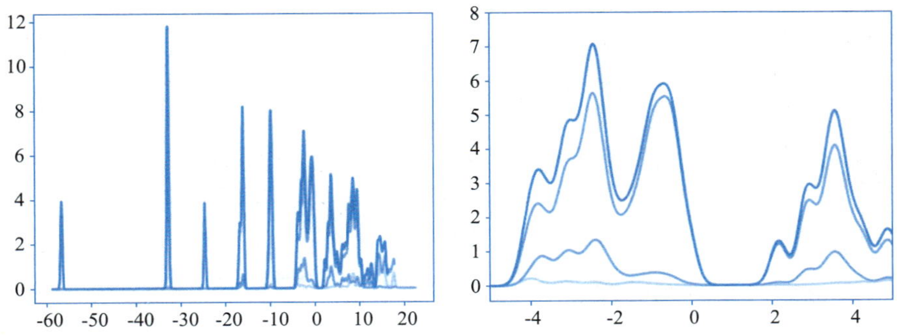

图 9.16 读文件绘制多条数据曲线及区域放大效果

文件中的数据有多列时，用numpy和pandas处理更加方便。下面分别给出用numpy和pandas读取数据绘图的代码：

```
import matplotlib.pyplot as plt
import numpy as np

# 用numpy.loadtxt()函数直接读取数据
data = np.loadtxt('PDOS.csv', delimiter=',')         # 读数据为数组类型
for i in range(0,8,2):                               # i取值0、2、4、6
    plt.plot(data[:, i], data[:, i+1])               # 循环绘制路径
plt.show()                                           # 显示绘制结果
```

利用pandas读文件绘制数据曲线方法如下：

```
import matplotlib.pyplot as plt
import pandas as pd

data = pd.read_csv('9.5 PDOS.csv')                        # 读数据为dataframe类型
for i in range(4):
    plt.plot(data.iloc[0:, 2*i], data.iloc[0:, 2*i+1]) # 切片方法获取两列数据
plt.show()
```

更好的方法是将问题分解为读取数据、绘制和美化完善三个子问题，分别编写函数实现，使复杂问题可以被分解为多个简单的子问题，既降低问题复杂度，又可提升程序的可阅读性和可维护性。下面给出另一个例子，绘制两个子图，其中一个是原图数据部分区域放大的效果，如图9.17所示。

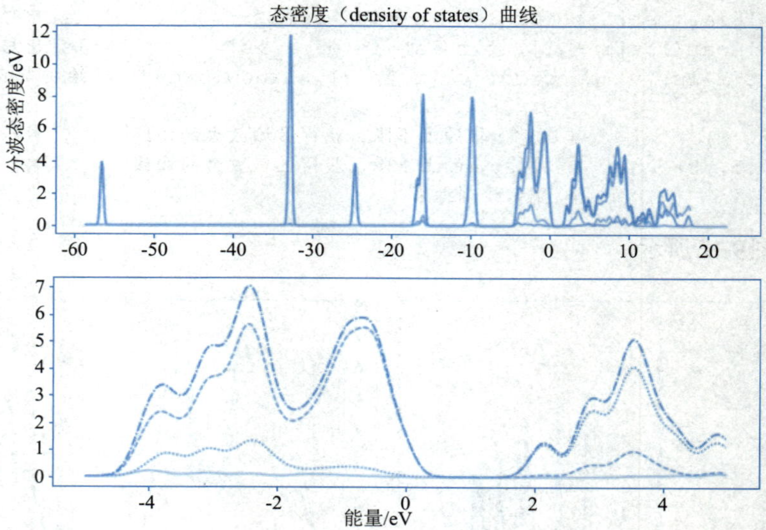

图 9.17　两个子图，一个局部放大

代码如下：

```
import matplotlib.pyplot as plt

plt.rcParams['font.sans-serif'] = ['FangSong']   # 支持中文显示
plt.rcParams['axes.unicode_minus'] = False       # 使负号正常显示


def read_csv(filename):
    """接收文件名为参数，读取文件中的数据到二维列表中，返回二维列表。"""
    with open(filename, 'r', encoding='utf-8') as fr:          # 打开文件创建文件对象
        data_lst = [line.strip().split(',') for line in fr]# 数据转列表
    return data_lst


def draw_dos(data_lst):
    """接收二维列表为参数，绘制数据曲线。"""
    for i in range(4):                                          # 循环绘制
        x = [float(ls[2 * i]) for ls in data_lst]               # 生成x的列表
        y = [float(ls[2 * i + 1]) for ls in data_lst]           # 生成y的列表
        plt.subplot(211)                                        # 分2x1块使用第1块
        plt.plot(x, y)                                          # 绘制一条曲线
    plt.title('态密度（Density of States）曲线')                  # 图名
    plt.ylabel('分波态密度/eV')                                   # y轴标签


def zoom_in_dos(data_lst):
    """接收二维列表为参数，绘制数据曲线。"""
    cl = ['cyan', 'green', 'red', 'blue']                       # 创建颜色列表
    sty = ['-', '--', ':', '-.']
    for i in range(4):                                          # 循环绘制
        x = [float(ls[2 * i]) for ls in data_lst if -5 < float(ls[2 * i]) < 5]
```

```
        y = [float(ls[2 * i + 1]) for ls in data_lst if -5 < float(ls[2 * i]) < 5]
        plt.subplot(212)                                 # 分2x1块使用第2块
        plt.plot(x, y, color=cl[i], linestyle=sty[i])  # cl[i]根据i值取颜色
    plt.xlabel('能量/eV')                                # x轴标签


if __name__ == '__main__':
    file = 'PDOS.csv'                                    # 数据文件名
    dos_in_lst = read_csv(file)                          # 读文件到二维列表
    draw_dos(dos_in_lst)                                 # 绘图
    zoom_in_dos(dos_in_lst)                              # 局部放大效果
    plt.show()                                           # 显示绘图结果
```

实例 9.13 两列数据绘制多条曲线。

实例说明： 有一个数据文件band.txt，其中包括两列数据，分别代表坐标x、y的值，数据间用制表符分隔（'\t'），其中x值数据从0变化到1时表示一条曲线，整个文件包含多组这样的数据，请读取这个文件的数据并绘制相应的曲线。

数据文件内容（部分数据）：

```
0                  -17.0916786423819
0.0211944262814081 -17.0751964353257
0.0423888474761543 -17.0264812561439
…
0.955500978923773  -16.0688718562406
0.977750486346955  -15.9960071184942
1                  -15.9701767127752

0                  -16.1625663637734
0.0211944262814081 -16.1595137907805
0.0423888474761543 -16.1505503610793
0.0635832737575624 -16.1361511854246
…
```

参考前述方法，将一条曲线的数据附加到一组列表中。因每条曲线的x值都是从0逐渐增加到1为止，因此可查看保存x值数据的列表的最后一个元素值是否是1。当该元素值为1时，利用列表中的数据绘制一条曲线，然后清空列表，读取并附加下一组数据，重复操作，直至所有数据读取完毕。

实例代码：

```
import matplotlib.pyplot as plt

x_ls, y_ls = [], []  # 空列表，分别准备接收一条曲线的横纵坐标数据
with open('band.txt', 'r', encoding='utf-8') as file:
    # 每行切分为包含2个元素的子列表，[['0', '-17.09']...]
    data_ls = [line.strip().split() for line in file]

for x, y in data_ls:                    # 子列表2个元素分别命名为x、y
    x_ls.append(float(x))               # 将数据转为浮点型附加到列表中
    y_ls.append(float(y))               # 将数据转为浮点型附加到列表中
```

```
    if x_ls[-1] == 1:                       # 当列表最后一个元素值为1时
        plt.plot(x_ls, y_ls)                # 利用列表中数据绘制曲线
        x_ls, y_ls = [], []                 # 清空列表，准备接收下一条曲线的数据

# plt.ylim(-5, 5)                           # 设置y轴的上下限，获得区域放大的曲线
plt.show()                                  # 显示绘制结果
```

绘制结果如图9.18所示。

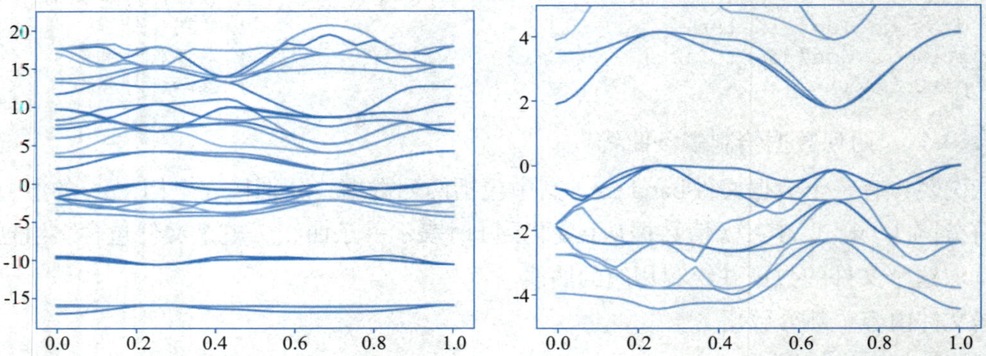

图 9.18　两列数据绘制多条曲线及局部放大效果

9.3.6　非线性图

1. 饼图

饼图常用于统计学模块，2D饼图为圆形。饼图显示一个数据系列中各项的大小与各项总和的比例。饼图中的数据点显示为整个饼图的百分比，图表中的每个数据系列具有唯一的颜色或图案并且在图表的图例中表示。

绘制饼图的数据要符合以下特征：

（1）仅有一个要绘制的数据系列。

（2）要绘制的数字没有负值。

（3）要绘制的数字几乎没有零值。

（4）类别数目无限制。

（5）各类别分别代表整个饼图的一部分。

（6）各个部分需要标注百分比。

绘制饼图可以利用pie()函数实现，该函数的主要参数与含义如下：

```
matplotlib.pyplot.pie(x, explode=None, labels=None,
colors=None, autopct=None, pctdistance=0.6, shadow=False, labeldistance=1.1,
startangle=None, radius=None, counterclock=True, wedgeprops=None,
textprops=None, center=(0, 0), frame=False, rotatelabels=False, hold=None,
data=None)
```

（1）x：饼图各部分数据，可用列表给出。

（2）explode：需要突出展示的数据位置及突出量，不突出的数据取值为0，突出的数据一般用一个小数表示。

（3）labels：各部分数据的标签，用列表给出。

（4）labeldistance：文本的位置离原点与半径的比值，1.1指1.1倍半径的位置。

（5）autopct：圆中的文本格式，%2.1f%%表示整数有2位，小数有1位的浮点数。

（6）shadow：是否有阴影，True为有阴影，False无阴影。

（7）startangle：起始角度，0表示从0开始逆时针转，为第一块。一般选择从90度开始比较好看。

（8）pctdistance：文本离圆心的距离相对半径的百分比。

legend()函数可用于给出图注，主要参数有两个：一个是loc，表示legend的位置，包括'upper right'、'upper left'、'lower right'、'lower left'等；另一个是bbox_to_anchor，表示legend与图形之间的距离，当出现图形与legend重叠时，可使用bbox_to_anchor调整legend的位置，这个位置由两个参数决定，第一个参数为legend与左边的距离，第二个参数为绘制legend与下面的距离。

实例 9.14　绘制编程语言热度饼图。

实例说明：Python是人工智能与大数据领域应用最广泛的程序设计语言，近年应用热度逐年提升，现有2024年5月程序设计语言排行榜中热度数据，请用饼图对表9.17中数据进行可视化展示。

表 9.17　编程语言热度

语　言	Python	C	C++	Java	C#	JavaScript	VB	Go	Other
占比/%	16.33	9.98	9.53	8.69	6.49	3.01	2.01	1.60	42.36

实例代码：

```
import matplotlib.pyplot as plt

labels = ['Python', 'C', 'C++', 'Java', 'C#', 'JavaScript', 'VB', 'Go',
          'Other']  # 标签
sizes = [16.33, 9.98, 9.53, 8.69, 6.49, 3.01, 2.01, 1.6, 42.36]  # 每一块的数据
explode = [0.1, 0, 0, 0, 0, 0, 0, 0, 0] # 0.1 凸出这部分，序号为0 的元素是Python
plt.axes(aspect=1)                      # 设置参数为1使饼图是圆的
plt.pie(sizes, explode=explode, labels=labels, labeldistance=1.1,
        autopct='%2.1f%%', shadow=True, startangle=90, pctdistance=0.7)
plt.legend(loc='upper left', bbox_to_anchor=(-0.2, 1))
plt.show()
```

绘制结果如图9.19所示。

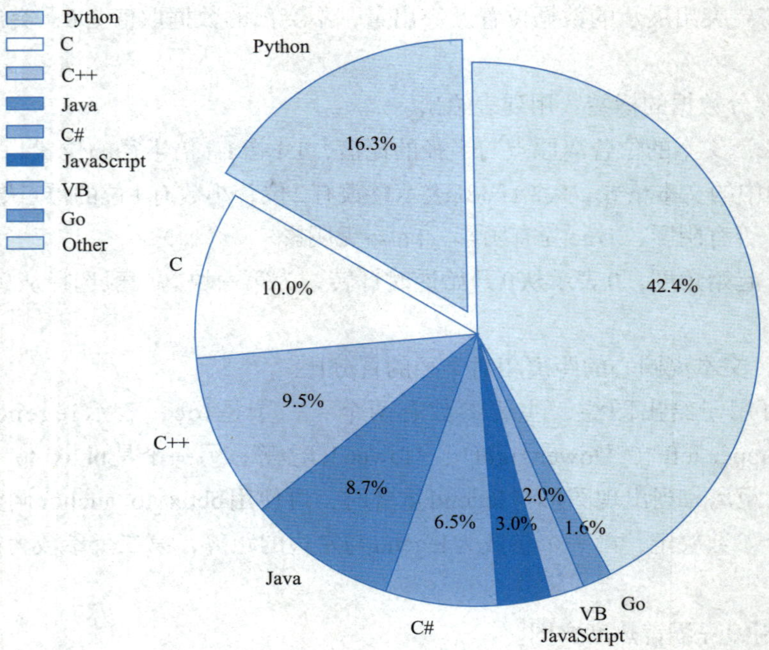

图 9.19　编程语言热度饼图

2. 直方图

直方图是以数据组的各个数字为横轴，各个数字在组中出现的次数为纵轴作条形图，是一个可以快速展示数据概率分布的工具，直观易于理解，在数据分析和处理方面被广泛应用。

直方图可应用hist()函数绘制，其主要参数的意义分别为：

```
matplotlib.pyplot.hist(x, bins=None, range=None, density=None,
weights=None, cumulative=False, bottom=None, histtype='bar', align='mid',
orientation='vertical', rwidth=None, log=False, color=None, label=None,
stacked=False, normed=None, hold=None, data=None, **kwargs)
```

（1）x：包含数据的数组。

（2）bins：划分的区间数量，即多少个条形图，整数。

（3）normed：布尔型，是否将直方图的频数转换成频率，默认为1。

（4）histtype：绘制直方图的类型，其值有 'bar'、'barstacked'、'step'、'stepfilled' 可选，默认值为 'bar'。'bar' 是传统的柱型图，多组数据时，水平并列排放。'barstacked' 是柱型图，多组数据时，垂直堆叠摆放。'step' 是只产生线型轮廓图不填充。'stepfilled' 是产生线型轮廓图填充默认颜色。

（5）color：直方图的颜色。

（6）orientation：可设为 'horizontal' 或 'vertical'，控制直方图方向为水平或竖直，默认为垂直方向。

函数可有3个返回值：

（1）n：数组或数组的列表，其值为落在每个区间的频度（数量）。

（2）bins：一个数组，值为划分的区间的边界数字。

（3）patches：用于创建直方图补充参数列表。

实例 9.15　绘制成绩分布直方图。

实例说明：现有一个包含学生考试成绩的数据文件his.txt，请根据该数据绘制直方图以统计各分数段的人数。

实例数据：his.txt

91.1748

81.64305

93.0148

84.629425

…

95.95105

60

实例代码：

```
import numpy as np
import matplotlib.pyplot as plt

# 将文件中的数据读到列表中，并转为浮点数
with open('../12 data/txt/his.txt', 'r', encoding='utf-8') as inFile:
    amount = [float(line.strip()) for line in inFile]   # 读数据到列表

arrAmount = np.array(amount)                            # 将列表amount转为数组
n, bins = np.histogram(arrAmount, 20)                   # 生成直方图数据，分成20组
plt.hist(arrAmount, 20, color='g', edgecolor='b') # 画直方图，分成20组，绿色，蓝色边框
plt.xlabel('成绩', fontproperties="SimHei")             # 设置x轴标签，指定中文字体
plt.xticks(np.arange(0, 101, 10))                       # 设置x轴标记，显示0～100，间隔10
plt.yticks(np.arange(0, max(n), 5))                     # 设置y轴标记，显示0～最大值，间隔5
plt.ylabel('数量', fontproperties="SimHei")             # 设置y轴标签
plt.title('成绩分析直方图', fontproperties="SimHei") # 设置图名
plt.show()                                              # 显示绘制结果
```

上述代码中读取文件将其转为数组的操作也可以用numpy中读文件的方法实现，用以下代码替换：

```
arrAmount= np.loadtxt('his.txt')
```

绘制结果如图9.20所示。

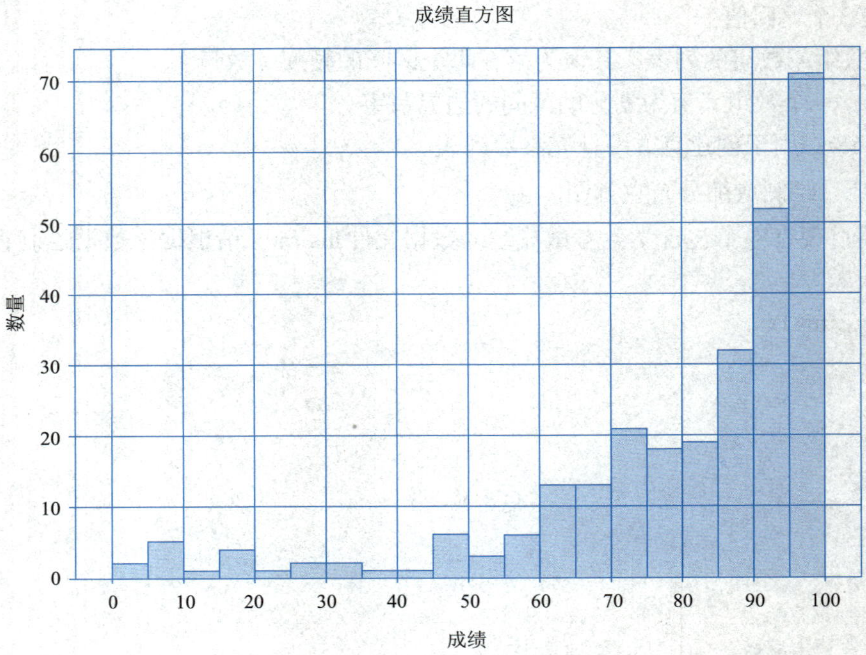

图 9.20　成绩分布直方图

规范的写法是将问题分解为三个子问题分别定义函数实现，代码的结构更清晰，逻辑更简单，可维护性也更好。代码如下：

```
import matplotlib.pyplot as plt
import numpy as np

plt.rcParams['font.sans-serif'] = ['FangSong']     # 支持中文显示
plt.rcParams['axes.unicode_minus'] = False          # 正常显示负号

def read_csv(filename):
    """接收文件名为参数，读取文件中的数据到二维列表中，返回二维列表"""
    with open(filename, 'r', encoding='utf-8') as fr:
        amount = [float(line) for line in fr]
        return amount

def draw_hist(amount):
    """接收二维列表为参数，绘制数据曲线"""
    amount_array = np.array(amount)                     # 列表amount转数组
    plt.hist(amount_array, 20, color='g', edgecolor='b')

def draw_label():                                       # 加图名和轴标签
    plt.xlabel('成绩')                                  # x轴标签
    plt.title('成绩直方图')                             # 图名
    plt.ylabel('数量')                                  # y轴标签
    plt.xticks(np.arange(0, 101, 10))                   # x轴刻度
    plt.grid()                                          # 显示网格线
```

```
if __name__ == '__main__':
    file = 'his.txt'                                # 读取文件中的数据到二维列表中
    score_lst = read_csv(file)                      # 绘制数据曲线
    draw_hist(score_lst)                            # 加图名和轴标签
    draw_label()                                    # 显示绘制结果
    plt.show()
```

3. 柱形图

柱形图又称长条图、柱状统计图、条图、条状图、棒形图，是一种以长方形的长度为变量的统计图表。柱形图用来比较两个或以上的价值，只有一个变量，通常用于较小的数据集分析。柱形图亦可横向排列，或用多维方式表达。

柱形图应用bar()函数绘制，其主要参数与意义如下：

```
    matplotlib.pyplot.bar(x, height, width=0.8, bottom=None, *, align='center',
data=None, **kwargs)[source]
```

（1）x：柱形图的 x 坐标，也可以是一个数组，表示多组条形图的x坐标。参见 align 参数，了解条形图与x坐标的对齐方式。

（2）height：柱形图的高度，可以是一个数组，表示多组条形图的高度。

（3）width：柱形图的宽度，可以是一个数组，表示多组条形图的宽度，默认值为 0.8。

（4）bottom：柱形图的底部 y 坐标，可以是一个数组，表示多组条形图的底部 y 坐标，默认值为0。

（5）align：柱形图与x坐标的对齐方式，可选值为 'center' 和 'edge'，默认值为 'center'。如果想要将条形图与x坐标的右侧对齐，可以传入一个负的width值，并将align设置为 'edge'。

实例 9.16 绘制地铁里程柱形图。

实例说明： 查询截至2024年4月全国地铁里程开通前10位的城市的数据，绘制柱形图。

实例代码：

```
import matplotlib.pyplot as plt

plt.rcParams['font.sans-serif'] = ['FangSong']   # 支持中文显示
plt.rcParams['axes.unicode_minus'] = False       # 正常显示负号

metro = {'上海': 864.8, '北京': 836.0, '广州': 641.5, '成都': 601.7,
         '深圳': 567.1, '武汉': 529.6, '杭州': 516.0, '重庆': 494.6,
         '南京': 472.3, '青岛': 357.0}
x = list(metro.keys())                                   # 城市名
y = list(metro.values())                                 # 运营里程
plt.bar(x, y, width=1, edgecolor="white", linewidth=0.7)  # 绘制柱状图
plt.xticks(x)                                            # 设置x轴刻度
plt.yticks(range(0, 950, 100))                           # 设置y轴刻度
plt.ylabel('总长度(km)')                                  # y轴标签
plt.title('2024年5月中国城市地铁运营里程前十名')             # 图名
for x, y in metro.items():                               # 遍历字典的键与值
    plt.text(x, y + 10, "%s" % y)                        # 显示数值
plt.show()                                               # 显示绘制结果
```

绘制结果如图9.21所示。

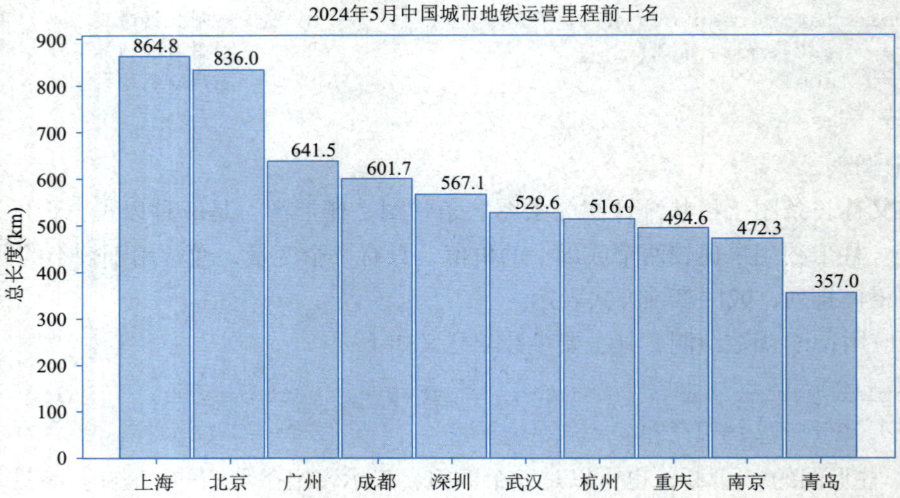

图 9.21　部分城市地铁开通里程图

实例 9.17　绘制智能手机市场份额柱形图。

实例说明： 2020年中国区智能手机市场中，华为出货12 490万台，占中国市场份额38.3%；vivo出货5 750万台，占中国市场份额17.7%；OPPO出货5 670万台，占中国市场份额17.4%；小米出货3 900万台，占中国市场份额12%；苹果排名第五，出货3 620万台，占中国市场份额11.1%；绘制市场份额条形图。

实例代码：

```
import matplotlib.pyplot as plt

plt.rcParams['font.family'] = ['Simsun']          # 设置中文字体
brands = ['A', 'B', 'C', 'D', 'E']   # 品牌列表
market_shares = [38.3, 17.7, 17.4, 12.0, 11.1]    # 市场份额列表
fig, ax = plt.subplots()                # 创建一个包含单个轴的图形
bar1 = ax.bar(brands, market_shares, label='市场份额',
              color=['tab:blue', 'tab:orange', 'tab:green',
                     'tab:red', 'tab:purple'])  # 绘制条形图设置颜色
for i, rect in enumerate(bar1):         # 遍历每个条形图
    height = rect.get_height()          # 获取条形图的高度
    ax.annotate(f'{height:.1f}', textcoords='offset points',
                xy=(rect.get_x() + rect.get_width() / 2, height),
                xytext=(0, 3), ha='center', va='bottom')

ax.set_ylabel('数量（百万台）')          # 设置y轴标签
ax.set_title('中国智能手机市场份额')     # 设置图表标题
ax.legend()                             # 添加图例
plt.show()                              # 显示图形
```

绘制结果如图9.22所示。

堆叠柱形图可用于可视化离散分布，下面有2019—2022年中国市场智能手机的销售份额数

据，绘制水平柱形图，展现各年份额的同时，通过水平堆叠实现4年份额的累积。

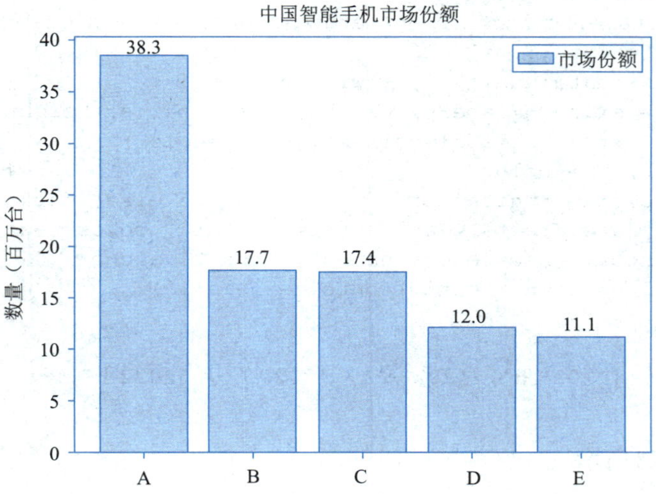

图 9.22 智能手机市场份额柱形图

各品牌手机2019-2022年销售份额数据如下：

'A': [38.5, 38.3, 10, 7.9],

'B ': [17.0, 17.7, 22, 19.2],

'C ': [17.8, 17.4, 21, 17.5],

'D': [10.5, 12.0, 15, 13.9],

'E': [7.5, 11.1, 16, 18],

'F': [13, 10, 10, 16.7]

实例代码：

```
import numpy as np
import matplotlib.pyplot as plt

plt.rcParams['font.family'] = ['Simsun']                    # 设置中文字体为宋体
plt.rcParams['axes.unicode_minus'] = False                  # 正常显示负号
# 定义一个字典，包含每个品牌的四年份额
results = {'A': [38.5, 38.3, 10, 7.9], 'B': [17.0, 17.7, 22, 19.2],
           'C ': [17.8, 17.4, 21, 17.5], 'D': [10.5, 12.0, 15, 13.9],
           'E': [7.5, 11.1, 16, 18], 'F': [13, 10, 10, 16.7]}

def survey(results, category_names):
    """接受品牌与份额列表的字典和年份列表为参数，绘制堆叠条形图。"""
    labels = list(results.keys())                           # 获取品牌名称列表
    data = np.array(list(results.values()))                 # 获取份额列表
    data_cum = data.cumsum(axis=1)                          # 计算累计份额
    category_colors = plt.colormaps['RdYlGn'](
        np.linspace(0.15, 0.85, data.shape[1]))             # 生成颜色映射
    fig, ax = plt.subplots(figsize=(9.2, 5))                # 创建一个图表和一个子图
    ax.invert_yaxis()                                       # 反转y轴
    ax.xaxis.set_visible(False)                             # 隐藏x轴
```

```
    ax.set_xlim(0, np.sum(data, axis=1).max())                # 设置x轴范围
    # 遍历每个品牌，绘制堆叠条形图
    for i, (colname, color) in enumerate(zip(category_names, category_colors)):
        widths = data[:, i]                                   # 获取每个品牌的份额
        starts = data_cum[:, i] - widths                      # 计算每个品牌的累计份额
        rects = ax.barh(labels, widths, left=starts, height=0.5,
                        label=colname, color=color)
        r, g, b, _ = color                                    # 获取颜色的RGB值
        text_color = 'white' if r * g * b < 0.5 else 'darkgrey'
        ax.bar_label(rects, label_type='center', color=text_color)
    ax.legend(ncol=len(category_names), bbox_to_anchor=(0, 1),
              loc='lower left', fontsize='small')             # 添加图例
    return fig, ax                                            # 返回图表和子图

survey(results, ['2019年', '2020年', '2021年', '2022年'])     # 调用函数
plt.show()                                                    # 显示图形
```

绘制结果如图 9.23 所示。

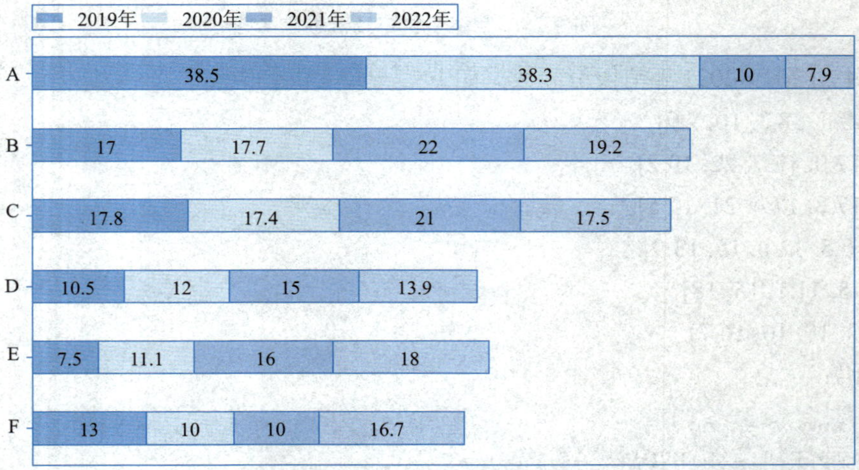

图 9.23　手机份额堆叠柱形图

4. 散点图

散点图是指在回归分析中，数据点在直角坐标系平面上的分布图，散点图表示因变量随自变量而变化的大致趋势，据此可以选择合适的函数对数据点进行拟合。散点图将序列显示为一组点，值由点在图表中的位置表示，类别由图表中的不同标记表示，通常用于比较跨类别的聚合数据。

散点图应用函数绘制，其主要参数与意义如下：

```
scatter(x, y, s=None, c=None, marker=None,
cmap=None, norm=None, vmin=None, vmax=None, alpha=None, linewidths=None,
verts=None, edgecolors=None, hold=None, data=None, **kwargs)
```

（1）x、y：点的坐标。

（2）c：颜色。

（3）marker：点的形式，默认为圆点。

（4）edgecolors：轮廓颜色。

实例 9.18 绘制身高体重散点图。

实例说明：文件health.csv中保存有某校学生身高和体重的数据，第1列为性别，“1”代表男生，“2”代表女生，第2列和第3列分别为身高和体重的数据，绘制身高和体重的散点图，男生和女生用不同标记区分。

先绘制男生数据的散点图（见图9.24），发现有一个异常的数据点，可以通过修改显示范围去除异常数据。

实例代码：

```
import matplotlib.pyplot as plt

def read_file(file):
    """读取文件数据到列表中，返回列表"""
    with open(file, 'r') as f:
        ls = [x.strip().split(',') for x in f]                        # 读逗号分隔数据
    return ls

def plot_scatter(ls):
    """分别根据男生身高和体重数据绘制散点图"""
    boy_height = [float(x[1]) for x in ls if int(x[0]) == 1] # 男生身高数据
    boy_weight = [float(x[2]) for x in ls if int(x[0]) == 1] # 男生体重数据
    plt.scatter(boy_height, boy_weight)                           # 绘制散点图

if __name__ == '__main__':
    filename = 'health.csv'                                       # 文件路径
    data_lst = read_file(filename)                                # 读取文件数据
    plot_scatter(data_lst)                                        # 绘制散点图
    plt.show()                                                    # 显示图形
```

绘制结果如图9.24所示。

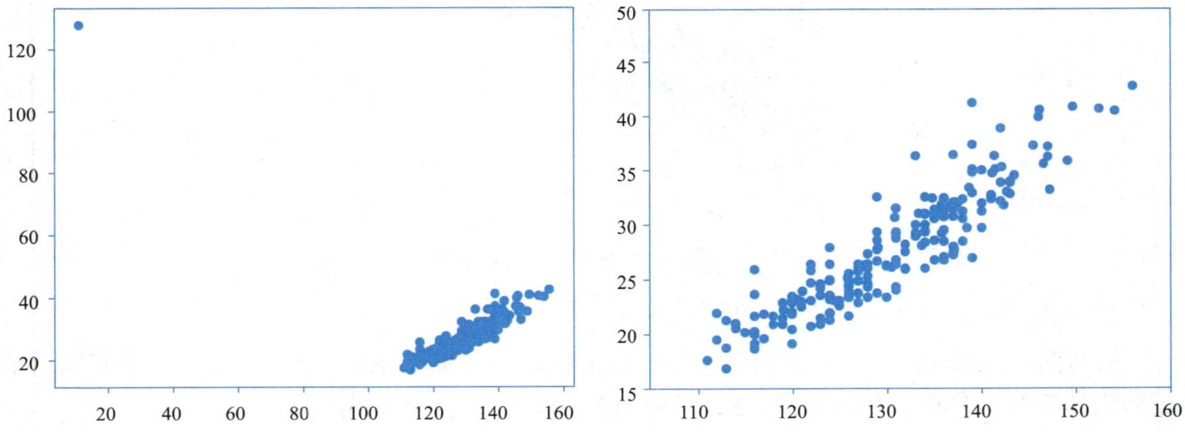

图 9.24 身高体重散点图消除异常数据

完整实现代码如下：

```
import matplotlib.pyplot as plt

def read_file(file):
    with open(file, 'r') as f:
        ls = [x.strip().split(',') for x in f]                    # 读逗号分隔数据
    return ls
def plot_scatter(ls):
    # 分别取出男生身高和体重两列数据
    boy_height = [float(x[1]) for x in ls if int(x[0]) == 1]     # 男生身高数据
    boy_weight = [float(x[2]) for x in ls if int(x[0]) == 1]     # 男生体重数据
    plt.scatter(boy_height, boy_weight, c='b', marker=(5, 1))   # 蓝颜色，五角星
    girl_height = [float(x[1]) for x in ls if int(x[0]) == 2]    # 女生身高数据
    girl_weight = [float(x[2]) for x in ls if int(x[0]) == 2]    # 女生体重数据
    plt.scatter(girl_height, girl_weight, c='g')                 # 绿颜色，默认圆点
    plt.xlim(105, 160)                                           # x取值范围设置
    plt.ylim(15, 50)                                             # y取值范围设置
if __name__ == '__main__':
    filename = 'health.csv'
    data_lst = read_file(filename)
    plot_scatter(data_lst)
    plt.show()
```

绘制结果如图 9.25 所示。

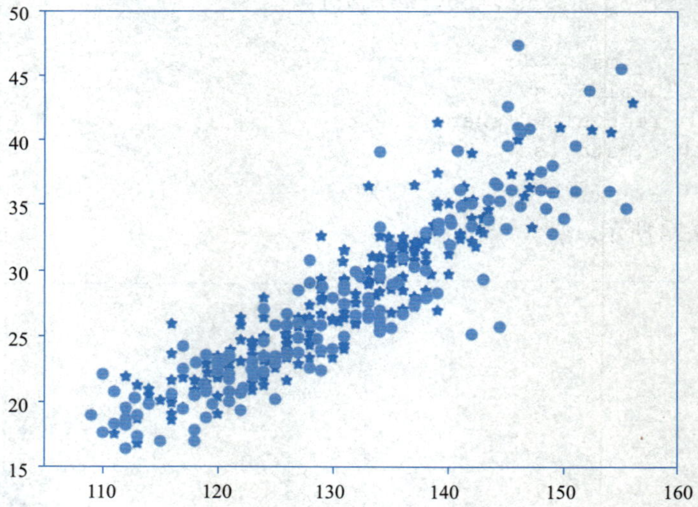

图 9.25　身高体重散点图

5. 雷达图

雷达图（radar chart），又称戴布拉图、蜘蛛网图（spider chart），是一种以二维形式展示多维数据的图形。在财务领域应用较多，常用于企业经营状况和财务分析。

实例 9.19　绘制成绩雷达图。

实例说明： 某学校进行了一次考试，三个专业的各门课程平均成绩数据见表 9.18，需要

对这三个专业的整体成绩做出评估，为接下来的教学计划做出指导，绘制雷达图对数据进行展示。

表 9.18 课程成绩

专 业	课程和成绩				
	C 语言	Java	Python	C#	JavaScript
软件工程	95	96	85	63	91
计算机科学与技术	75	93	66	85	88
网络工程	86	76	96	93	67

实例代码：

实例数据：scoreRadar.txt。

```
import matplotlib.pyplot as plt
import numpy as np

plt.rcParams['font.sans-serif'] = ['FangSong'] # 指定默认字体为仿宋
plt.rcParams['axes.unicode_minus'] = False      # 正常显示负号

def read_csv(file):
    """接收文件名为参数，读取文件中的数据到二维列表中，返回二维列表"""
    with open(file, 'r', encoding='utf-8') as data:
        score_ls = [line.strip().split('\t') for line in data]
    return score_ls                                 # 返回二维列表

def plot_radar(score):
    """接收二维列表为参数，绘制雷达图"""
    labels = np.array(score)[0, 1:]   # 序号0的行中序号1以后的列作标签
    data_lenth = 5                                  # 数据个数
    cl = ['b', 'g', 'r']                            # 线条颜色
    angles = np.linspace(0, 2 * np.pi, data_lenth, endpoint=False)
    angles = np.append(angles, [angles[0]])         # 加上起点，闭合折线
    fig = plt.figure()                              # 创建画布
    ax = fig.add_subplot(111, polar=True)           # 创建子图，极坐标
    for i in range(1, 4):                           # 逐条绘制各专业曲线
        score_new = np.array(score[i][1:]).astype(int)        # 第i个专业成绩
        data = np.append(score_new, [score_new[0]])           # 闭合曲线
        ax.plot(angles, data, color=cl[i - 1], linewidth=2)   # 画线
        ax.set_thetagrids(angles[:-1] * 180 / np.pi, labels)  # 设置网格标签
    ax.set_title("成绩雷达图", va='bottom')                   # 设置标题
    ax.set_rlim(0, 100)                                       # 径向刻度标签
    ax.grid(True)                                             # 显示网格线

if __name__ == '__main__':
    file = 'scoreRadar.txt'                         # 文件名
    score_lst = read_csv(file)                      # 读取文件中的数据到二维列表中
    plot_radar(score_lst)                           # 绘制雷达图
    plt.show()                                      # 显示绘制结果
```

绘制结果如图 9.26 所示。

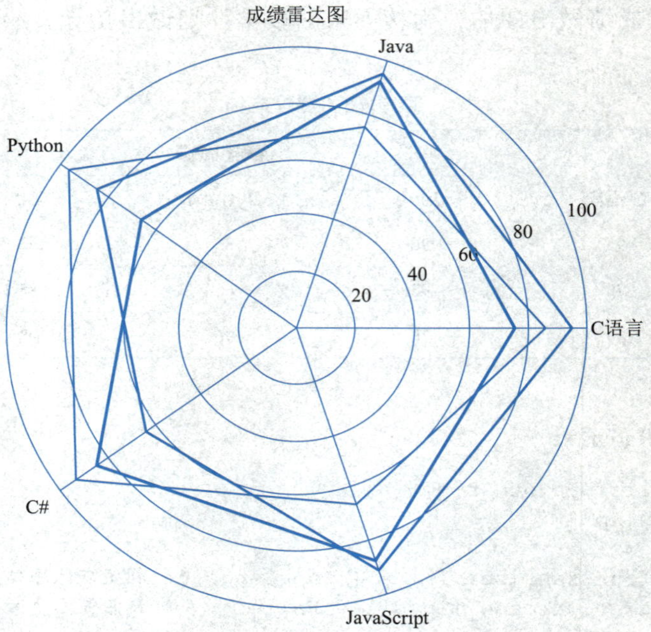

图 9.26　成绩雷达图

9.3.7　词云

词云，也称文字云，是一种应用广泛的数据可视化方法。它可过滤掉文本中大量的低频信息，对出现频率较高的“关键词”予以视觉化展现，使得浏览者只要一眼扫过云词就可领略文本的主旨。Python 中可导入 wordcloud 库，借助 wordcloud 库制作词云。

```
wordcloud.WordCloud(font_path=None, width=400, height=200, margin=2,
    ranks_only=None, prefer_horizontal=0.9, mask=None,
    scale=1, color_func=None, max_words=200,
    min_font_size=4, stopwords=None, random_state=None,
    background_color='black', max_font_size=None,
    font_step=1, mode='RGB', relative_scaling='auto',
    regexp=None, collocations=True, colormap=None,
    normalize_plurals=True, contour_width=0,
    contour_color='black', repeat=False, include_numbers=False,
    min_word_length=0, collocation_threshold=30)
```

主要参数说明：

WordCloud 支持的常用方法见表 9.19，应用较多的是用 generate(text) 方法根据文本生成词云和用 fit_words(frequencies) 方法根据词频生成词云。

表 9.19　常用词云生成方法

方　法	说　明
fit_words(frequencies)	根据词频生成词云，参数为包含词与词频的字典，为 generate_from_frequencies 的别名
generate(text)	根据文本生成词云，是 generate_from_text 的别名

续表

方　法	说　明
generate_from_frequencies(frequencies)	根据词频生成词云，参数为词频字典
generate_from_text(text)	根据文本生成词云，如果参数是排序的列表，需要设置 'collocations=False'，否则会导致每个词出现两次。
process_text(text)	将长文本分词并去除stopwords，返回值为词频字典
recolor(self[,random_state,color_func,…])	重着色
to_array(self)	转为NumPy数组
to_file(self,filename)	导出为图片文件
to_svg(self[,embed_font,…])	导出为SVG

Wordcloud的主要参数及作用见表9.20。

表 9.20　wordcloud 的主要参数及作用

wordcloud 属性	作　用
font_path	字符串类型，字体路径（windows下默认字体路径为C:\Windows\Fonts\ 如果是自行安装的字体，可能会在C:\Users\用户名\AppData\Local\Microsoft\Windows\Fonts\）
width	整数类型，生成词云的宽度，默认为400
height	整数类型，生成词云的高度，默认为200
prefer_horizontal	浮点类型，词语水平方向排版出现的频率，默认：0.9
mask	默认None，可设为数组用于按特定形状显示词云
scale	浮点类型，按照比例进行放大画布，默认为1
min_font_size	整数类型，显示的最小的字体大小，默认为4
max_font_size	整数类型，显示的最大的字体大小，默认为无
margin	整数类型，边缘空白宽度，默认为2
font_step	整数类型，字体步长，默认为1
max_words	整数类型，要显示的词的最大个数，默认为200
background_color	字符串类型，背景颜色，默认为黑色
stopwords	设置需要屏蔽的词，如果为空，则使用内置的STOPWORDS
relative_scaling	浮点类型，词频和字体大小的关联性，默认为auto
regexp	字符串类型，使用正则表达式分隔输入的文本
collocations	布尔类型，是否包括两个词的搭配
colormap	给每个单词随机分配颜色，若指定color_func，则忽略该方法
normalize_plurals	布尔类型，是否删除单词中的s，如果使用generate_from_frequencies，则将其忽略，默认为True
contour_width	浮点类型，如果mask不是None和contour_width > 0，则绘制mask遮罩轮廓，默认为0
contour_color	字符串类型，mask遮罩轮廓颜色，默认为black
repeat	布尔类型，是否重复单词和短语，直到达到max_words或min_font_size，默认为False

续表

wordcloud 属性	作　用
include_numbers	布尔类型，是否将数字包含为短语，默认为False
min_word_length	整数类型，一个单词必须包含的最小字母数。默认：0
mode	颜色模式，默认为“RGB”。如果想设置透明底色的云词图，可以设置background_color=None，mode="RGBA"

实例 9.20　绘制英文词云。

1. 英文词云

英文文本中单词间用空格进行分隔，所以英文文本的词云制作比较简单，将读取文本文件对象作为参数传递给WordCloud()的generate()函数即可，默认词云的背景为黑色。

实例说明：文件“gone with the wind.txt”是小说*gone with the wind*的全文，绘制这本小说的词云。

WordCloud()的generate()方法可以直接根据英文字符串文本生成词云，所以绘制英文词云时，只需要将文件中的文本读入到字符串中并传递给generate()即可。

最初的绘制结果中会有很多无意义的虚词，如of、the、and、is、to等，可以考虑加停用词将其过滤掉。停用词可以用wordcloud模块内置的STOPWORDS，也可以自己构建。

实例代码：

```
from wordcloud import WordCloud, STOPWORDS          # 导入词云库，停用词
import matplotlib.pyplot as plt

def file_to_string(filename):
    """接收文件名为参数，读取文件中的数据到字符串中，返回字符串"""
    with open(filename, 'r', encoding='utf-8') as f:  # 文字来源
        return f.read()                             # 返回读取文件内容得到的字符串

def draw(text):
    """接收字符串为参数，绘制词云"""
    wc = WordCloud(max_words=80,                    # 设置显示高频单词数量
                   width=600,                       # 设置图片的宽度
                   height=400,                      # 设置图片的高度
                   background_color='White',        # 设置背景颜色
                   max_font_size=150,               # 设置字体最大值
                   stopwords=STOPWORDS,             # 去除停用词
                   margin=5,                        # 设置图片的边缘
                   scale=1.5)                       # 按照比例放大画布
    wc.generate(text)                               # 根据文本内容直接生成词云
    plt.imshow(wc)                                  # 将数组数据渲染成图像
    plt.axis("off")                                 # 不显示坐标轴
    wc.to_file('dream.png')                         # 词云保存为图片
    plt.show()                                      # 显示图像

if __name__ == '__main__':
    filename = 'gone with the wind.txt'             # 用于生成词云的文本文件名
```

```
    txt = file_to_string(filename)                    # 读取文件中的文本，生成字符串
    draw(txt)                                          # 绘制词云
```

绘制结果如图9.27所示。

图 9.27 英文词云绘制

2. 中文词云

中文词之间无分隔，所以中文词云的制作略麻烦，需要提前对文本进行分词处理。jieba是目前应用较广泛的一个中文分词库，可以导入jieba利用它进行分词再绘制词云。jieba分词有三种模式：精确模式（默认）、全模式和搜索引擎模式，下面分别举例介绍：

```
import jieba

txt = '我想和朋友一起去武汉理工大学参观学习。'
print(jieba.lcut(txt))                        #精确模式
print(jieba.lcut(txt,cut_all = True))         #全模式
print(jieba.lcut_for_search(txt))             #搜索引擎模式
```

输出结果：

```
['我', '想', '和', '朋友', '一起', '去', '武汉理工大学', '参观', '学习', '。']
['我', '想', '和', '朋友', '朋友', '一起', '去', '武汉', '武汉理工', '武汉理工大学', '理工', '理工大', '理工大学', '工大', '大学', '参观', '学习', '', '']
['我', '想', '和', '朋友', '朋友', '一起', '去', '武汉', '理工', '工大', '大学', '理工大', '武汉理工大学', '参观', '学习', '。']
```

从输出结果可以看到，精确模式的可以输出准确的分词；全模式时，输出所有可能组合的词，冗余较多；搜索引擎模式时，输出精确分词，再对长词进一步切分。一般情况下，推荐使用精确模式。

中文文本能够切分成词就可以用英文词云相同的方法制作词云。需要注意的是，制作中文词云时，务必要明确指定中文字体，否则中文无法正确显示。

实例 9.21 绘制中文词云。

实例说明： 根据文本文件“平凡的世界.txt”的内容制作中文词云，以一个球为背景图片。

实例代码：

```
import jieba.analyse                 # 导入jieba库的analyse模块
from PIL import Image                # 导入PIL库中的Image模块
import numpy as np                   # 导入numpy库
import matplotlib.pyplot as plt      # 导入matplotlib库中的pyplot模块
from wordcloud import WordCloud      # 导入词云库中的WordCloud模块


def file_to_string(file):
    """接收表示文件名的字符串，读取文件内容为一个字符串，返回这个字符串。"""
    with open(filename, 'r', encoding='utf-8') as f:  # 打开文件，创建文件对象
        text = f.read()                          # 文章内容读取为字符串
    return text                                  # 返回读取得到的字符串

def text_analysis(text):
    """接收一个字符串类型的参数，统计每个词的权重，将其转为词频字典并返回字典。"""
    result = jieba.analyse.textrank(text, topK=50, withWeight=True)
    word = dict()                                # 创建一个空字典
    for i in result:                             # 遍历列表，生成字典
        word[i[0]] = i[1]                        # 生成关键字与权值字典
    return word                                  # 返回关键字与权值字典

def draw(word, image):
    """接收词的权值字典和背景图片文件对象为参数，绘制带背景图片的词云"""
    graph = np.array(image)                      # 图片转数组
    wc = WordCloud(font_path='msyh.ttc',         # 中文字体
                   background_color='White',     # 设置背景颜色
                   mask=graph,                   # 设置背景图片
                   max_font_size=240,            # 设置字体最大值
                   scale=1.5)                    # 按照比例进行放大画布
    wc.generate_from_frequencies(word)           # 生成词云
    plt.imshow(wc)                               # 将矩阵数据渲染成图像
    plt.axis("off")                              # 不显示坐标轴
    wc.to_file('The_Ordinary_World.png')         # 词云保存为图片
    plt.show()                                   # 显示图像

if __name__ == '__main__':
    filename = '平凡的世界.txt'             # 用于生成词云的文本文件名
    txt = file_to_string(filename)         # 读取文件中的文本，生成字符串
    words = text_analysis(txt)             # 利用jieba对文本进行分词，并统计词频
    images = Image.open('ball.jpg')        # 打开背景图片，创建文件对象
    draw(words, images)                    # 调用函数绘制词云
```

绘制结果如图 9.28 所示。

图 9.28　中文词云绘制

小结

通过本章的学习，掌握网络爬虫的基本原理和简单爬虫程序的编写，能够利用爬虫获取网络上的数据。学习利用pandas从各类文件或数据库中读取数据的方法，以及对数据进行基本统计的方法。掌握利用Matplotlib库绘制函数图像或根据数据绘制曲线的方法，以及对图像进行标注与美化的方法。

实训

实训要求： 文本文件tiobe202405.txt中存储了截至2024年5月程序设计语言排行榜的前10种编程语言的数据，对数据做合适的处理，绘制这10种语言的变化曲线图、2024年5月各语言占比例的饼图和柱状图。

第 10 章 面向对象程序设计

在面向过程的程序设计中，编程的核心思路就是先干什么后干什么。面向对象的程序设计思想的核心是创建的对象能具有什么功能和什么时候调用这个对象完成什么功能。面向对象编程相比于面向过程更灵活也更容易扩展，对于软件开发来说更容易分配任务。通过封装可以避免外界的干扰，通过继承可以减少冗余代码。

Python 中模块与包都是为了实现模块化引用，让程序的组织更清晰有条理。标准库包含了多个 C 语言编写的内置模块可用于实现系统级功能，还有大量以 Python 编写的模块，提供了编程中许多问题的标准解决方案。在标准库以外，还存在数十万并且不断增加的其他组件集，包括单独的程序和模块到软件包以及完整的应用程序开发框架，这些组件集需要安装后使用。

思维导图

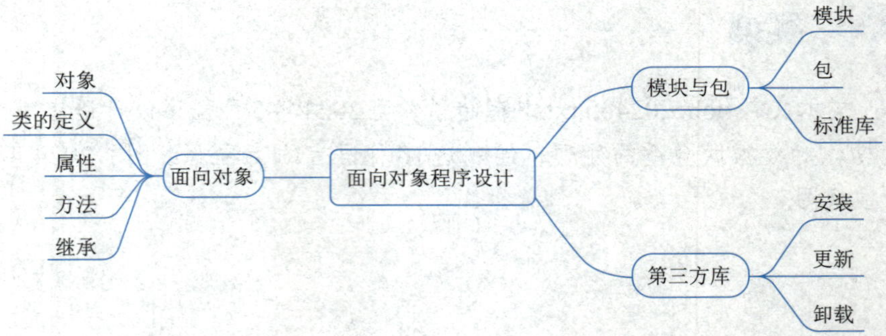

10.1 面向对象

面向对象编程有三大基本特征：封装、继承、多态。封装是面向对象编程的核心，将对象的属性和行为（方法）封装起来，产生对象的载体就是类。封装之后类会隐藏自己的细节，其他人可以调用但是不知道内部结构。继承是指面向对象编程中，类可以延伸出自己的子类，其子类具有父类的属性和行为，同时可以发展自己的属性和行为。子类的实例对象是父类的对象，父类的实例对象不一定是子类的实例对象。例如，动物是一个类，小羊肖恩是动物类的实例对象。人类是动物类的子类，张三是人类的实例对象，同时也是动物类的实例对象，但是不能说小羊肖恩是人类的实例对象。动物类有一些属性（如性别、年龄等），也有一些行为（如进食）。人类继承了动物类的属性和行为，同时可以发展自己的属性和行为，例如，姓名属性和读书行为。

10.1.1　对象

Python中任何一个具有属性和方法的事物都可以称作对象，对于一类对象的抽象就称为类（class）。"Hello World"是一个对象，它的类型是字符串，字符串是一个类，"Hello World"就称为字符串类的一个具体实例。一般来说，一类对象具有相同的属性的方法，如图10.1所示。

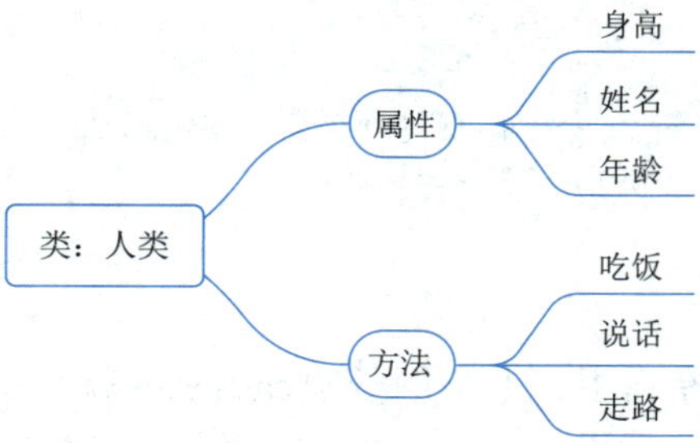

图 10.1　类的属性与方法

对象具有唯一性，每一个对象都是独立的个体，都有自己的特点和行为，对象与对象之间可以有联系，也可以有相互作用。例如，人类是一个类，张三、李四都是对象，他们具有同样的属性，如身高、姓名、年龄、体重。他们都有相同的行为，如吃饭、走路、说话等。

10.1.2　类的定义

Python中通过class关键字定义类：

```
class ClassName:
    """类的文档注释信息"""
    pass          # 类的主体，此处省略，pass只起占位作用
```

类的命名首字母大写，通过大写字母区分多个单词。类的文档注释信息便于其他开发者了解这个类的作用，具体格式各地要求不一样。其他开发者可以通过help()函数查看开发者写的文档注释信息。类的主体，主要由一些方法属性的定义语句组成，这里先写个pass占位，保证程序结构完整性。

定义好类之后并不会直接创建一个实例，可以把类理解成一个模板，通过这个模板创建实例化类的对象。创建类的实例语法和赋值类似，通过变量名、赋值符号、类名加括号实现。例如：

```
class Car:
    """这里将定义一个汽车类"""
    pass

myCar = Car()    # 创建汽车类的实例myCar
```

类的括号中可以加参数，但是类中要有构造器__init__()方法，这样才能把传进去的参数变成实例对象的属性。创建类之后，可以手动创建一个实例方法__init__()，其的作用是创建实例。实例方法第一个参数永远是self，Python会自动传递self参数。所以，如果__init__()方法只有这一个参数时创建实例时就不需要填参数。后面的参数可以在创建实例时把参数传进来，这样可以初始化类内部的一些属性。例如：

```
class Car:
    """这里将定义一个汽车类"""
    carSeries = ""

    def __init__(self, series):
        self.carSeries = series

myCar = Car('红旗H9')            # 创建汽车类的实例myCar，并传入参数
print(myCar.carSeries)           # 红旗H9
```

10.1.3 属性

属性和变量的区别是属性有宿主，上个例子中carSeries就是一个属性，其宿主就是myCar这个实例，所以需要用myCar.carSeries语句才能查看内容。与之类似还有对象属性，每个对象都有自己的属性，对象的属性可以添加、查看、修改、删除。添加和修改可以直接通过赋值语句，如果不存在这个属性就是添加，存在就是修改：

```
myCar.type = "SUV"               # 给实例myCar添加type属性，属性值是"SUV"
myCar.type = "sports car"        # 修改myCar的type属性的值
```

用print()语句可以查看宿主（实例对象）的属性：

```
print(myCar.type)                # myCar是实例对象，输出sports car
```

可以通过__dict__属性查看对象的所有属性（和方法）：

```
print(myCar.__dict__)            # {'carSeries': '红旗H9', 'type': 'sports car'}
```

用del关键字可以删除属性：

```
del myCar.type                   # 删除myCar的type属性
print(myCar.type)                # 会报错并且提示myCar没有type属性
```

类的属性同样也有增查改删，语法和对象属性基本一样。

```
Car.max_fuel = 70                # 新增max_fuel属性
Car.max_fuel = 50                # 修改max_fuel属性的值
print(Car.max_fuel)              # 查看Car的max_fuel属性的值
print(Car.__dict__)              # 查看Car的所有属性，发现新增了'max_fuel': 50
```

当这个类实例化之后，实例对象也具有这些属性。这时如果更改类的属性同时会更改实例对象的属性，但是更改实例对象的属性不会更改类的属性。虽然实例对象有类的属性，但是通过__dict__查看实例对象中的属性时是空的，如果实例对象的属性被改过，__dict__属性则会显

示。这很好理解，当想查看实例对象的属性时，计算机会先看实例上有没有这个属性，如果有，就直接拿出来用；如果没有，去找实例对象的类，如果它的类有这个属性，这个实例就取类的属性的值。例如：

```
class Student:
    """定义Student类，有一个年龄属性"""
    age = 18                                          # 类属性age的值是18

zhangsan = Student()                                  # 实例化
print(zhangsan.age)                                   # 输出age属性值，18
print(zhangsan.__dict__)                              # 实例没有自己的属性，输出{}
zhangsan.age = 19                                     # 更改zhangsan实例age属性的值
print(zhangsan.__dict__)                              # 实例增加了一个属性{'age': 19}
print(Student.__dict__)                               # 类的属性未发生变化{..., 'age': 18,...}
```

可以通过@property语句把方法转化成属性，这样就可以让类的属性根据其他的值变化而变化。例如：

```
current_year = 2022                                   # 定义全局变量，当前年份
class Student:
    def __init__(self, born_year):                    # 定义__init__()方法
        self.born_year = born_year                    # 出生年份

    @property                                         # 将方法转化成属性
    def age(self):                                    # 计算年龄的实例方法
        return current_year-self.born_year # 返回年龄

zhangsan = Student(2002)                              # 实例化Student类
print(zhangsan.age)                                   # 输出20
```

Python通过属性名来决定属性的访问权限，如果属性名之前和之后都有两个下画线，这种属性一般是内置的特殊属性，例如上面的__dict__属性。如果属性名之前没有下画线，这个属性就是一个公有属性。公有属性可以被类和子类内部访问，也可以被类外部访问，甚至这个属性可以通过import形式导入实现跨模块访问。

另一个模块通过import形式导入，实现跨模块访问：

```
import OOP.Module1

print("学生年龄为：", OOP.Module1.Student.age) # 跨模块调用，输出"学生年龄为：10"
```

也可以用“*”导入模块中的全部对象：

```
from OOP.Module1 import *

print("学生年龄为：", Student.age)            # 跨模块调用，输出"学生年龄为：10"
```

如果属性名之前有两个下画线，那么这个属性是一个私有属性，私有属性的访问权限更有局限性，只能类内部访问，继承它的子类没有权限访问，同时也不能通过“类名.私有属性”访问或者“实例名.私有属性”访问。跨模块访问时，和单下画线一致。

```
class Student:
    """定义Student类，私有属性__age值为10"""
    __age = 10

    def show(self):
        """类内部可以访问私有属性"""
        print("类内部调用:", Student.__age)

if __name__ == '__main__':
    zhangsan = Student()
    zhangsan.show()
    # print("实例对象调用:", zhangsan.__age) # 取消注释将触发异常
    # AttributeError: 'Student' object has no attribute '__age'
    # print("类对象调用:", Student.__age)    # 取消注释将触发异常
    # AttributeError: type object 'Student' has no attribute '__age'
```

10.1.4 方法

方法和函数相似，都是将一系列的行为封装起来。例如，定义一个加法的函数，返回a+b，就是对a+b这个行为进行封装。方法不同于函数，它用于描述一个对象的行为，如一个人吃饭、走路。两者都可以被调用，执行一系列操作，但是调用方式不同。例如：

```
def function(parameters):
    pass

class ClassName:
    def method(self,parameters):
        pass

if __name__ == '__main__':
    function(parameter)                         # 调用函数
    ClassName.method(parameters)                # 调用方法
```

Python中把方法划分成三种类型：实例方法、类方法和静态方法。三种方法的区别是方法的第一个参数接受的类型不同：实例方法第一个参数是self；类方法第一个参数是cls；静态方法不需要第一个参数。很多IDE会自动添加self和cls参数。

创建实例方法的语法：

```
class ClassName:
    def instance_method(self):
        """创建一个实例方法"""
        pass
```

若需要加参数，直接在self后面添加即可。通过实例调用实例方法时会自动传self参数，所以直接写添加的参数。self参数其实在调用时就是实例本身，下面这个例子中zhangsan会自动传给self参数，所以只用加上subject参数即可。

```
class Student:
    def study(self, subject):
        """创建一个实例方法"""
```

```
        print("人生苦短，我学" + subject)      # 人生苦短，我学Python

if __name__ == '__main__':
    zhangsan = Student()
    zhangsan.study("Python")                 # 调用时略过self，只为参数subject传值
```

创建类方法和调用类方法的语法：

```
class ClassName:
    @classmethod                             # 将函数转化成类方法
    def class_method(cls):
        """创建一个类方法"""
        pass
if __name__ == '__main__':
    ClassName.class_method()          # 调用类方法
```

类方法的第一个参数一定是cls，添加参数和实例方法一样，类方法也可以通过实例来调用。例如：

```
class Student:
    @classmethod
    def study(cls, subject):
        """创建一个类方法，添加一个subject参数"""
        print("人生苦短，我学" + subject) # 人生苦短，我学Python

if __name__ == '__main__':
    Student.study("Python")           # 通过类调用类方法
    zhangsan = Student()
    zhangsan.study("Python")          # 通过实例调用类方法
```

静态方法没有第一个参数，不传递任何实例和类，可以避免经常实例化占用资源。基本语法如下：

```
class ClassName:
    @staticmethod                     # 将函数转化成静态方法
    def static_method():
        print("静态方法")

if __name__ == '__main__':
    ClassName.static_method()
    instance = ClassName()
    instance.static_method()
```

方法的访问权限的划分和属性是一样的，都是通过下画线来区分。没有下画线时代表外部可以直接调用，两个下画线是私有方法只能类内部调用。

```
class ClassName:
    """定义ClassName类，拥有一个公有方法和一个私有方法"""

    def public_func(self):
        """外部可以直接调用的公有方法"""
        print("公有方法")

    def __private_func(self):
```

```
        """只有内部可以直接调用的私有方法"""
        print("私有方法")

    def show(self):
        print("类内部调用：")
        self.public_func()
        self.__private_func()

instance1 = ClassName()
instance1.public_func()
# instance1.__private_func()          # 类的外部不能访问，运行这行会报错
instance1.show()
```

实例方法，类方法和静态方法中应用最多的是实例方法，平时对列表进行的很多操作，如 sort()、reverse()、remove()、pop()等都是实例方法。例如：

```
ls = [5,4,1,3,2]
ls.sort()                             # sort()是一个实例方法，解释器自动传递ls参数
```

类方法调用传的第一个参数是类，或者是实例所在的类。类方法用的场景略少一些，例如，用 from_bytes()返回由给定字节数组所表示的整数。

```
a = 10
print(a.from_bytes([0, 0, 1, 0], 'big'))    # 输出 256
print(int.from_bytes([0, 0, 1, 0], 'big')) # 输出不变，256
print(a)                                    # a的值没有任何变化，10
```

Python内置的静态方法比较少，如果想了解可以参考官方文档。如果用Pycharm编译器按住【Ctrl】键单击想查询的部分就可以直接打开该部分的文档。

10.1.5 继承

继承代表自然界存在的一种现象，每个人都会从祖辈中继承一些资源和基因。在程序设计中，继承代表一个类拥有另外一个类的（部分）资源。相当于子类有父类的部分属性和方法，但是只是子类能使用到父类的资源，而不是资源的复制。接下来把被继承的类称为父类，继承的类称为子类。不同地方有不同的叫法，也有把子类称为派生类、把父类称为基类的。

基本语法：

```
class Father:
    """定义一个父类(基类)"""
    pass

class Son(Father):
    """子类，Father为当前类的父类，多个父类时用逗号分隔"""
    pass
```

子类继承父类只能继承非私有的属性和方法：

```
class Father:
    """定义一个父类(基类)"""
    __age = 50                              # 私有属性
    gender = "male"
```

```
    def get_age(self):
        print(self.__age)                           # 类内部可以调用私有属性

class Son(Father):
    """子类，继承基类Father中非私有的属性和方法"""
    def get_gender(self):
        print(self.gender)                          # 可以调用，输出male

    def get_father_age(self):
        print(self.__age)                           # 无法继承私有属性，调用不到

if __name__ == '__main__':
    zhangsan = Father()
    zhangsan.get_age()                              # 输出 50
    zhangsi = Son()                                 # 调用子类
    zhangsi.get_gender()                            # 输出 male
    zhangsi.get_father_age()                        # AttributeError: 'Son' object has
                                                    # no attribute '_Son__age'
```

当试图调用“zhangsi.get_father_age()”时，因“__age = 50”是一个私有属性，只能在类的内部被调用，所以会返回错误“AttributeError:‘Son’object has no attribute‘_Son__age’”。

方法的继承与属性相同，子类继承父类只能继承非私有方法。例如：

```
class Father:
    """定义一个父类(基类)"""
    moneyPerYear = 100000
    year = 0

    def __init__(self, year):
        self.year = year

    def __my_money(self, year):
        """私有方法"""
        return 100000 * year

    def get_money(self):
        print(self.__my_money(self.year))

class Son(Father):
    """子类，继承基类Father中非私有的属性和方法"""
    def get_father_money(self):
        print(self.__my_money(self.year))   # __my_money()是私有方法

if __name__ == '__main__':
    laoli = Father(10)
    laoli.get_money()                               # 输出1000000
    xiaoli = Son(10)
    xiaoli.get_father_money()

# AttributeError: 'Son' object has no attribute '_Son__my_money'
```

子类的属性和方法可以重写，解释器会优先查看子类中的属性和方法。如果子类没有重写，

则用继承的父类的属性和方法。例如：

```
class Father():
    """定义一个父类(基类)"""
    salary = 30000

    def annual_salary(self, salary):
        return salary * 12

class Son(Father):
    """子类，继承基类Father中非私有的属性和方法"""
    salary = 5000                                  # 属性重写

    def annual_salary(self, salary):               # 方法重写
        return salary * 10

if __name__ == '__main__':
    laoli = Father()
    xiaoli = Son()
    print(laoli.salary)                            # 返回基类中的值，输出 30000
    print(xiaoli.salary)                           # 优先返回子类son中的salary的值5000
    print(laoli.annual_salary(laoli.salary))       # 基类中的方法，360000
    print(xiaoli.annual_salary(xiaoli.salary)) # 子类里的方法，50000
```

10.2 模块与包

10.2.1 模块

模块（module）将多个函数放到一个文件中，用import方法调用。模块可以包含多个类、函数和变量的定义，但它们之间的联系不像类那样紧密。math就是系统内置的预定义好的模块，导入后可以调用其中的math.pi和math.e等常量，以及math.sin()、math.sqrt()等函数，类似的还有random和os等模块。

除系统内置模块外，用户还可以编写自己的模块，也就是编写一个.py的源程序文件，其中可以包含常量、变量和函数等。内部变量__name__可以获得模块的名字，当文件单独运行时，该变量的值是一个字符串类型的特殊值'__main__'，如果是在模块中，它的名字就是文件名。

所以，模块与一般文件的不同之处是，主程序中运行的输入、输出等语句放在“if __name__ == '__main__':”之下，这样处理，当文件被单独运行时，会执行if分支下的输入/输出等语句，以模块模式被调用时，会跳过if语句下面的代码。为了提高代码的重用性，建议尽量在文件中使用“if __name__ == '__main__':”。若使用PyCharm编程，输入main后按【Enter】键就可以快捷完成此语句的输入。例如：

```
def leap(year):
    if year % 400 == 0 or year % 100 != 0 and year % 4 == 0:
        # 能被400整除是闰年；能被4整除且同时不能被100整除的是闰年
        return True
    else:
```

```
        return False

# 此分支下面语句仅在文件单独运行时执行，以模块形式导入时不执行
if __name__ == '__main__':
    print(leap(int(input())))
```

10.2.2　包

包（package）是将多个模块组织在一起，或者说包是存放了多个模块的文件夹。文件夹下可以有子文件夹，即包下面可以有子包。例如，常用的matplotlib就是一个包，其中包含了axes、backends等多个子包，还包含了pyplot.py、pylab.py等众多模块，pyplot.py模块中又包含了plot()、show()、xlim()、xticks()等函数，如图10.2所示。

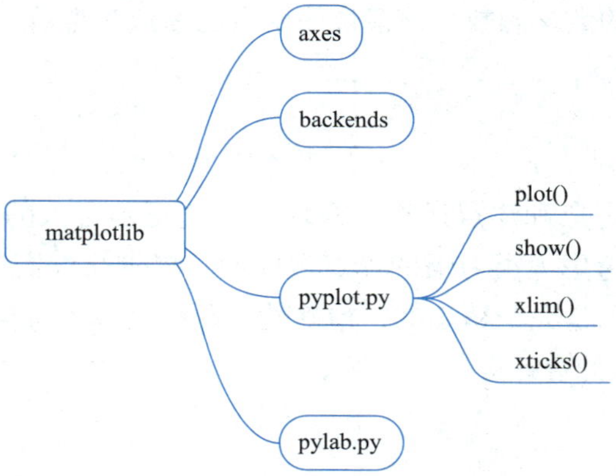

图 10.2　matplotlib 包

包文件夹下面有一个名为__init__.py特殊的文件，首次导入包时，会执行__init__.py文件中的代码，做一些初始化的工作，包括给特殊变量__all__赋值，这个变量是在from ...import * 语句中使用的，表示要导入内容的列表。

导入时，Python按照以下顺序查找包或模块：

（1）判断模块是否为内置模块，是则优先导入内置模块。

（2）在执行程序的当前路径下查找，如果找到则导入，所以不能在当前路径下放置与模块同名的文件，否则会出现导入模块成功但却找不到函数的错误。

（3）到环境变量中指明的Python路径中查找。

（4）到安装Python时的依赖位置查找。

（5）上述位置都找不到时，提示找不到要导入的模块。

总的来说，模块是一种可重用的程序，包是组织模块的层次结构，模块和包可以是系统内置的标准库，也可以是第三方编写的。一般来说，库（library）是比较大型的程序包或者一系列程序包，但在一般应用中，并不严格区分库、包、模块，只是将其统称为库或第三方库。

10.2.3　标准库

Python内置了很多用C语言编写的内置模块来实现系统级功能，如文件 I/O；此外，还有大

量用Python 编写的模块，提供了日常编程中许多问题的标准解决方案。其中，有些模块经过专门设计，将特定平台功能抽象化为平台中立的 API，用于加强 Python 程序的可移植性。这些模块不需要单独安装，只需要用import导入就可以使用。这些模块与内置类型、内置函数、内置常量和内置异常等统称为标准库。

标准库中除了前面常用的内置函数、内置常量、内置类型、内置异常和前面接触过的math、random等模块之外，还有大量的模块，为帮助读者了解这些模块的应用，下面对部分模块做简单介绍。

1. 数字和数学模块

（1）numbers：数字的抽象基类。

（2）math：数学函数，math模块中的函数不适用于复数运算。

（3）cmath：关于复数的数学函数，该模块的函数的参数为整数、浮点数或复数。例如：

```
import cmath

print(cmath.sqrt(-2))                  # 1.4142135623730951j
```

（4）decimal：十进制定点和浮点运算，模块为快速正确舍入的十进制浮点运算提供支持。decimal类型的设计是基于考虑人类习惯的浮点数模型，提供与人们在学校所学习的算术相一致的算术。decimal数字的表示是完全精确的，精确性会延续到算术类操作中，因此，decimal更适合具有严格相等不变性要求的会计类应用。例如：

```
import decimal

print(round(2.675,2))                  # 2.67，按使前一位取偶的规则应该是2.68
print(decimal.Decimal(2.675))          # 真实值略小于2.675
# 2.67499999999999982236431605997495353221893310546875
```

（5）fractions：分数，其实例可以由一对整数、一个分数，或者一个字符串构建而成。

（6）random：该模块实现了各种分布的伪随机数生成器。对于整数，从范围中有统一的选择。对于序列，存在随机元素的统一选择、用于生成列表的随机排列的函数，以及用于随机抽样而无须替换的函数。在实数轴上，有计算均匀、正态（高斯）、对数正态、负指数、伽马和贝塔分布的函数。为了生成角度分布，可以使用 von Mises 分布。

（7）statistics：数学统计函数，该模块提供了用于计算数字数据的数理统计量的函数。

2. 文本处理与文件格式

（1）string：常见的字符串操作，包含字符串常量、自定义字符串格式化和格式字符串语法等。

（2）re：正则表达式操作，可用于查找和匹配符合某种条件的字符串。

（3）csv：实现了 CSV 格式表单数据的读/写。其提供了诸如“读取 Excel 程序生成的数据文件”的功能。此模块同样可以用于定义其他应用程序可用的 CSV 格式或定义特定需求的 CSV 格式。

（4）json：JSON 编码和解码器，提供了与标准库 marshal 和 pickle 相似的API接口，对基本的 Python 对象层次结构进行编码。

（5）struct：将字节串解读为打包的二进制数据，此模块可以执行 Python 值和以 Python bytes 对象表示的 C 结构之间的转换，可以用来处理存储在文件中或者从网络连接等其他来源获取的二进制数据。

3. 文件和操作系统

（1）pathlib：面向对象的文件系统路径，该模块提供表示文件系统路径的类，其语义适用于不同的操作系统。路径类分为提供纯计算操作而没有 I/O 的纯路径，以及从纯路径继承而来但提供 I/O 操作的具体路径。

（2）os.path：常用路径操作，该模块在路径名上实现读取或写入文件等功能，路径参数可以字符串或字节形式传递。

（3）filecmp：文件及目录的比较，模块定义了用于比较文件及目录的函数，并且可以选取多种关于时间和准确性的折中方案。

（4）shutil：高阶文件操作。

（5）os：多种操作系统接口。

（6）io：处理流的核心工具，模块提供了用于处理各种 I/O 类型的主要工具。三种主要的 I/O类型分别为文本 I/O、二进制 I/O 和原始 I/O。

（7）time：该模块提供了各种时间的访问和转换相关的函数，所有平台皆可使用此模块，但模块内的函数并非所有平台都可用。

（8）datetime：基本日期和时间类型，模块提供用于处理日期和时间的类，在支持日期时间数学运算的同时，实现的关注点更着重于如何能够更有效地解析其属性用于格式化输出和数据操作。

4. 数据持久化

（1）pickle：Python 对象序列化，模块 pickle 实现了对一个 Python 对象结构的二进制序列化和反序列化。pickling（序列化）是将 Python 对象及其所拥有的层次结构转化为一个字节流的过程，而 unpickling 是相反的操作，会将字节流转化回一个对象层次结构。

（2）sqlite3：SQLite 是一个 C 语言库，它可以提供一种轻量级的基于磁盘的数据库，这种数据库不需要独立的服务器进程，也允许需要使用一种非标准的 SQL 查询语言来访问它。一些应用程序可以使用 SQLite 作为内部数据存储。可以用它来创建一个应用程序原型，然后再迁移到更大的数据库，比如 PostgreSQL 或 Oracle。

5. 函数式编程模块

（1）itertools：为高效循环而创建迭代器的函数，本模块实现一系列迭代器（iterator），标准化了一个快速、高效利用内存的核心工具集，这些工具本身或组合都很有用。它们一起形成了“迭代器代数”，这使得在纯 Python 中有可能创建简洁且高效的专用工具。

（2）functools：高阶函数和可调用对象上的操作，模块应用于高阶函数，即参数或（和）返回值为其他函数的函数。通常，此模块的功能适用于所有可调用对象。

（3）operator：标准运算符替代函数，模块提供了一套与 Python 的内置运算符对应的高效率函数。例如，operator.add(x, y) 与表达式 x+y 相同。许多函数名与特殊方法名相同，只是没有双下画线。函数包含的种类有：对象的比较运算、逻辑运算、数学运算及序列运算。对象比较函数适用于所有的对象，函数名根据它们对应的比较运算符命名。

10.3 第三方库

在这个标准库以外还存在成千上万并且不断增加的其他组件，访问 Python 包索引即可获取这些第三方包。pypi 是 Python 的包索引网站，一般任务所需的库都能在这里找到。

10.3.1 安装第三方库

第三方库在使用前需要通过 pip 命令安装，pip 是 python 3.4 及以上版本内置的一个现代的、通用的 Python 包管理工具。提供了对 Python 包的查找、下载、安装、卸载的功能。

查看 pip 版本号，若得到 pip 24.0 from ...\site-packages\pip (python 3.12) 类似输出，表示已经安装 python 3.12 内置的版本号为 24.0 的 pip 包管理器。

```
pip --version
```

在 Mac 和 Linux 环境的终端中运行 pip 命令，在 Window 的命令提示符 cmd 中运行 pip install sampleproject 命令，其中 sampleproject 是要安装的第三方库名，执行完毕后若得到 Successfully installed sampleproject 类似的提示，表明包已经安装成功。例如，安装做数据分析的 pandas 库，可以在命令提示符后输入并运行以下命令：

```
pip install pandas
[...]
Successfully installed pandas-2.2.2
```

PyPI 是任何人都可以上传软件包的 Python 编程语言的软件库。默认情况下，pip 将从 PyPI 获取第三方库。这个网站在国外，安装包的过程中可能会因为网络原因导致安装很慢甚至出现超时（timeout）的问题。为了让用户可以更快地获取 PyPI 上的资源，国内一些高校和公司做了 PyPI 的镜像源网站，常用的有：清华、阿里云、中国科技大学、华中理工大学、山东理工大学、豆瓣。

在安装过程中，可以使用“-i”指定使用国内的下载源。例如，在提示任后面输入下面命令从阿里云的镜像源获取并安装 numpy 库：

```
pip install -i http://mirrors.aliyun.com/pypi/simple/ numpy
```

更好的方法是在系统配置中把默认的源更换为访问速度最快的国内源。在 Linux 下创建 pip.conf 放到用户家目录下的 .pip 目录下，在 Windows 下创建 pip.ini 文件放到当前用户目录中 pip 文件夹中（若没有 pip 文件夹先创建一个），设置后再使用 pip 安装第三方库时就会从国内源获取包。

默认情况下会获取并安装最新版本的第三方库，但由于有一些包存在依赖关系，可能需要安装指定版本号的第三方库，可以在安装时用“==”标明第三方库的版本。

```
pip install numpy==1.26.4             # 安装numpy的1.26.4版本的包
```

10.3.2 批量安装第三方库

在一些项目开发中，需要同时安装多个第三方库，这时可以写一个程序，将需要安装的第三方库名放入列表等可迭代对象中，再遍历其中的库名，调用pip命令实现第三方库的批量安装。代码如下：

```
import os                                  # 导入os库

# 批量安装的第三方库的名字列表
libs = ["numpy", "matplotlib", "pandas", "scipy", "sqlalchemy"]
for lib in libs:                           # 遍历列表，依次获取第三方库名
    os.system("pip install " + lib)  # 调用cmd并执行pip install 第三方库名
```

10.3.3 从分发文件安装

pip还可以直接从wheel分发文件进行安装，wheel是新的Python库分发格式，用于替代传统的egg文件。目前有超过一半的库文件有对应的wheel文件。

用pip安装第三方库时若遇到Microsoft Visual C++ 14.0 is required. Get it with "Microsoft Visual C++ Build Tools相关错误，说明当前安装的第三方库没有提供编译版本，只提供源代码，此时用pip install 安装时，需要本地计算机上有VC++的编译环境才可以完成安装。但大部分非计算机专业人士计算机上都没有这个环境。

此时，可以下载扩展名为".whl"的wheel格式分发文件进行安装。wheel格式文件可以在PyPI网站上搜索库名找到。

下载后不要修改文件名，先在命令提示符下输入pip install后输入whl文件的完整路径和文件名，或者从下载文件夹中将whl格式文件拖到命令提示符下，按【Enter】键就可以开始安装，这种操作可以自动带入文件路径。

```
pip install C:\Users\zhaog\Downloads\wordcloud-1.9.3-cp312-cp312-win_amd64.whl
```

10.3.4 从源代码安装

PyPI 或 github 上会提供第三方库对应 zip、tar 等格式的压缩包。对于tar格式或tar.gz格式的文件，可以直接安装：

```
pip install sampleproject-1.0.tar.gz
```

对于zip文件，可以把代码压缩包下载到本地并解压，会看到一个 setup.py 的文件。在对应地址的命令行输入以下命令完成第三方库的安装：

```
python setup.py install
```

10.3.5 更新与卸载第三方库

一些被广泛应用的第三方库更新较快，需要定期更新本地安装的第三方库以获得最佳性能。

检查需要更新的包：

```
pip list --outdated

Package                Version Latest Type
------------------ ------- ------ -----
executing              2.0.0   2.0.1  wheel
ipython                8.22.2   8.25.0  wheel
jupyter-console        6.4.0   6.6.3  wheel
kiwisolver             1.4.0   1.4.5  wheel
...
SQLAlchemy             2.0.28  2.0.30 wheel
wsproto                1.0.0   1.2.0  wheel
```

更新第三方库：

```
pip install --upgrade 要升级的包名
```

例如：

```
pip install --upgrade SQLAlchemy
[...]
Successfully installed SQLAlchemy-2.0.30
```

一些不再需要的第三方库可以用以下命令卸载：

```
pip uninstall 要卸载的包名
```

小结

通过本章的学习，可了解面向对象程序设计方法的基本概念与方法，了解对象的基本属性。理解模块与包的概念，了解标准库中常用的模块，掌握第三方库的安装、更新和卸载方法。

参 考 文 献

[1] 王小川. Python 与量化投资从基础到实战 [M]. 北京：电子工业出版社，2018.

[2] 龙马高新教育. Python 3 数据分析与机器学习实战 [M]. 北京：北京大学出版社，2018.

[3] 伊德里斯. Python 数据分析 [M]. 韩波，译. 北京：人民邮电出版社，2016.

[4] 王国辉，李磊，冯春龙. Python 从入门到项目实践 [M]. 长春：吉林大学出版社，2018.

[5] 黄红梅，张良均. Python 数据分析与应用 [M]. 北京：人民邮电出版社，2018.

[6] 刘宇宙. Python 3.5 从零开始学 [M]. 北京：清华大学出版社，2017.

[7] 赵广辉. Python语言及其应用 [M]. 北京：中国铁道出版社有限公司，2019.